环保公益性行业科研专项经费项目系列丛书

危险废物填埋场
环境安全防护评价技术

Evaluation of Environmental Safety Protection for
Hazardous Waste Landfill

刘玉强　徐　亚　等 编著

化学工业出版社

·北京·

内 容 提 要

本书共分 8 章，在介绍了危险废物填埋场渗漏环境安全防护评价的意义与作用、环境风险评价的内容和意义的基础上，概述了危险废物填埋场建设、运行及环境风险，介绍了危险废物填埋场安全防护评价技术体系、防渗层破损及评估方法、渗漏源强及其评估、渗滤液中污染物在环境介质中的迁移转化、危险废物填埋场渗漏的环境风险评价，最后分析了 4 个具体案例；书后还附有《危险废物填埋污染控制标准》供读者参考。

本书具有较强的技术应用性和针对性，可供从事固体废物填埋场环境影响评价、环境风险评价工作的科研人员和工程技术人员参考，也可供高等学校环境工程、市政工程及相关专业的师生参阅。

图书在版编目（CIP）数据

危险废物填埋场环境安全防护评价技术/刘玉强等编著. —北京：化学工业出版社，2020.6（2021.1重印）
（环保公益性行业科研专项经费项目系列丛书）
ISBN 978-7-122-36434-0

Ⅰ.①危… Ⅱ.①刘… Ⅲ.①危险废弃物-卫生填埋场--环境管理-安全管理-安全评价 Ⅳ.①X705

中国版本图书馆 CIP 数据核字（2020）第 039365 号

责任编辑：刘兴春 刘 婧 装帧设计：关 飞
责任校对：王鹏飞

出版发行：化学工业出版社（北京市东城区青年湖南街 13 号 邮政编码 100011）
印 装：涿州市般润文化传播有限公司
787mm×1092mm 1/16 印张 15¾ 彩插 2 字数 342 千字
2021 年 1 月北京第 1 版第 2 次印刷

购书咨询：010-64518888 售后服务：010-64518899
网 址：http://www.cip.com.cn
凡购买本书，如有缺损质量问题，本社销售中心负责调换。

定 价：98.00 元

《危险废物填埋场环境安全防护评价技术》
编著人员名单

编著者：刘玉强　徐　亚　刘景财　董　路　姚光远

序

目前，全球性和区域性环境问题不断加剧，已经成为限制各国经济社会发展的主要因素，解决环境问题的需求十分迫切。环境问题也是我国经济社会发展面临的困难之一，特别是在我国快速工业化、城镇化进程中，这个问题变得更加突出。党中央、国务院高度重视环境保护工作，积极推动我国生态文明建设进程。党的十八大以来，按照"五位一体"总体布局、"四个全面"战略布局以及"五大发展"理念，党中央、国务院把生态文明建设和环境保护摆在更加重要的战略地位，先后出台了《中华人民共和国环境保护法》《中共中央国务院关于加快推进生态文明建设的意见》《生态文明体制改革总体方案》《大气污染防治行动计划》《水污染防治行动计划》和《土壤污染防治行动计划》等一批法律法规和政策文件，我国环境治理力度前所未有，环境保护工作和生态文明建设的进程明显加快，环境质量有所改善。

在党中央、国务院的坚强领导下，环境问题全社会共治的局面正在逐步形成，环境管理正在走向系统化、科学化、法治化、精细化和信息化。科技是解决环境问题的利器，科技创新和科技进步是提升环境管理系统化、科学化、法治化、精细化和信息化的基础，必须加快建立持续改善环境质量的科技支撑体系，加快建立科学有效防控人群健康和环境风险的科技基础体系，建立开拓进取、充满活力的环保科技创新体系。

"十一五"以来，中央财政加大对环保科技的投入，先后启动实施水体污染控制与治理科技重大专项、清洁空气研究计划、蓝天科技工程专项等专项，同时设立了环保公益性行业科研专项。根据财政部、科技部的总体部署，环保公益性行业科研专项紧密围绕《国家中长期科学和技术发展规划纲要（2006—2020年）》《国家创新驱动发展战略纲要》《国家科技创新规划》和《国家环境保护科技发展规划》，立足环境管理中的科技需求，积极开展应急性、培育性、基础性科学研究。"十一五"以来，环境保护部（现生态环境部）组织实施了公益性行业科研专项项目479项，涉及大气、水、生态、土壤、固废、化学品、核与辐射等领域，共有包括中央级科研院所、高等院校、地方环保科研单位和企业等几百家单位参与，逐步形成了优势互补、团结协作、良性竞争、共同发展的环保科技"统一战线"。目前，专项取得了重要研究成果，已验收的项目中，共提交各类标准、技术规范 1232

项，各类政策建议与咨询报告 592 项，授权专利 629 项，出版专著 360 余部，专项研究成果在各级环保部门中得到较好的应用，为解决我国环境问题和提升环境管理水平提供了重要的科技支撑。

为广泛共享环保公益性行业科研专项项目研究成果，及时总结项目组织管理经验，环境保护部科技标准司组织出版"环保公益性行业科研专项经费项目系列丛书"。该丛书汇集了一批专项研究的代表性成果，具有较强的学术性和实用性，可以说是环境领域不可多得的资料文献。丛书的组织出版，在科技管理上也是一次很好的尝试，我们希望通过这一尝试，能够进一步活跃环保科技的学术氛围，促进科技成果的转化与应用，不断提高环境治理能力现代化水平，为持续改善我国环境质量提供强有力的科技支撑。

中华人民共和国生态环境部部长

黄润秋

前　言

危险废物填埋场主要填埋含重金属危险废物，其环境危害长期存在，而我国危险废物填埋历经十几年的建设与运行，已经暴露出了许多问题，如选址困难、环境风险控制技术缺乏等。选址困难是由于公众自身环保意识的提高，担心危险废物填埋场渗漏所带来的环境危害；环境风险控制技术缺乏主要体现在缺少防渗层渗漏安全保障技术，而防渗材料老化、渗滤液导排管道堵塞以及填埋堆体不均匀沉降等情况均会加剧填埋场防渗层渗漏风险。因此，现阶段危险废物填埋场的主要问题正是防渗层渗漏风险的集中反映。编著者对国内近100座生活垃圾填埋场及危险废物填埋场防渗层的完整性进行检测后发现：几乎所有填埋场的防渗层均存在明显缺损，因此，危险废物填埋场长期渗漏的风险很大，形势十分严峻。危险废物填埋环境风险控制主要通过地质屏障、防渗屏障和预处理屏障三重屏障实现，其中地质屏障通过选址进行保障，防渗屏障和预处理屏障则与运行管理要求紧密联系。加强危险废物填埋场运行管理要求，通过监测渗滤液产生量、渗滤液组分和浓度、渗漏检测层渗漏量、地下水监测结果等数据可对填埋场环境风险进行综合评估，以确保填埋场全生命周期的环境安全。

本书通过识别危险废物填埋场建设、运行过程中的环境风险，重点阐述了危险废物填埋场安全防护评价技术体系、防渗层破损及评估方法、渗漏源强及其评估以及渗滤液中污染物在环境介质中的迁移转化，首次构建了危险废物填埋场渗漏的环境风险评价技术体系，提出以地下水和土壤长期保护为目标的危险废物填埋场环境安全防护评价技术；书中典型案例分析，方便广大读者将理论联系实际，更好地理解本书内容。本书具有较强的技术性和参考性，不仅可供环境类专业培训和从事固体废物污染防治、环境影响评估工作的技术人员、科研人员和环境管理人员参考，也可供高等学校环境工程、市政工程及相关专业师生参阅。

虽然笔者及其团队在该领域做了一些研究工作，在本书的撰写过程中也做了认真的思考，提出了自己的观点，但限于编著者编著时间和水平，书中不足和疏漏之处在所难免，敬请广大读者和专家学者批评斧正！

编著者
2019 年 12 月

目 录

第6章　渗滤液中污染物在环境介质中的迁移转化 / 163

第7章　危险废物填埋场渗漏的环境风险评价 / 176

第8章　案例分析 / 202

附录 《危险废物填埋污染控制标准》（GB 18598—2019 代替 GB 18598—2001） / 223

第1章

绪　论

1.1　危险废物填埋场渗漏环境安全防护评价的意义与作用

安全，是人类的本能欲望。中国自古以来以安心、安身为基本人生观，并以居安思危的态度促其实现。而在国外学者眼中，安全亦是人类最基本的需求之一，如美国著名心理学家马斯洛在其"需求层次理论"（见图1-1）中就指出：安全是人类仅次于生存的重要需求。

图1-1　马斯洛的"需求层次理论"

1.1.1　环境安全防护概念

1.1.1.1　安全和环境安全

传统上，自然技术科学和人文社会科学对安全有各种不同的理解和定义，见之于法律和政策文件中的环境安全，主要有两种。

第一种安全常指人体健康和生产技术活动的安全问题，英文译为 Safety。常见词组如生产安全、劳动安全、安全使用、安全技术、安全产品、安全设施等中的"安全"均为此意。

第二种安全主要是对人为暴力活动、军事活动、间谍活动、外交活动等社会性、政治性活动以及社会治安与国际和平而言，其对国际和平、国家主权、国家治安和社会管理秩序没有危险、危害、损害、麻烦、干扰等有害影响，英文译为 Security。常见的有社会安全、国家安全、国际安全等。管理这类安全的政府机关或组织主要有公安部门、安全部门、外交部门、军队警察、安全理事会等。

第一种"安全"可归为生产技术性的安全问题，第二种"安全"可归为社会政治性的安全问题。近现代以来，随着科技与社会的发展，人类活动对自然环境的影响范围越来越大，影响程度也越来越深。人类的生产技术活动导致了各种类型的环境污染和环境破坏事故，这些事故也对人的健康产生了各种有害影响，人们开始使用环境安全（Environmental Safety）的说法，这时的环境安全问题主要是指因环境污染和破坏所引起的对人的健康有害的影响，即因环境问题所引起的人的身心健康的安全问题；这种环境安全仍然是指对人的健康的安全，而不是指对环境的安全，环境只不过是给人传递不安全影响的中间物，即介质。

近年来随着环境资源问题的日益严重以及人们对环境资源认识的深化，一些环境科学专家、环境保护组织开始赋予环境安全以不同于传统的劳动安全和卫生安全的新含义，即将环境安全问题首先视为对环境或大自然的有害影响，同时确认环境安全问题也是对人健康的有害影响。本书所述的环境安全即为此种意义，它包括以下双重内涵：一方面是填埋场渗漏对周围土壤和地下水的污染；另一方面是污染的土壤和地下水对人体健康的危害。

1.1.1.2 环境安全防护

安全防护是安全科学领域的概念。顾名思义，安全防护包括安全和防护两个方面的内容。

（1）安全

所谓安全，最初人们认为安全即没有危险或不受危害。随着科学的发展，人类认识水平的逐渐提高，人类开始认识到绝对没有危险或不受危害的情况是不存在的。安全的定义也从最初的"没有危险或不受危害"演化到"免除了不可接受的损害风险的状态"。

（2）防护

所谓防护，就是防备、戒备。防备是指做好准备以应对潜在的安全事故（火灾、爆炸、泄漏）从而避免事故危害；戒备是指防备和保护。

综合上述解释，安全防护可定义为：做好准备和保护，以应对潜在的安全事故，从而保证在发生事故条件下被保护对象（或目标人群）免受伤亡，邻近装置和财产免受破坏的安全状态。显而易见，安全是目的，防护是手段，通过有效的防范手段达到或实现安全的目的，就是安全防护的基本内涵。

根据安全防护的定义，结合环境安全的内涵可知，环境安全防护即制订合理的管理和防范措施，以应对生产过程中可能发生的安全事故，及其所导致的环境污染和人体健康危害，从而保证事故条件下环境污染和人体危害的程度降至可接受水平。

1.1.2 环境安全防护评价概念

环境安全防护评价，国外也称为风险评价或危险评价，是以实现工程、系统安全为目的，应用安全系统工程和风险科学的原理和方法，对工程、系统中存在的危险、有害因素进行辨识与分析，从而判断工程、系统发生事故和人体危害（包括慢性和急性危害）的可能性及其严重程度，并进而为制订安全防护距离及其他防范措施和管理决策提供科学依据。

安全防护评价的核心是对事故发生的可能性及危害进行定性或定量的判别与计算，并在此基础上确定合理的安全防护和管理措施以降低事故发生的可能性及危害性。

1.1.3 环境安全防护评价的常用方法

国内外环境安全防护评价的常用方法大致包括经验法（Experience Based Method，EBM）、基于后果的方法（Consequence Based Method，CBM）和基于风险的方法（Risk Based Method，RBM）3种。

(1) EBM 法

EBM 法是以历史数据、类似装置或设施的操作经验、粗略的后果评估或专家的判断为基础，建立不同工业活动或设施与其他区域之间的安全距离表。

(2) CBM 法

CBM 法也被称为"确定性方法"或"最不利事故情景法"，其理论基础是若该设施现有的安全措施能够保护周边人群免受最坏事故的影响，则也能保护人群免受任何其他较轻事故的影响。该方法建立在火灾、爆炸、有毒气体泄漏扩散等事故后果的模型基础上，通过模型计算得到与事故发生可能性无关的人体伤害半径或者死亡半径，并据此进行距离分区，最终确定相应的防范措施。

(3) RBM 法

RBM 法与 CBM 法类似，均为定量方法，通过对事故后果模型分析，确定人体伤害半径或死亡半径，并进行风险分区，进而确定相应的防范措施。但与 CBM 方法考虑最不利事故的后果不同，RBM 方法同时考虑事故的发生概率及其后果，以保护周围人群在"最大可信事故（Maximum Credible Accident，MCA）"条件下不受伤害为依据。

1.2　环境风险概念和意义

1.2.1　环境风险概念

　　风险，即不幸事件发生的概率。换言之，风险是指一个事件产生我们所不希望后果的可能性，是某一特定危险情况发生的可能性和后果的组合。广义上，只要某一事件的发生存在着两种或两种以上的可能性，那么就认为该事件存在着风险。而在保险理论与实务中，风险仅指损失的不确定性。这种不确定性包括发生与否的不确定、发生时间的不确定和导致结果的不确定。

　　而环境风险，顾名思义，是由自然原因或人类活动引起，通过环境介质传播、对人类社会和生态环境产生破坏、损害等不良后果的事件所发生的概率，以及产生后果的严重程度。

1.2.2　环境风险的意义

　　随着全球经济高速发展，环境问题日益突出，1969 年后 100 多个国家和地区推行了环境影响评价制度。特别是各种突发性事故频现，如在世界上影响很大的 1984 年印度帕尔农药厂爆炸事故、1986 年苏联切尔诺贝利核电站事故以及 2005 年我国中石油吉林化工双苯厂爆炸事件等，这些重大突发性事故造成很多有毒有害物质进入环境，对人体健康和生态环境造成了长期严重的危害，花费了大量的人力、物力和财力进行治理，有些甚至无法治理，因此人们越来越重视从源头上防范环境风险。

　　20 世纪 70 年代后，学者们开展了评价环境中的不确定性和突发性问题的工作，关注事件发生的可能性和发生后的影响，从而产生了一个新兴的领域——环境风险评价（ERA）。它的出现标志着环境保护工作的一次重要战略转折——由事故后被动治理转向事故前预测和有效管理，是环境科学发展的必然结果。进入 21 世纪，中国经济发展进入重要转型期，速度快、总量扩张、法律法规尚不配套，相关社会意识没跟上，面临更多的潜在风险因素，因此环境风险评价是我国环境保护管理工作中重点提倡的基本工作之一。

1.2.3　国内外环境风险评价的发展和现状

1.2.3.1　国外发展史及现状

20 世纪 70 年代以美国为主的少数几个发达国家开始了对环境风险评价的研究工

作，但早在 20 世纪 30 年代就开始了健康风险评价的初级研究——职业暴露的流行病学和动物实验的剂量-反应关系的研究。经过几十年的发展，环境风险评价大体经历了 3 个阶段。

(1) 第 1 阶段：风险评价起步阶段

20 世纪 30～60 年代，风险评价处于起步阶段。评价方法以定性为主，主要采用毒物识别的方法分析健康影响。直到 20 世纪 60 年代，毒物学家开发出一些在低浓度暴露下定量评价健康风险的方法。

(2) 第 2 阶段：风险评价丰富发展阶段

20 世纪 70～80 年代，风险评价处于丰富发展阶段，风险评价体系基本形成。1975 年美国核管理委员会在《核电厂概率风险评价实施指南》报告中系统建立了概率风险评价方法。美国国家科学院（NAS，1983）提出风险评价是由危害鉴别、剂量-效应关系评价、暴露评价和风险表征四个部分组成的，并对各部分都做了明确说明，这标志着风险评价框架基本形成。美国环境保护署制定和颁布了一系列有关风险评价的技术性文件、准则和指南，内容多以人体健康风险保护为对象。此阶段主要是以保护人体健康为目的，风险评价体系基本形成，并处于不断完善与发展过程中。

(3) 第 3 阶段：风险评价相对完善阶段

20 世纪 90 年代以后，风险评价进入相对完善阶段，研究热点从健康风险评价转移到生态风险评价。随着相关基础学科的发展，风险评价技术也不断完善，1998 年美国正式出台《生态风险评价指南》。其他国家在 20 世纪 90 年代中期开展了生态风险评价的研究工作。

国外的风险评价是作为风险管理的基础性工作而进行的。目前国外环境风险评价的发展趋势为：由人体健康风险评价转移到生态风险评价，由单一污染物作用进步到考虑多种污染物的复合作用，并且不仅考虑化学污染物，还考虑到非化学因子，从评价范围上由局部环境风险发展到区域性环境风险乃至全球环境风险，生态风险不仅考虑到生物个体和种群，还考虑到群落甚至整个生态系统，技术处理上由定性向定量方向发展。

1.2.3.2　国内发展史及现状

我国在环境风险评价方面起步较晚，从 20 世纪 80 年代开始重视事故风险的研究工作，政府相关部门也出台了一系列有关环境风险的政策法规，不断要求政府、企业加强环境风险管理，降低环境风险，保障人体健康和生态安全。1989～1992 年胡二邦等完成了秦山核电厂事故应急实时评价，是我国第一个环境风险评价案例，其主要引进介绍国外理论，未上升到直接为环境决策和管理服务的程度。此后政府制定了一系列相应的法律法规，如表 1-1 所列。

根据环境保护部（现生态环境部）发布的《全国环境统计公报》的统计数据，中国从 2006 年到 2010 年这 5 年来突发重大环境污染事件不少于 400 次，主要是水体和大气的污染事件，环境风险评价在我国受到了空前的重视和关注，环境风险评价技术得到了长足的发展并已经形成较为完善的理论方法体系。目前我国环境风险评价主要集中在人体健康风险评价和事故风险评价，生态风险评价的发展较缓慢，主要对水环境生态风险评价和区域生态风险评价等领域的基础理论和技术方法进行了研究。

表 1-1　我国环境风险评价的法律法规

年份	部门或计划	内容
1990 年	国家环境保护局	《关于对重大环境污染事故隐患进行风险评价的通知》要求对有重大环境污染事件的建设项目进行环境风险评价
1993 年	中国环境科学学会	环境风险评价学术研讨会首次探讨了怎样在中国开展风险评价
1997 年	国家科技攻关计划	燃煤大气污染对健康的危害
2001 年	国家经济贸易委员会	发布职业安全健康管理体系指导意见和职业安全健康管理体系审核规范
2004 年	国家环境保护总局	颁布《建设项目环境风险评价技术导则》(HJ/T 169—2004)，对开展环境风险评价起到了积极的推动作用
2005 年	国家环境保护总局	发布《关于防范环境风险加强环境影响评价管理的通知》(环发〔2005〕152号)，特别对化工石化类项目的环境风险评价提出了更严格的要求
2012 年	环境保护部	发布《关于进一步加强环境影响评价管理防范环境风险的通知》(环发〔2012〕77号)，进一步加强环境影响评价管理

第2章

危险废物填埋场建设、运行及环境风险概况

2.1 国内外危险废物填埋场建设和运行概况

2.1.1 国内危险废物的产生和填埋

我国危险废物填埋刚处于起步阶段，1993年深圳某化学品仓库发生的爆炸事故，产生了大量急需处置的危险废物，催生了我国第一个危险废物安全填埋场，随后作为世界银行项目的沈阳危险废物安全填埋场开始了建设。天津、福州、大连、上海等城市也陆续开始了危险废物安全填埋场的建设。2003年"非典"疫情暴发后，国家发改委和环境保护总局出台了《全国危险废物和医疗废物处置设施建设规划》。该规划明确指出，全国在3年内拟建设30座综合性的危险废物填埋场[1]；另外，产生危险废物量较大的企业、园区、矿区以及污染土地集中治理地区等也需要建设危险废物填埋场。该规划的实施，大大加速了我国危险废物安全填埋场的建设。

2001～2012年全国危险废物产生量如图2-1所示。

由图2-1可知，2000年以来我国危险废物产生量呈上升趋势，"十一五"危险废物平均产生量（2009年年底）约为"十五"期间的1.7倍。"十五"期间我国已建危险废物填埋场只有11家，多分布在经济发达地区，包括深圳、惠州、福州、杭州、台州、青岛、沈阳、兰州、重庆、天津和上海。根据"十一五"全国危险废物设施规划建设内容，除西藏外我国其他各省（自治区、直辖市）至少规划建设一座危险废物处理处置中心，其中内蒙古、辽宁、山东、陕西、湖北、重庆、新疆、安徽、湖南、云南、浙江、广东、河南13个省（自治区、直辖市）拟建2个或3个危险废物综合处理处置中心。该规划内容全部实施后，我国危险废物处理处置量增至$191.22 \times 10^4 t/a$，其中安全填埋量将增至$98.43 \times 10^4 t/a$。

在我国，危险废物产生量较大的地区主要集中在四川、内蒙古、山西和环渤海经济

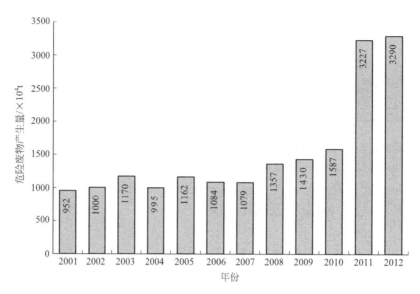

图 2-1　2001~2012 年全国危险废物产生量（国家统计局）

圈。部分省份危险废物填埋场情况如下所述。

2.1.1.1　黑龙江省

黑龙江省危险废物集中处置场属于《全国危险废物处置和医疗废物处置设施建设规划》建设项目，该项目位于肇东市西北部远离闹市区的安民乡榆林村境内，采用半地上半地下的柔性填埋场，总设计处理规模 1.61×10^4 t/a；其中填埋处理 8050t/a（库容 8.5×10^4 m^3），一期设计使用年限为 12 年，于 2007 年年初开工建设，于 2011 年年底建成投入使用。

（1）填埋场作业方式

需预处理的废物经稳定、固化、压砌成砖块，装入可重复使用的固定容器由卡车运至填埋区，砌块用吊车送入填埋库区，依次稳定堆放，逐步填高，直至填满整个单元。一期工程建设 4 个填埋仓，依次使用，填满后立即封库。

（2）填埋场防渗系统

由于安全填埋场岩层透水性较强，因此采用目前国内外比较流行的、防渗效果较好的水平防渗方式，即采用人工合成衬里的双衬层防渗系统。防渗材料采用厚度为 1.0mm 和 2.0mm 厚度高密度聚乙烯（HDPE）土工膜作为安全填埋场水平防渗层的主要衬里材料。

每次只铺设一个单元的防渗层，对于没有填埋废物的单元，在降雨之后及时用泵抽出积水，分阶段施工可以雨污分流和减少初期的一次性投资。

由下而上，防渗衬层系统结构如下：

① 0.5m 厚的压实的黏土衬层；

② 300g/m^2 无纺布保护层；

③ 1.0mm 厚的高密度聚乙烯（HDPE）土工膜；

④ 6.3mm 复合土工排水网格；

⑤ 2.0mm 厚的高密度聚乙烯（HDPE）土工膜；

⑥ 500g/m² 无纺布保护层；

⑦ 0.3m 厚砾石排水层。

为了使防渗系统稳定，铺设土工膜时，在场底四周堰设置断面尺寸为上底 1.5m、下底 0.8m、深 0.5m 的锚固沟，锚固沟防渗材料铺设完后用黏土回填。

（3）渗滤液导排系统

渗滤液导排系统根据所处衬层系统中的位置可分为初级集排水系统、次级集排水系统和排出水系统。初级集排水系统位于上衬层表面和废物之间，由碎石过滤、导排层和排水管组成，用于收集和导排初级衬层上面的渗滤液。初级排水管在穿出填埋区之后，在管道上安装阀门，当突降暴雨时关闭阀门，使渗滤液暂时存放在填埋区内。

次级集排水系统位于上衬层和下衬层之间，用于检测初级衬层的防渗情况，并能排出渗漏的渗滤液。

渗滤液的产生量主要取决于该地区的降雨量。根据填埋场地区的降雨情况，在库区外设置一个容量为 4500m³ 的渗滤液调蓄池：一是储存渗滤液，以确保填埋场运行期间暴雨季节渗滤液不外溢，不造成二次污染；二是满足污水在调蓄池的停留时间，调节进入污水处理区的水质。

（4）封场覆盖系统

封场覆盖系统由下而上分为导气层、防渗层、排水层、保护层和植被恢复层。

导气层采用 300mm 厚碎石并作为覆盖系统的正常层，在导气层上铺设 300g/m² 土工布隔离层，其上铺设 450mm 黏土层，在黏土层上采用 1.0mm 厚的土工膜作为主防渗层，再铺设 500g/m² 土工布，其上铺设 300mm 厚的砂砾石排水层，并在排水层中设置雨水收集管道，其上铺设 500mm 厚的自然土和 200mm 厚的营养土层，以便于绿化种植。

2.1.1.2　山东省

山东省工业固体废物（危险废物）处置中心工程位于邹平县焦桥镇，安全填埋场设计为地上式柔性填埋场，设计危险废物填埋量为 158.5t/d，总量为 5.24×10⁴t/a，填埋容积为 3660m³，总库容为 73.2×10⁴m³，设计使用年限为 20 年（其中一期服务年限为 9 年，二期服务年限为 11 年），将实现山东省西部 9 个市工业固体废物（危险废物）的集中处置。

（1）填埋场作业方式

填埋废物经稳定等预处理后，在指定的区域进行填埋，按 200m² 作为一个小作业单元，采用叉车和吊车联合作业方式。从铺设的衬层上逐层填埋、逐步填高；固化体的铺设分层铺满整个场地以防止地基的不均匀沉降；单元填埋高度为 2.5m，阶段性覆盖 0.5mm 厚的 PE 膜，以防止雨水的浸入；边坡随填埋高度的增加需进行一定的封场处理，顶面做成从中心向两边、坡度为 2% 的排水坡面。

（2）填埋场防渗系统

采用水平防渗方式，以高密度聚乙烯（HDPE）土工膜和膨润土垫作为主要防渗材料，设计为双衬层防渗系统。

土工膜铺设按 10 年进行一次性铺设，对正在进行危险废物填埋的区域，将该区的水排入渗滤液提升井并提升到调蓄池，由泵抽到污水处理区进行处理。

由下而上，防渗系统衬层结构如下：

① 0.3m 厚的 $\phi50\sim100$ 级配碎石（最下层）；

② 500g/m² 无纺土工布层；

③ 0.5m 厚的压实黏土；

④ 6.3mm 厚的钠基膨润土垫；

⑤ 1.5mm 厚的 HDPE 防渗膜；

⑥ 6.3mm 厚的 HDPE 排水网格；

⑦ 2.0mm 厚的 HDPE 防渗膜；

⑧ 0.3m 厚的压实黏土；

⑨ 500g/m² 无纺土工布层；

⑩ $\phi50\sim100$ 级配碎石，最上层为 200g/m² 无纺土工布保护层。

（3）渗滤液导排系统

根据所处衬层系统中的位置，渗滤液导排系统分为初级收集系统和次级收集系统。初级收集系统位于上衬层表面和填埋废物之间，由碎石导排盲沟和 HDPE 管组成，用于收集和导排初级防渗衬层上的渗滤液；次级收集系统位于上衬层和下衬层之间，用于检测初级衬层的防渗情况，并能排出渗漏的渗滤液，其主要收集材料选用 6.3mm 厚的 HDPE 排水网格。

初级渗滤液收集系统收集到的渗滤液通过导排盲沟由 $\phi315$mmHDPE 管排入渗滤液集水井；次级渗滤液收集系统收集到的渗滤液通过排水网格由 $\phi150$mmHDPE 管排入渗滤液集水井，并由泵提升到调蓄池，最后从调蓄池由提成泵提升到污水处理站进行处理。

在库区外设置一个容量为 2400m³ 的渗滤液调蓄池，可以满足储存渗滤液及渗滤液在调蓄池的停留。

（4）封场覆盖系统

封场覆盖系统由四层组成，从下而上为防渗层、排水层、保护层和表层。

在填埋废物上铺设 300mm 碎石气体导排层，在该层之上再铺设 300g/m² 无纺土工布，然后铺设 600mm 厚的黏土保护层，在黏土层上采用 1.0mm 厚的土工膜作为主防渗层，再铺设 300g/m² 土工布，其上铺设 300mm 厚的砂砾石排水层，并在排水层中设置雨水收集管道，其上铺设 500mm 厚的自然土和 300mm 厚的营养土层，以便于绿化种植。同时将导气管穿过最终覆盖层后直接排入大气。

2.1.1.3　河南省

河南危险废物集中处置中心安全填埋场主要收集处理河南省范围内产生的工业危险

废物和医疗废物焚烧飞灰，于 2009 年年底在新郑市郭店镇开工建设；采用半地上半地下式柔性填埋场，设计危险废物填埋总量为 39004t/a，填埋量为 118.2t/d，设计使用年限为 20 年（其中一期服务年限为 9 年，二期服务年限为 11 年）。

(1) 填埋场作业方式

填埋废物经稳定等预处理后，在指定的区域进行填埋，并注意不同级别的废物混合填埋，采用叉车和吊车联合作业方式。从铺设的衬层上逐层填埋、逐步填高；固化体的铺设分层铺满整个场地以防止地基的不均匀沉降；单层填埋高度为 4.7m，阶段性覆盖 0.3m 厚的土层，主要防止挥发性气体无序扩散；边坡随填埋高度的增加需进行一定的封场处理，顶面坡向四周的排水坡面。雨季作业时，在填埋区覆盖 0.5mm 厚的 HDPE 膜。

(2) 填埋场防渗系统

采用水平、双衬层防渗系统，以高密度聚乙烯（HDPE）土工膜和膨润土垫作为主要防渗材料。

土工膜按分区建设进行一次性铺设，对正在进行危险废物填埋的区域，将该区的水排入渗滤液提升井并提升到调蓄池，由泵抽到污水处理区进行处理。

由下而上，防渗系统衬层结构如下：

① 0.3m 厚的压实黏土（最下层）；

② 6.3mm 厚的钠基膨润土垫；

③ 1.5mm 厚的 HDPE 防渗膜；

④ 500g/m^2 无纺土工布；

⑤ 0.5m 厚的压实黏土；

⑥ 6.3mm 厚的 HDPE 排水网格；

⑦ 500g/m^2 无纺土工布；

⑧ 2.0mm 厚的 HDPE 防渗膜；

⑨ 0.3m 厚的压实黏土；

⑩ 500g/m^2 无纺土工布层（最上层）。

为了使防渗系统稳定，铺设土工膜时，在场底四周堰设置断面尺寸为上底 1.5m、下底 0.8m、深 0.5m 的锚固沟，锚固沟防渗材料铺设完后用黏土回填。

(3) 渗滤液导排系统

根据所处衬层系统中的位置，渗滤液导排系统分为初级收集系统和次级收集系统。初级收集系统位于上衬层表面和填埋废物之间，由碎石导排盲沟和 HDPE 管组成，用于收集和导排初级防渗衬层上的渗滤液；次级收集系统位于上衬层和下衬层之间，用于检测初级衬层的防渗情况，并能排出渗漏的渗滤液，其主要收集材料选用 6.3mm 厚的 HDPE 排水网格。

初级渗滤液收集系统收集到的渗滤液通过导排盲沟由 ϕ315mmHDPE 管排入渗滤液集水井；次级渗滤液收集系统收集到的渗滤液通过排水网格由 ϕ150mmHDPE 管排入渗滤液集水井，并由泵提升到调蓄池，最后从调蓄池由提成泵提升到污水处理站进行处理。

在库区外设置一个容量为 2400m³ 的渗滤液调蓄池，可以满足储存渗滤液及渗滤液在调蓄池的停留。

（4）封场覆盖系统

封场覆盖系统由四层组成，从下而上为防渗层、排水层、保护层和表层。

在填埋废物上铺设 300mm 碎石气体导排层，在该层之上再铺设 $300g/m^2$ 无纺土工布，然后铺设 600mm 厚的黏土保护层，在黏土层上采用 1.0mm 厚的土工膜作为主防渗层，再铺设 $300g/m^2$ 土工布，其上铺设 300mm 厚的砂砾石排水层，并在排水层中设置雨水收集管道，其上铺设 500mm 厚的自然土和 300mm 厚的营养土层，以便于绿化种植。同时将导气管穿过最终覆盖层后直接排入大气。

2.1.1.4 青海省

青海省危险废物及西宁市医疗废物集中处置中心工程项目位于青海省西宁市总寨镇享堂沟，其中安全填埋场设计为山谷式柔性填埋场，处理危险废物 15332.3t/a，库容量 $15.5×10^4 m^3$，设计使用年限为 20 年，分两期建设使用。主要处理处置青海省全省所产生的危险废物和西宁市的医疗废物。

（1）填埋场作业方式

根据危险废物需直接填埋和稳定化预处理的不同，在指定的区域进行填埋，按 200m² 作为一个小作业单元，采用叉车和吊车联合作业方式，雨天以人工码放为主。从铺设的衬层上逐层填埋、逐步填高；填埋作业沿填埋单元的渗滤液导排管轴线方向填埋，为了减少渗滤液的产生，首先从渗滤液外排管下游填埋；单层填埋高度为 0.5m，当填埋高度达 2.5m 时，中间覆盖 0.5m 厚的黏土，以防止雨水的浸入；边坡随填埋高度的增加需进行一定的封场处理，封场的顶面做成从中心向四周、坡度为 5% 的排水坡面。

（2）填埋场防渗系统

填埋场设计为双衬层防渗系统，采用防渗系数 $≤10^{-10}$ cm/s 的高密度聚乙烯（HDPE）土工膜，其中上人工合成衬层厚度为 2.0mm，下人工合成衬层厚度为 1.5mm。

防渗系统分为场底防渗和边坡防渗。由下而上，场底防渗结构如下：

① 在地下水导排层上方回填压实 1m 厚 3：7 灰土，并在灰土中间设一道双向土工格栅；

② 在灰土上方回填 2m 厚压实黏土衬层，压实系数要求不小于 0.94；

③ 铺设 1.5mm 厚的 HDPE 土工膜作为下人工合成衬层；

④ 铺设 2.0mm 厚的 HDPE 土工膜作为上人工合成衬层；

⑤ 最上层铺设 300mm 厚的压实黏土。

由下至上，边坡防渗层设计依次为：

① 1.5mm 厚的 HDPE 土工膜（下人工合成衬层）；

② 复合土工排水网；

③ 2.0mm 厚的 HDPE 土工膜（上人工合成衬层）。

(3) 渗滤液导排系统

根据所处衬层中的位置，渗滤液导排系统分为初级收集系统、次级收集系统和排出水系统。初级收集系统位于上衬层表面和填埋废物之间，由过滤导排层和 HDPE 穿孔集水管组成，用于收集和导排初级防渗衬层上的渗滤液；次级收集系统位于上衬层和下衬层之间，用于检测初级衬层的防渗情况，并能排出渗漏的渗滤液，收集材料选用复合土工排水网格。

初级和次级渗滤液通过 ϕ225mmHDPE 穿孔管及碎石盲沟收集，通过两根 ϕ225mmHDPE 管自流到调蓄池。

在填埋区外设置一个容量为 1400m³ 的渗滤液调蓄池，以满足储存渗滤液及渗滤液在调蓄池的停留。

(4) 封场覆盖系统

封场覆盖系统包括排气层、防渗层、排水层、保护层和表层。由下而上为：

① 在填埋堆体上铺设 300mm 砾石排气层；

② 在该层之上铺设 600mm 厚的压实黏土层，在黏土层上采用 1.0mm 厚的土工膜作为主防渗层；

③ 300g/m² 土工布层，之后铺设 300mm 厚砾石排水层；

④ 300g/m² 土工布层，其上铺设 500mm 厚的自然土；

⑤ 200mm 厚的营养土层，以便于绿化种植。

另外，将导气管穿过最终覆盖层后直接排入大气。

2.1.1.5 西藏自治区

西藏自治区危险废物处置中心位于拉萨市曲水县聂当乡，负责对全区范围内的危险废物进行安全处理，并对拉萨市辖区内的医疗废物进行安全处置。安全填埋场采用下挖式柔性填埋场方案，设计容积为 1.4×10^8 m³，平均填埋稳定/固化后的废物约 680t/a，处理的废物体积约 520m³/a；设计使用年限为 20 年。于 2012 年 5 月开工建设。

(1) 填埋场作业方式

填埋废物预处理成 43.2kg 块状物料后，在指定的区域进行填埋，按 200m² 作为一个小作业单元，采用叉车和吊车联合作业方式。从铺设的衬层上逐层填埋、逐步填高；固化体的铺设分层铺满整个场地以防止地基的不均匀沉降；单元填埋高度为 2.5m，阶段性覆盖 1.0mm 厚的 HDPE 膜（或防雨布）；边坡随填埋高度的增加需进行一定的封场处理，顶面做成从中心向两边、坡度为 2% 的排水坡面。

(2) 填埋场防渗系统

采用高密度聚乙烯（HDPE）土工膜和压实黏土作为主要防渗材料，设计为双衬层防渗系统。

防渗系统分为场地防渗和边坡防渗两部分；由于场址内黏土厚度不均，全场有砾石层，所以全场采用黏土换填压实，边坡压实度应控制在93%，场底压实度应控制在95%。由下而上，场地防渗系统衬层结构如下：

① 1000m厚黏土（最下层）；

② 1.0mm厚的HDPE土工膜；

③ 6.3mm厚的HDPE复合土工排水网；

④ 2.0mm厚的HDPE土工膜；

⑤ 600g/m² 无纺土层。

由下而上，边坡防渗系统衬层结构如下：

① 1.0mm厚的HDPE土工膜；

② 6.3mm厚的HDPE复合土工排水网；

③ 2.0mm厚的HDPE土工膜；

④ 600g/m² 无纺土层。

(3) 渗滤液导排系统

为便于场内产生的渗滤液尽快导出库区，设计采用水平和垂直渗滤液收集系统；根据所处衬层系统中的位置，渗滤液导排系统分为初级收集系统和次级收集系统。初级收集系统位于上衬层表面和填埋废物之间，由过滤导排层和HDPE穿孔集水管组成，用于收集和导排初级防渗衬层上的渗滤液；次级收集系统位于上衬层和下衬层之间，用于检测初级衬层的防渗情况，并能排出渗漏的渗滤液，选用复合土工排水网格。

初级和次级渗滤液收集系统收集到的渗滤液通过 ϕ315mm 和 ϕ200mmHDPE 穿孔排入库区外 ϕ315mm 和 ϕ200mmHDPE 渗滤液收集管，自流入调蓄池。

在填埋库区内每间隔40～60m设置一个竖向导气石笼，除导排填埋库区的填埋气体外，还可以将上层危险废物堆体中的渗滤液通过垂直导气管及时排至场底。

在库区外设置一个容量为300m³的渗滤液调蓄池，可以满足储存渗滤液及渗滤液在调蓄池的停留。

(4) 封场覆盖系统

封场覆盖系统由五层组成，从下而上为导气层、保护层、排水层、防渗层和表层。底层（兼作导气层）由在填埋废物上铺设厚300mm、倾斜度不小于2%、透气性好的碎石颗粒组成；在该层之上铺设300g/m²工布隔离层，然后铺设600mm厚的黏土层，在黏土层上采用1.0mm厚的土工膜作为主防渗层，其上铺设一层土工复合物（土工布＋土工网＋土工布），继续铺设500mm厚耕植土。封场系统的导气管与石笼井连接，导气管的上端露出地面部分设成倒U形，整个导出管呈倒T形，导气管与复合衬层交界处应进行袜式套封或法兰密封。

2.1.1.6 贵州省

贵州省危险废物暨贵阳市医疗废物处理处置中心工程位于贵阳市修文县小箐乡凤凰村上半沟。安全填埋场设计为山谷型柔性填埋场，设计危险废物填埋量为137t/d，总量为45185t/a；一期库容设计为25.2×10⁴m³，二期库容设计为49.8×10⁴m³，设计使用年限为 22 年；可处置全省 9 个地（州、市）的危险废物以及贵阳市的医疗废物。

（1）填埋场作业方式

填埋废物分区分单元进行填埋，按 15m×15m 作为一个小作业单元，每日填埋作业面采用 0.5mmPE 膜进行覆盖；堆体高度为 2.5m，采用 30mm 黏土覆盖；堆体高度高过坝顶时，沿坝顶向上游按 1∶3 收坡填埋，坡度每升高 10m 设一道宽度不小于 5m 的马道平台。

（2）填埋场防渗系统

采用水平防渗方式，以 2.0mm 和 1.5mm 厚度的高密度聚乙烯（HDPE）土工膜作为双衬层防渗系统的主要防渗材料。

由下而上，填埋场底防渗系统衬层结构如下：

① 0.6m 厚的压实黏土防渗层（内部铺设 6.3mm 厚的钠基膨润土垫）；

② 1.5mm 厚的 HDPE 次级防渗膜；

③ 6.3mm 厚的复合土工排水网格；

④ 2.0mm 厚的 HDPE 主要防渗膜；

⑤ 500g/m² 聚丙烯无纺土保护层；

⑥ 0.3m 厚的 $\phi 30 \sim 50$ 级配碎石；

⑦ 300g/m² 聚丙烯无纺土保护层。

由下而上，边坡防渗系统衬层结构如下：

① 压实的土质边坡；

② 500g/m² 聚丙烯无纺土工布膜下保护层；

③ 6.3mm 厚的钠基膨润土垫；

④ 1.5mm 厚的 HDPE 次级防渗膜；

⑤ 6.3mm 厚的复合土工排水网格；

⑥ 2.0mm 厚的 HDPE 主要防渗膜；

⑦ 500g/m² 聚丙烯无纺土保护层；

⑧ 袋装土运行期保护层。

（3）渗滤液导排系统

根据所处衬层系统中的位置，渗滤液导排系统分为初级收集系统和次级收集系统。初级收集系统是在沟底设置了一根渗滤液导排主盲沟，沟内上游铺设 $\phi 400$ HDPE 管，穿过挡渣坝后直接进入调节池，为防止淤堵在穿坝处增加一根 $\phi 400$ HDPE 管；次级收集导排系统由一层 HDPE 排水网格和坝前碎石盲沟以及穿坝管组成，主要是防止初级渗滤液被破坏，在沟底设置一根 $\phi 200$ HDPE 渗滤液导排主干管，穿过挡渣坝后直接进入调节池，为防止淤堵在穿坝处增加一根 $\phi 200$ HDPE 管。

为了使填埋场场地各个部分的渗滤液都能及时排出填埋场，在边坡铺设 6.3mm 厚的 HDPE 排水网格，在场底防渗系统之上铺设一层 300mm 厚的 $\phi 30 \sim 50$ 碎石导流层。

在库区外设置一个有效容量为 4000m³ 的渗滤液调蓄池，可以满足降雨最大期间储存渗滤液及渗滤液在调蓄池的停留。

（4）封场覆盖系统

封场覆盖系统由五层组成，从下而上为保护层、防渗层、排水层、保护层和表层。在填埋废物上铺设 500mm 黏土层，在黏土层上采用 1.0mm 厚的土工膜作为主防渗层，之上铺设 $300g/m^2$ 土工布，然后铺设 300mm 厚的砂砾排水层，并在排水层中设置雨水收集管道，其上铺设 500mm 厚的自然土和 300mm 厚的营养土层。

2.1.1.7 广西壮族自治区

广西壮族自治区固废处置中心项目中的安全填埋场属于《全国危险废物和医疗废物处置设施建设规划》建设项目，位于南宁市六景工业园区，于 2008 年开工建设，2011年 11 月基本建成并试运行，服务范围包括全区 14 个地市产生的全部危险废物（不包括放射性、爆炸性废物）和南宁市辖区的医疗废物。根据全场废物流程，进入安全填埋场的危险废物大部分需进行固化处理，约 38538t/a；直接填埋的废物为 6t/a；每年平均填埋废物约 39869t/a，填埋库容 $7.5×10^5 m^3$，能满足 25 年的服务年限。

（1）填埋场作业方式

填埋废物经稳定等预处理后，在指定的区域进行填埋，按 $200m^2$ 作为一个小作业单元，采用叉车和吊车联合作业方式。从铺设的衬层上逐层填埋、逐步填高；固化体的铺设分层铺满整个场地以防止地基的不均匀沉降；单元填埋高度为 2.5m，阶段性覆盖 0.5mm 厚的 PE 膜，以防止雨水的浸入；边坡随填埋高度的增加需进行一定的封场处理，顶面做成从中心向两边、坡度为 2% 的排水坡面。

（2）填埋场防渗系统

采用防渗效果较好的水平防渗方式；考虑材料对危险废物安全填埋场的适应性和化学稳定性，选用 2mm 和 1.5mm 厚度的高密度聚乙烯（HDPE）土工膜作为水平防渗层的主要衬里材料。

由下到上，防渗层依次为：基础层、地下水排水层、压实的黏土衬层、高密度聚乙烯膜、膜上保护层、渗滤液次级集排水层、高密度聚乙烯膜、膜上保护层、渗滤液初级集排水层、土工布、危险废物。

由下而上，场地防渗系统衬层结构如下：

① 0.6m 厚的压实黏土防渗层（内掺入 4%～5% 的膨润土）；

② 1.5mm 厚的 HDPE 防渗膜；

③ 6.0mm 复合土工排水网格；

④ 2.0mm 厚的 HDPE 主防渗膜层；

⑤ $600g/m^2$ 聚丙烯无纺土保护层；

⑥ 0.30m 厚的 $\phi 30～50$ 级配碎石；

⑦ $300g/m^2$ 聚丙烯无纺土渗滤液滤层。

由下到上，边坡防渗层依次为：

① $600g/m^2$ 聚乙烯无纺土土保护层；

② 6.0mm 钠基膨润土垫；

③ 1.5mm 厚的 HDPE 防渗膜；

④ 6.0mm 复合土工排水网格；

⑤ 2.0mm 厚的 HDPE 主防渗膜层；

⑥ 600g/m² 聚丙烯无纺土保护层；

⑦ 袋装土运行期保护层。

（3）渗滤液导排系统

次级渗滤液收集导排系统由一层 HDPE 排水网格和坝钱碎石盲沟以及穿坝管组成，主要是为防止防渗层被破坏而设置。初级渗滤液收集导排系统是在沟底设置了一根渗滤液导排主盲沟，沟内上游铺设 ϕ400HDPE 和 ϕ315HDPE 管，穿过挡渣坝以后直接进入调节池，为防止淤堵在穿坝处增加了一根 HDPE 管。次级渗滤液收集导排系统是在沟底设置了一根渗滤液导排主干管 ϕ200HDPE 管，穿过挡渣坝以后直接进入调节池，为防止淤堵在穿坝处增加了一根 ϕ200HDPE 管。

在边坡铺设 6.3mm 厚的 HDPE 排水网格，这样填埋场场地各个部分的渗滤液都能及时排出填埋场；在场底防渗系统之上铺设一层 300mm 厚、ϕ30～50mm 碎石导流层，使场地渗滤液能及时排入盲沟。

在库区外设置一个有效容量为 2700m³ 的渗滤液调蓄池，可以满足降雨最大期间储存渗滤液及渗滤液在调蓄池的停留。

（4）封场覆盖系统

封场覆盖系统由五层组成，从下而上为保护层、防渗层、排水层、保护层和表层。在填埋废物上铺设 500mm 黏土层，在黏土层上采用 1.0mm 厚的土工膜作为主防渗层，之上铺设 300g/m² 土工布，然后铺设 300mm 厚的砂砾排水层；并在排水层中设置雨水收集管道，其上铺设 500mm 厚自然土和 300mm 厚的营养土层。

2.1.1.8 广东省

广东省危险废物综合处理示范中心是全国首个完成建设、运营、验收的《全国危险废物和医疗废物处置设施建设规划》综合性危险废物处置中心，位于惠州市惠东县梁化镇石屋寮南坑，为山谷式柔性填埋场；服务于珠江三角洲和粤东地区 13 个市；2009 年6 月完成项目竣工环保验收，2010 年 10 月成为《全国危险废物和医疗废物处置设施建设规划》第一个完成项目竣工、验收，通过《危险废物经营许可证》审查的项目。项目安全填埋场总用地面积 10.6×10⁴ m²，设计总容积约为 3.51×10⁶ m³，服务年限可达52 年以上；规划分四期建设，其中一期填埋场占地面积约为 3.2×10⁴ m²，库容量为30.8×10^4 m³，分为 A 和 B 两个单元。填埋场一期 A 单元设计处理能力约为 40000t/a。填埋场设计每年的填埋量约 10×10^4 t，目前每年接收的填埋总量为（1～2）×10⁴ t。

（1）填埋场作业方式

实施的废物预处理程序和技术是稳定化、固化和大的封装，在指定的区域进行填埋；填埋作业采用分层、分条带进行；从铺设的衬层上逐层填埋、逐步填高；填埋作业的布置将尽可能降低渗滤液的产生量以防止后续废水处理容量过大和减少处理后的污水量的排放。

用以下方法来尽可能降低渗滤液和流出水量：雨水流入填埋场的最小化；接触（溢出）填埋场的雨水的量最小化；防止填埋液体处理和从处理的废物释放的液体量的最小化。

实施以下主要运行措施来降低渗滤液和流出水：限制作业面面积；建立地表水控制管理系统以防止雨水接触或溢出未覆盖的处理废物；所有填埋区，还未被最后覆盖时采用暂时覆盖以防止雨水渗入；暴雨时填埋场将被限制运行并且采用可移动的防水布覆盖或者类似的方法；实施严格的废物接收和控制程序及措施以防止废物处理过程中自由液体的产生；对可能释放液体的废物进行固化预处理。

（2）填埋场防渗系统

填埋场为山谷形，采用水平防渗方式，以 HDPE、膨润土和黏土为主要防渗材料，设计为双衬层防渗系统。

由下而上，防渗系统衬层结构如下：

① $100g/m^2$ 无纺布层；

② 500mm 碎石渗滤液收集排水层；

③ $500g/m^2$ 无纺布膜保护层；

④ 2mmHDPE 防渗膜；

⑤ GCL(6mm) 膨润土土工复合物；

⑥ 2mmHDPE 防渗膜；

⑦ 600mm 压实黏土，渗透系数不大于 10^{-7}cm/s；

⑧ 地下水复合 HDPE 土工网格排水层。

由于边坡坡度很陡（坡度为 50%），渗滤液更容易沿坡向下流而不是向防渗层渗透，因此边坡的防渗层由双层 HDPE 防渗膜组成。

（3）渗滤液导排系统

填埋场的渗滤液收集系统由疏水层加导水管组成。填埋场底部的疏水层为 500mm 厚的卵石以 2% 的坡度向场中倾斜，其渗透系数不小于 0.1cm/s。在场底中央铺设 ϕ150mmHDPE 有孔管，以 2.5% 的坡度向导水管终端倾斜。为方便施工，填埋场边坡上的疏水层由复合 HDPE 土工网格代替卵石层。填埋场的渗滤液通过疏水层进入导水管，从导水管流入终端的填埋场底部小收集池。底部小收集池紧靠截污坝内坡，内坡上斜靠一根 ϕ60mmHDPE 管，从收集池伸至截污坝顶部，管内放置没顶式水泵，设自控装置，可及时将渗滤液排入截污坝外侧的渗滤液收集池。

（4）封场覆盖系统

封场时，在保证封场坡度永久稳定的情况下尽量增大坡度，增加填埋高度。封场坡度最陡为 1∶3，以保证封场后的稳定性；坡度最缓为 5%，以保证封场经过沉降后，地表水仍然能够顺坡而下。

封场覆盖系统由五层组成，从下而上为保护层、防渗层、排水层、保护层和表层，具体如下：在填埋废物上铺设 300mm 压实黏土；在该层之上再铺设 1mmHDPE 防渗膜；然后铺设复合 HDPE 土工网格排水层，其上铺设 700mm 厚的植被保护层和 300mm 植被层（使用根植土），以便于绿化种植。

2.1.1.9 海南省

海南省危险废物处置中心地处昌江黎族自治县昌江县叉河镇唐村，安全填埋场设计为山谷式柔性填埋场；一期设计危险废物填埋量为 6235t/a，总库容约为 $7 \times 10^4 m^3$，设计使用年限为 20 年，可实现海南省全省危险废物及部分地区医疗废物的集中处置。该处置中心已于 2011 年年底试运行。

(1) 填埋场作业方式

填埋废物经稳定等预处理后，在指定的区域进行填埋，按 200m² 作为一个小作业单元，采用叉车和吊车联合作业方式。从铺设的衬层上逐层填埋、逐步填高；固化体的铺设分层铺满整个场地以防止地基的不均匀沉降；单元填埋高度为 2.5m，阶段性覆盖 0.5mm 厚的 PE 膜，以防止雨水的浸入；边坡随填埋高度的增加需进行一定的封场处理，顶面做成从中心向两边、坡度为 2% 的排水坡面。

(2) 填埋场防渗系统

结合场地实际情况，综合材料性能，选择采用 GCL 和 HDPE 防渗膜作为安全填埋场的主要防渗材料。

防渗系统分为主防渗系统和次防渗系统。次防渗层位于填埋场基础层上，由 0.5m 厚的压实黏土、一层 6.0mm 厚的 GCL 和一层 2.0mm 厚的 HDPE 防渗膜复合构成。黏土层采用筛选场内开挖后性质较好的黏土，拣除碎石和杂物后分层碾压而成。

主防渗层由一层 2.0mm 厚的 HDPE 防渗膜组成。

为了保护防渗膜免受上部异物刺穿破坏，主防渗层和次防渗层上分别铺设 700g/m² 长丝无纺布和 500g/m² 长丝无纺布作为保护层。

(3) 渗滤液集排系统

填埋场渗滤液集排系统包括位于填埋废物与主防渗层之间的渗滤液主集排系统、位于两层防渗层之间的渗滤液辅助集排系统以及渗滤液移出系统。

渗滤液主集排系统由疏水层加导水管组成，其中场底疏水层为 0.3m 厚的卵石层，边坡疏水层为 0.15m 厚的袋装砂层。疏水层上铺设 700g/m² 无纺布作为反滤层；在场底铺设 3 根排水管，排水管总长 630m，其中一期约 340m，采用 DN315mm 的 HDPE 开孔管。

渗滤液辅助集排系统又称为检测系统，采用 5mm 厚、渗透系数大于 0.2cm/s 的 HDPE 排水网作为疏水层。

在填埋场场底最低处设置场内渗滤液收集坑，然后分别沿边坡铺设主、次渗滤液收集管至场顶，收集后的渗滤液通过输送泵扬送至污水处理车间进行处理。

在库区外设置一个容量为 2400m³ 的渗滤液调蓄池，可以满足储存渗滤液及渗滤液在调蓄池的停留。

(4) 封场覆盖系统

封场覆盖系统由顶部隔断层、地表水集排系统、场内气体排出系统和表面覆土与植被层组成。

顶部隔断层由 0.3m 厚压实黏土层和 1.0mm 厚的 HDPE 防渗膜复合构成；在隔断层表面铺设 5.0mmHDPE 排水网作疏水层，在填埋场四周设置雨水排水盲沟，沟内铺设排水管，地表水入渗至隔断层后，在疏水层内沿场顶坡度流进排水盲沟，经排水管引出场外。疏水层上覆盖 1.0m 厚的回填土层，表层覆盖营养土壤并植草或小灌木进行绿化。

2.1.1.10 北京市

北京市危险废物处置中心建设项目属于《全国危险废物和医疗废物处置设施建设规划》确定的省级危险废物集中处置设施建设项目，位于北京市房山区窦店镇金隅集团工业区内。该项目于 2007 年 2 月开工建设，2009 年 3 月投入试运行，2010 年 11 月通过竣工综合验收。安全填埋场采用半地下刚性防渗方案，建设分三期进行，一期设计库容 $11 \times 10^4 m^3$，使用年限约为 10 年，总使用年限约为 30 年，服务对象主要为处置中心焚烧系统产生的余灰、处置中心各系统产生的残渣、北京市医疗废物焚烧处置厂产生的余灰、北京市企业产生的危险废物，每年填埋处理废物的总量约为 9138.41t。

(1) 防渗方案的选择

由于安全填埋场选址非常困难，应尽量深埋，以增大库容，适合采用刚性填埋场；采用刚性方案加防雨罩棚不会产生渗滤液，不需建设渗滤液调节池和渗滤液处理站，不但节省了渗滤液处理费用，还减少了占地。因此项目采用刚性防渗方案，设计为半地下方案，地上 8m，坡度为 1∶3（垂直∶水平），地下 12.5m，坡度为 90°。

(2) 填埋场作业方式

填埋废物经稳定等预处理后，分坑填埋、及时封场，严禁雨天作业。地下填埋时，由于增加了防雨罩棚，可以不临时覆盖；当填埋高度高于地面 0.5m 后，移动罩棚移开，防雨采用防渗膜及时覆盖，堆填表面维持最小坡度为 1∶3，最终达到 8m 高，即可封场。

(3) 刚性钢筋混凝土防渗填埋坑

刚性填埋坑平面尺寸为 60m×60m，一期共 2 个坑，坑深 12.5m，钢筋混凝土结构，坑壁设扶壁壁柱，坑底设抗拔桩。坑底和坑壁混凝土采用抗渗混凝土加防水剂并在内壁涂防水涂料。

为防止雨水进入，填埋坑加盖，设可移动的门式钢管网架罩棚，将填埋作业坑遮盖，省去了渗滤液处理系统的投资及渗滤液处理费用。罩棚平面尺寸为 65m×65m，下弦净高约 4m。

(4) 填埋坑防渗系统

填埋场防渗采用双层防渗系统，防渗系统由上至下分布如表 2-1 所列。

表 2-1　填埋场双层防渗系统

名称	材料	规格	作用
保护衬层	池底黏土	300mm	保护主防渗层
	池壁无纺布	600g/m²	
	池壁 HDPE 网格		
	池壁无纺布	600g/m²	
主防渗层	池底无纺布	600g/m²	保护 HDPE 膜
	HDPE 膜	2.0mm 厚	防止渗滤液下渗
	池底无纺布	600g/m²	保护 HDPE 膜
次排水层	池底级配卵石	300mm	监测主防渗层渗漏收集导排渗滤液
	池壁无纺布	600g/m²	
	池壁 HDPE 网格		
	池壁无纺布	600g/m²	
次防渗层	防渗钢筋混凝土		防止渗滤液下渗
基础层	改良膨润土	100mm 厚	弥补微漏
	压实原土	150mm 厚	支持保护填埋场

主防渗层采用 2.0mm 厚的 HDPE 膜，膜两面加无纺布，用于保护 HDPE 膜。为了保护主防渗层，使其避免填埋作业时被损坏，需加保护衬层。由于刚性填埋坑上设置了防雨罩棚，填埋物经固化处理也不会含有多余的水，因此填埋坑内没有渗滤液，就不需要设渗滤液收集、导排系统。只在坑底加 300mm 厚的黏土，用于保护主防渗层，填埋坑的侧壁采用复合 HDPE 网格（无纺布＋HDPE 网格＋无纺布）来保护主防渗层。在主防渗层与次防渗层之间设有次排水层，用于收集导排渗滤液。次排水层侧壁采用复合 HDPE 网格（无纺布＋HDPE 网格＋无纺布）作为导水层，底层采用 300mm 级配卵石作为收集、导排层，由底部 HDPE 收集导排管将渗滤液导排到渗滤液监测井。次防渗层采用防渗钢筋混凝土，为提高防渗性能，采用抗渗混凝土加防水剂并在内壁涂防水涂料。基础层防渗材料采用改良膨润土。

（5）封场覆盖系统

填埋场填满后，将进行最终封闭覆盖层，覆盖层设有卵石层，主要是防止啮齿动物或其他穴居动物的破坏。覆盖层上设植被层种草，最大限度防止风、雨水的侵蚀。

覆盖层由上至下分层如表 2-2 所列。

表 2-2　填埋场覆盖层

名称	材料	规格	作用
覆盖层	营养土	600mm	植被绿化
	级配卵石	300mm	防止啮齿动物破坏

名称	材料	规格	作用
排水层	无纺布	$600g/m^2$	防止细壤
	HDPE 网格	2mm 厚	收排入渗雨水
	无纺布	$600g/m^2$	保护 HDPE 膜
防雨层	HDPE 膜	1.5mm 厚	防止雨水下渗
	黏土	300mm 厚	弥补微漏
集排气层	无纺布	$600g/m^2$	防止黏土进入
	级配卵石	300mm	收排气体
	无纺布	$600g/m^2$	保护集气层
	覆盖土	150mm 厚	覆盖填埋废物

2.1.1.11 上海市

上海市危险废物安全填埋场位于朱家桥镇雨化村，2004 年 6 月通过安全生产竣工验收。采用地下与地上相结合的结构方案：地下为钢筋混凝土结构，为刚性填埋库，周边垂直，埋深达 10m，配合高密度聚乙烯防渗材料，可以达到较好的防渗效果；地上利用地下填埋库作为基础继续堆高，采用柔性防渗系统防渗，在有限场地内尽量增加库容。地下刚性填埋库远期共建 21 个独立的刚性填埋仓，每个仓平面尺寸为 60m×60m，有效填埋深度 8.5m，总库容 $64×10^4 m^3$，总占地面积为 $75600m^2$。地上柔性部分平均填埋高度 8m，总库容 $55×10^4 m^3$。一期工程建设 3 个地下填埋仓，有效库容 $9.18×10^4 m^3$。平均每年需处理的危险废物量为 $2.5×10^4 t$，整个填埋场设计使用年限为 47 年，一期工程使用年限为 3.7 年。

(1) 填埋工艺

填埋采用"先地下、后地上"的方法，在地下填埋库全部填满后再实施地上部分的填埋。废物经预处理后由装载车运至填埋区，经卸料斗用溜槽输送至填埋部位，再用推土机摊开推平，压路机分层压实，单层的压实厚度为 1.0～1.5m，中间覆盖土层的厚度为 0.1～0.3m。

(2) 地下填埋库结构

地下填埋库平面尺寸较大，埋深较深，库底和库周侧墙需承受较大的土压力和水压力。经比较，库周侧墙采用扶壁式钢筋混凝土挡土墙结构，底板采用钢筋混凝土大底板加抗拔桩结构。

(3) 防渗系统

填埋库采用钢筋混凝土结构自防渗与构件外粘贴防渗膜两套防渗系统，以确保防渗安全。结构内外侧墙及底板均采用防渗混凝土，混凝土中掺入高效防水剂，内墙两侧和外墙外侧各涂一层防水涂料，底板和外墙内侧粘贴防渗膜。

(4) 封库措施

废物填满后采用黏土和高密度聚乙烯柔性膜组合防渗层封库，封库后在 1m 的覆盖土上进行绿化，种植浅根植物和花草。

2.1.2 国外发达国家危险废物的产生和填埋

2.1.2.1 美国

1984 年，在美国约有 25×10^4 t 危险废物是填埋处置的。为保护美国的地面水和土壤，《危险和固体废物修正法》（HSWA）要求填埋废弃物前必须处理，特别是所有危险废物必须进行化学或物理处理，以减少毒性。在此情况下，美国在 1986~1998 年颁布了《土地处置禁令》（LDR），用指定方法来处理各种危险废物。LDR 禁令激励企业通过各种手段实施废物减量计划，最常用的手段是危险废物产生者通过回收利用减少废物处理量。随着该禁令的逐步生效，美国的危险废物产生不管从数量上还是从类别上都已经大大减少。

美国危险废物产生和填埋处理量变化情况如图 2-2 所示。

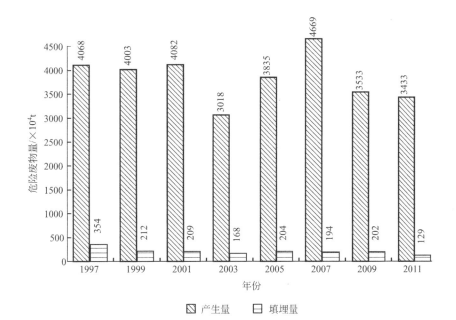

图 2-2 美国危险废物产生和填埋处理量变化情况

在 1980 年，将近 5 万家企业产生危险废物，大约 3 万家企业从事废物处理、存储（TSDFs）。而到 1999 年，产生危险废物的企业骤减至 2 万家，而 TSDFs 企业的数量更是大幅减少至 2000 余家，危险废物填埋处置量从 3.0×10^6 t 减少至 1.2×10^6 t，降低了约 60%。

2.1.2.2 德国

德国的垃圾处理技术包括卫生填埋处理技术，可以说目前已达到世界领先水平，但其卫生填埋处理技术也经历了 30 余年的发展历史。1972 年，德国颁布了《废物管理法》，首次在全国范围内对废物处理进行了统一规定，并在1986年从法律上确定了固体废物管理分级制度。20世纪90年代初，又提出了"封闭物质循环"的概念，1996年《封闭物质循环与废物管理法》生效。同时，为了规范填埋技术，德国在1991年颁布了关于危险废物的技术标准后，又于1993年颁布了关于城镇垃圾的技术标准。这一套完整的法律法规、标准体系规范了卫生填埋场的规划、建设和运行，保障了卫生填埋场的环境安全。在德国的固体废物卫生填埋技术规范中采用"多重屏障"系统，此系统除了要求填埋场有合乎规范的填埋地基、基底防渗层和表面防渗层外，对进入填埋场的填埋废物也有严格的要求。

在技术标准中，不同的填埋物体对填埋技术的要求不同，对环境安全的影响也存在很大的差异，因此对不同的填埋物体采用分级填埋。根据填埋物体种类不同可分为三种填埋等级：填埋等级Ⅰ，惰性废物填埋，主要用来处理建筑垃圾等无机垃圾；填埋等级Ⅱ，生活垃圾填埋；填埋等级Ⅲ，危险废物填埋，主要用来处理各种危险废物。填埋等级Ⅰ和Ⅱ应用城镇垃圾技术规范，填埋等级Ⅲ应用危险废物技术规范。现代卫生填埋的全部技术指标在这些技术规范中都给予了明确的规定。这些技术指标主要有基底防渗层结构和建设、表面防渗层结构和建设、填埋气体收集利用系统、渗滤液的收集和处理系统、填埋场运行监测系统。通过这些规定，使填埋场对周围环境造成危害的可能性降到最低。不同等级的填埋废物的进场都有其相应的标准。

除了用Ⅲ类填埋场来处理各种危险废物外，德国还常常利用盐矿来处理焚烧残渣。德国地下处置已经有30年历史，废物储存需要一个废弃的、挖空的矿井的部分，在采矿作业仍在进行的地方不宜进行废物储存；储存废物的空间与采矿作业的空间之间必须相互隔离；采矿形成的空穴必须是敞开的，没有必须回填的责任；采矿形成的空穴必须是稳定的，采矿结束后长期仍然能够接近；储存废物的矿井必须是干燥且绝对不含水的；储存废物的空穴必须与含水层相隔离，即废物与生物圈长期隔离。

废物运输到场后，先在地面进行分析检验，符合进场条件的则运输至地下。地下盐矿坑进行分区、编号管理，每一批废物都要采样存档（储存在专门的地下样品间）。样品间中有地下盐矿坑分布图，每个盐矿坑储存废物的来源、时间、储存量都有详细记录（见图2-3）。

地下储存遵循严格的进场条件，以下9类物质严禁进场：
① 爆炸性废物；
② 自燃性废物；
③ 燃烧性废物；
④ 传染性废物；
⑤ 放射性废物；
⑥ 能排出气体的废物；
⑦ 反应性废物；
⑧ 膨胀性废物；
⑨ 液体。
德国危险废物产生量和填埋处置量变化情况分别如图2-4和图2-5所示。由图可

(a)

(b)

(c)

图 2-3　德国盐矿处理危险废物

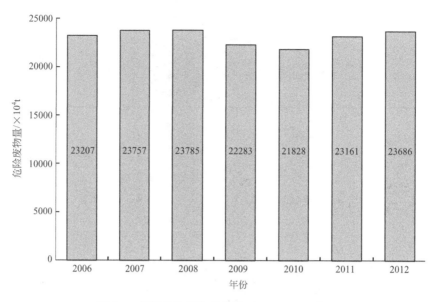

图 2-4　德国危险废物产生量（2006～2012 年）

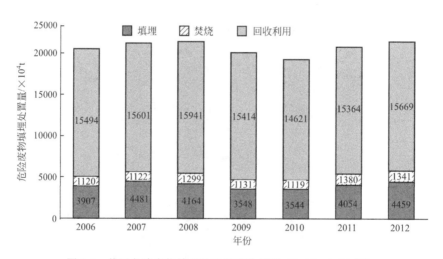

图 2-5　德国危险废物填埋处置量变化情况（2006～2012 年）

知，2006～2012 年德国危险废物产生及填埋量均存在着一定的波动，但是变化幅度较小，并且德国的危险废物处置以回收利用为主。

2.1.2.3　日本

日本早在 1954 年制定了《清扫法》，用于规范城市环境卫生的管理；1969 年全面修订改为《废弃物处置与清扫法》，将重点改为废弃物的处置。作为资源匮乏的国家，日本更加意识到固体废物的资源价值和在未来社会中的重要作用，因而在 2000 年制定了《构建循环型社会推进法》，提出日本在 21 世纪建设循环型社会，将 2000 年作为"循环型社会元年"。所谓循环型社会就是"抑制废弃物产生，促进对废弃物的合理循环利用，不能循环利用的循环资源进行合理处置"。

为加强危险废物管理，日本《特别管理产业废弃物的保管标准》也多次进行了相应的修订，最新修订在1998年，对处置设施的标准进行了重新规定。新标准规定的"遮断形"填埋场要求底部可以检测渗漏情况，并且有修补的空间，实际上是要求双层池底的水泥结构。新标准颁布以来，至今为止日本还没有建成一个符合新标准的"遮断形"填埋场。

从图2-6～图2-8可以看到，产业废弃物处理基准颁布以来，日本的遮断形填埋场数量逐渐减少，除了少数由于封场的缘故外，更多是因为填埋条例多次修订后，针对危险废物填埋的要求越来越严。遮断形填埋场不仅在设计结构上严格规定了相关技术要求，更在填埋方式和运行管理上加强了约束力。近年来，日本危险废物填埋场剩余库容并没有显著降低，从另一方面也说明了危险废物填埋量逐年减少。

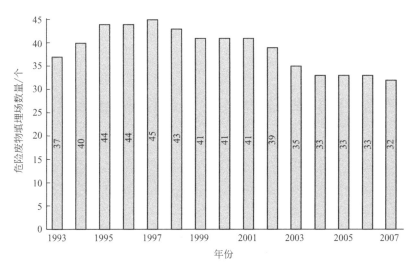

图2-6　日本危险废物填埋场数量变化情况（1993～2007年）

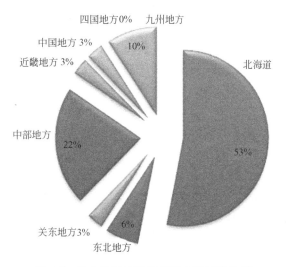

图2-7　日本危险废物填埋场主要区域分布

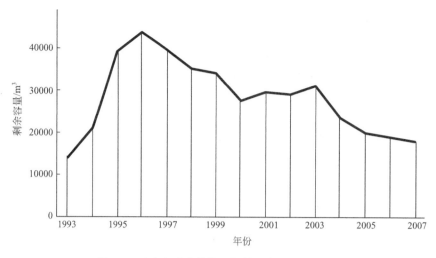

图 2-8 日本危险废物填埋场填埋容量变化情况

2.2 国内外危险废物填埋技术和管理现状

危险废物安全填埋处置是一种把危险废物放置或储存在土壤中的方法。对危险废物来说，填埋往往被认是一种最终处置措施，是在进行各种方式处理之后最后消纳的场地。对于危险废物的处置，填埋方式主要凭借的是包容和与环境隔离的手段，而不是对危险废物进行处理或解毒，因此危险废物填埋场需要实施特别的污染控制措施，并需长期维护和监测[2]。为了规范填埋技术，许多国家均制定了严格的危险废物填埋场污染控制标准，从选址、填埋场结构（防渗结构和封场覆盖）、运行（入场要求和渗滤液排放要求）等方面对危险废物填埋场可能产生的环境风险进行控制。

2.2.1 国外危险废物填埋场污染控制标准

2.2.1.1 选址

（1）美国

美国 1965 年颁布并于 1984 年、1986 年修订了《固体废弃物处置法》（Solid Waste Disposal Act，SWDA）。该法于 1976 年曾被《资源保护与回收法》（Resource Conservation and Recovery Act，RCRA）取代。

虽然 RCRA 法案是 1965 年通过的固体废物处理法案（SWDA）的修正案，但它非常全面。《资源保护回收法》（RCRA）是美国固体废物管理的基础性法律，主要阐述由国会决定的固体废物管理的各项纲要，并且授权美国环保署（US EPA）为实施各项纲要制定具体法规。其中包括 CFR 中关于普通废物和危险废物的法规标准。

美国 CFR258 和 CFR264 中对于填埋场选址的限制主要包括以下几个方面。

1）机场

① 对于在涡轮喷气式飞机机场跑道尽头 3.0km 内、活塞式飞机机场跑道尽头 1.5km 内的填埋场，业主必须保证处理设施的建设不会导致鸟类对飞机的损害。

② 如果业主计划在机场方圆 8.0km 内新建或扩建处理设施，必须提前向该机场及联邦航空管理局提出申请。

2）洪泛区

如果填埋场的业主打算新建或者扩建填埋场，不能建在洪泛区。

3）湿地

① 一般不得在湿地上建设或扩建填埋场。然而符合以下要求，并征得有关州政府的有关部门同意可例外：符合《清洁水法》和州湿地法的地方，新填埋场的建成不影响湿地系统的。

② 有下列情况的，填埋场不得在湿地建设：a. 造成水质不符合州（国家）的水质量标准；b. 违反有毒污水的现行法规；c. 危及濒危或濒临灭绝的生物物种或该地的关键物种；d. 触犯有关海洋禁渔区保护法规。

③ 填埋场的建设不得引起或加速湿地的严重退化。业主必须保证填埋场的完善性和填埋场具有保护湿地生态系统的能力，需要考虑下列因素：a. 用来建设填埋场的湿地中的天然土壤、污泥和沉积物的腐蚀性、稳定性和迁移的可能性；b. 用来建设填埋场的织物和填埋材料的腐蚀性、稳定性和迁移的可能性；c. 填埋场中的废物的体积和化学特性；d. 固体废物释放的物质对鱼类、野生动植物和水生生物的冲击；e. 废物释放出的危险性物质对湿地和环境的潜在性影响；f. 任何其他的对湿地的生态能给予充分保护的因素。

④ 采取必要措施避免可能的影响，并尽可能使不可避免的影响最小化或采取适当的补偿行为，例如修复受损害的湿地或建设人工湿地等，使湿地不会受到损害。

4）断层地区

新建或扩建的填埋场一般禁止在地质断层地区 60m 范围内建设。然而，如果业主能够保证如此选址仍能保持其结构的完整性，经批准，有些项目可以选址于 60m 范围内。

5）地震影响区

新建或扩建的填埋场不得建在地震影响区，除非业主征得当地主管部门的同意，并且其结构单元（衬垫层、渗滤物收集系统、地表水控制系统）的设计必须能够抵抗地震引起的地层移动，业主必须提出申请并征得主管部门同意，并且要保留这些记录。

6）不稳定地区

如果现有的或新建的填埋场建在不稳定地区，必须采取必要的工程措施以保证填埋场不会发生损坏，业主需向有关部门提出申报，并保留此材料。当业主判断该地区是否为不稳定地区时，需考虑如下因素：

① 填埋场或其周围的土地情况，可能引起微弱的沉降；

② 填埋场或其周围的地质或地形特征;

③ 填埋场或其周围的人为造成的特征或事情(包括地上的和地下的)。

(2) 欧盟

欧盟的《废物填埋技术指令》对生活垃圾填埋场的选址主要进行了原则性规定,要求填埋场的选址必须考虑如下因素,并不得有环境风险。

① 填埋场到居民区、娱乐区、水路、水体、其他的农业或城市设施的距离;

② 地下水,海岸水和自然保护区;

③ 该地区的地质和水文结构;

④ 该地区的自然和人文遗产的保护。

填埋场的选址必须符合以上要求并不得有环境风险。

(3) 德国

德国对填埋场地的要求如下。

1) 不能建立填埋场的几种情况

① 喀斯特地区,地基多裂缝多的地区,个别经过测试证明适合填埋的地区除外;

② 饮用水区或温泉区水资源区;

③ 洪泛区;

④ 在某些坑道地形,渗漏水排放管道不能处于一定的坡度放置,不能将水排入集水井的地段;

⑤ 已经标明或已经确定为自然保护区。

2) 考查场地性能时的注意事项

① 填埋场地和更远处的地下水流域的水文地质,土质和地理情况;

② 现存的和已经证明有人居住过的地区,这样的地区与填埋物的安全距离至少要有 300m,对个别有过建筑物的地方要进行特殊考查;

③ 有地震危险和地质构造活跃的地区;

④ 滑坡和地陷可能性尚未排除,或仍有可能发生山崩和塌方,或以前的采矿后果尚未消除的地区;

⑤ 有沉降隐患的矿山和其他空穴地段;

⑥ 地表下面必须有一定刚性,能够承受填埋所产生的重压。填埋地基隔绝体系不产生任何损害填埋物的稳定性不受到威胁,必须考虑各种填埋物的不同扩散程度。

(4) 日本

日本确定一般废弃物最终处置场与产业废弃物最终处置场技术标准的命令中明确提到了选址的原则,并采用下述技术标准。

① 填埋处置场所(以下简称"填埋场")周围,应该设立防止有人擅自闯入填埋场的围栏(根据下一项第十七号的规定封场的填埋场用于其他用途,填埋场周围应该设立明确表示填埋场范围的围栏、立桩或其他设施)。

② 在入口显眼处,应该按照样本一设立表示一般废物最终处置场的告示牌或其他设施。

③ 在需要防止地基滑动以及防止最终处置场内设施沉降的地方，应该采取适当的工程措施防止地基滑动和沉降。

④ 为防止填埋的一般废物流出设立的墙壁、堤坝以及其他设备（以下简称"墙壁等"）应该具备以下特性：a. 结构上具有耐受自重、土压、水压、波动、地震等因素的安全性；b. 可有效防止填埋废物、地表水、地下水以及土壤相应的腐蚀。

2.2.1.2 防渗结构

(1) 美国

美国环保署危险废物填埋场设计和建筑最低技术要求是美国国会在 1984 年危险固体废物修正案中提出的。国会要求所有新填埋场和地表蓄水池都具有双衬层和渗滤液收集、去除系统。

危险废物填埋场大致情况见图 2-9，在双衬层填埋场中，有两层衬层和两层渗滤液收集、去除系统（LCRS）。初级渗滤液收集、去除系统位于上衬层上面，而次渗滤液收集、去除系统位于两衬层之间。上衬层是软膜衬层（FML），下衬层是复合衬层系统，通常的复合衬层由 3ft(91.44cm) 厚、渗透系数 $K \leqslant 1 \times 10^{-7}$ cm/s 的压实黏土底衬层和上面的软膜衬层组成。填埋场底部最小坡度为 2%。要求在初级渗滤液收集、去除系统中有渗滤液收集池，渗滤液收集池中污水要及时排出。要求在次级渗滤液收集、去除系统有一适当大小的渗漏监测池，每天监测渗漏液收集中的液位或进水流速，特别是要用该池子来监测顶部衬层的渗漏速率。

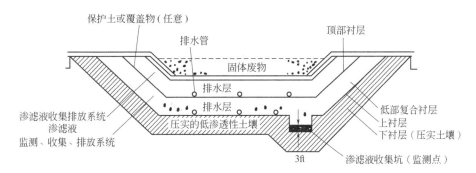

图 2-9　危险废物填埋场的示意（1ft＝0.3048m，下同）

渗漏监测池设计指标有以下标准：

① 渗漏监测灵敏度为 1gal/（英亩·d）［9.4L/（hm² · d）］；

② 渗漏监测时间为 24h。

双衬层填埋场要求：

① LCRSs 必须在封场后能安全运行 30～50 年；

② 要有主 LCRSs 和次 LCRSs，主 LCRSs 只需覆盖单元底部（侧壁覆盖是随意的），而次 LCRSs 要覆盖底部和侧壁。

(2) 欧盟

欧盟《废物填埋技术指令》对危险废物填埋场防渗结构的具体规定见表 2-3。

表 2-3 欧盟危险废物填埋场防渗结构

组成部分	渗透系数 $K/(cm/s)$	厚度 D
地质屏障	$\leqslant 1.0 \times 10^{-9}$	$\geqslant 5m$
导排层	$\geqslant 1.0 \times 10^{-3}$	$\geqslant 0.5m$
人工膜衬层	$\leqslant 1.0 \times 10^{-7}$	$\geqslant 1.5mm$

(3) 德国

德国填埋场基础隔绝体系要求把地质屏障与基础隔绝体系，或等值的体系因素结合起来并且通过体系中诸因素的等值结合持久地保护土地和地下水。

1) 地质屏障

所谓地质屏障，是指填埋地面平整以前，在填埋区周围地带存在的自然的地下地层。这些地层由于其特性和范围，基本上可以阻挡有害物质的扩散。地质屏障基本上由自然形态的、不容易渗透的碎岩石和硬岩石组成，有较高的阻挡有害物质从填埋区渗出的功能。填埋区地下应能形成尽可能均匀的地质屏障，如果填埋区和附近地区尚未完全满足上述要求，即使存在对选址具有决定意义的，很有效的地质屏障，也必须通过额外的技术措施来确保这些要求。

2) 与地下水的位置关系

填埋平台质量必须得到保障，使得填埋重压造成的地面沉降完成以后，至少高出最高地下水位 1m 的距离。如果能够证明循环地下水的水质不会产生危害，则高受压面是牢靠的。如果地下地层由渗水性弱的土层或岩石层组成，有足够的强度并在填埋区上面有较大的面积范围，则这种危害特别不容易发生。

3) 填埋基础的隔绝体系

地质屏障和基础隔绝体系的条件结构见表 2-4。

表 2-4 地质屏障和基础隔绝体系的条件结构

序号	系统组成	Ⅲ级填埋场
1	地质屏障	$K \leqslant 1 \times 10^{-9}m/s; D \geqslant 5m$
2	矿物覆盖层(至少 2 层)	$K \leqslant 1 \times 10^{-10}m/s; D \geqslant 0.5m$
3	人工覆盖层($D \geqslant 2.5mm$)	有要求
4	保护层	有要求
5	矿物排水层	$K \geqslant 1 \times 10^{-3}m/s; D \geqslant 0.5m$

注：K 为渗透系数，D 为覆盖层厚度。

(4) 日本

根据日本确定一般废弃物最终处置场与产业废弃物最终处置场技术标准，日本遮断形填埋场设计要求如图 2-10 所示。

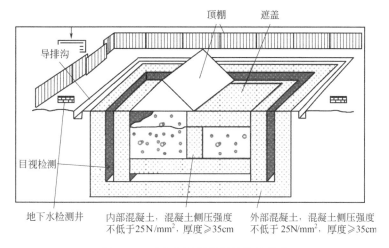

图 2-10　日本遮断形填埋场设计要求

第一条：为防止填埋场（在利用分区设施进行分区填埋的填埋场，指正在进行填埋操作的区划）产生的渗滤液污染公共水域和地下水，应该设置以下设施。但是，已经采取必要措施防止公共水域和地下水污染的、只有一般废物的填埋场不受这一限制。

1）填埋场［地下全面拥有厚度 5m 以上、渗透系数小于 1×10^{-5} cm/s，对于岩石，吕荣（Lugeon）值为 1］的地层或具有相同隔水效力的地层（以下简称"不透水地层"的场所除外）内，除了将一般废物投入而设立的开口以及 2）中规定的集排水设施部分外，为防止废物本身所携带的水分和雨水（以下称"保有水"）等自填埋场浸出，需要设立下列防渗措施或具有同等及以上隔水效力的防渗措施。但是，填埋场内部的侧面、底面具有不透水层的不受此限。

① 设立具备下列措施之一的隔水层或同等及以上隔水效力的隔水层。但是，铺设隔水层的地层（以下称"基础层"）中，坡度>50%，而且其高度超过保有水可能达到的高度，当该基础层表面喷涂水泥浆，并在其上铺设防止保有水浸出的具有必要的防渗效力、强度和耐力的防水衬层（以下称"防水衬层"）或者橡胶沥青或者具有同等及以上防渗效力、强度和耐力的隔水层的情况下，不受这一限制。

a. 厚度 50cm 以上，而且渗透系数$<1 \times 10^{-6}$ cm/s 的黏土或其他材料土层表面铺设防渗衬层。

b. 厚度 5cm 以上，而且渗透系数$<1 \times 10^{-7}$ cm/s 的沥青、混凝土层表面铺设防渗衬层。

c. 在无纺布或其他同类材料（为防止由于双重防渗衬层与基础层接触造成的损伤尽量使用）的表面铺设双重防水衬层（在该防水衬层之上，为了防止填埋作业用车辆行走或者其他作业造成的冲击负荷同时损伤两层衬层，尽量使用具有充分厚度和强度的无纺布或其他同类材料）。

② 为防止由于一般废弃物的载荷或其他类似载荷对防水层的损伤，基础层应具有必要的强度，同时基础层应具有防止防水层损伤的平整状态。

③ 为防止由于阳光照射造成的老化，在防水层表面应铺设具有必要遮光效力的无

纺布或者具有同等及以上遮光效力和耐久力的覆盖物。但是，如果认定日光照射不会造成防水衬层老化，可以不拘于此。

2) 在填埋场（地下具有全面的不透水层，以下相同）中，为防止保有水自填埋场浸出，除开口部外，应设置包括以下任何一个条件的防渗工程或者具有同等及以上防水效力的防渗工程。

① 注入药剂，使填埋场周围不透水层以上的地层固化达到吕荣值在 1 以下。

② 在填埋场周围不透水层以上设置具有 50cm 以上的厚度，同时渗透系数在 10^{-7} cm/s 以下的墙。

③ 在填埋场周围不透水层以上设置钢板（钢板之间联结部位应该设置防止保有水浸出的措施）。

3) 在地下水可能损伤防渗工程的场合，应该设置能有效收集并排出地下水的、具有坚固耐久力管渠的集排水设施（以下称为"地下水集排水设施"）。

4) 在填埋场中，应设置能有效收集并迅速排出保有水的、具有坚固耐久力管渠的集排水设施（如果是水面填埋场，则为能有效排出保有水的、具有坚固耐久力构造的、吐出余水的排水设施，以下简称"保有水集排水设施"）。但是，设置必要的防雨设施的填埋场（进行水面填埋的填埋场除外），如果仅填埋不发生发酵也没有保有水产生的一般废弃物，可以不受这一限制。

5) 应设置能够储存保有水集排水设施收集的保有水，并可调节进入 6) 规定的渗滤液处理设施保有水水量水质的、具有耐水构造的调整池。但是，进行水面填埋作业的填埋场及 6) 规定的最终处置场，不受此限。

6) 应设置渗滤液处理设施保证保有水等集排水设施收集的保有水等（进行水面填埋作业的填埋场，为保有水集排水设施排出的保有水等，以下相同）的排放水质分别满足规定的标准值。根据废弃物清扫法第八条第二项第七号规定，一般废弃物处理设施维持管理计划（以下称为"维持管理计划"）中排水水质所要达到的数值〔有关二噁英类［二噁英类对策特别措施法（平成十一年法律第一百五十号）第二条第一项规定二噁英类定义］数值除外〕（以下称为"排水标准"），同时满足二噁英类对策特别措施法施行规则（平成十一年总理府令第六十七号）规定的二噁英类容许限度（如果维持管理计划中采用更严格的数值，则为该数值）。但是，当设置具有耐水结构的储水槽拥有充分的容量储留由保有水集排水设施收集的保有水，同时这一储水槽储留的保有水送到填埋场以外的场所设置的、性能达到本标准规定的渗滤液处理设施甚至以上，这一最终处置场不受这一限制。

第二条：产业废物最终处置场技术标准

根据法规第十五条第二款第一项第一号规定，产业废物最终处置场除执行第一条第一项第三号的规定外，还执行下列标准。

1) 在入口容易看到的位置，依据"样式二"设置表示产业废物最终处置场〔废弃物处理及清扫法施行令（昭和四十六年政令第三百号，以下简称"令"）第七条第十四号中表示的产业废物的最终处置场（以下称"遮断形最终处置场"）中，用于令第六条第四款第一项第三号 (1)～(6) 表示的特别管理产业废物最终处置的有害特别管理产业废物最终处置场，以及没有用于该特别管理产业废物填埋处置的有害产业废物的最终处置场〕的标示牌等设施。

2）遮断型最终处置场除执行第一条第一项第六号的规定外，需要具备下列条件。

① 在填埋场周围设置可以防止无关人员进入的围栏等设施。

② 在填埋场中，除了为产业废物而开设的开口部外，设置具有下列条件的外壁设施：依据日本工业标准《混凝土抗压强度实验的方法》的测定的单轴压缩强度在 $25N/mm^2$ 以上、由具有水密性的钢筋混凝土制造，并且其厚度在 35cm 以上或者具有相同及以上的遮断能力；第一条第一项第四号所表示的条件。

③ 在与所填埋的产业废物接触的面上全部覆盖具有隔水效力和防止腐蚀效力的材料。

④ 采取有效的措施防止所填埋的一般废物、地表水、地下水以及土壤所造成的腐蚀。

⑤ 采取通过目视可以确切检查损坏位置的构造。

⑥ 面积超过 $50m^2$，或者填埋容积超过 $250m^3$ 的填埋场，用满足（1）～（4）（原文件中）所表示条件的内部分隔设施分区划，每区划面积部超过 $50m^2$，填埋容积不超过 $250m^3$。

2.2.1.3 封场

（1）美国

美国危险废物安全填埋场盖层系统自上而下如下所述。

① 表层：腐殖土，厚度≥0.6m。

② 保护层：使用天然土或者砾石，厚 0.3m。

③ 过滤层：单位质量小、相对高网格的土工布，或者使用多个粒级配比的土层作为过滤层，厚度 0.1m。

④ 排水层：砂、砾石，厚度≥0.3m。面状过滤，$K≥10^{-2}cm/s$，坡度 3%～5%，也可使用土工网格作为排水层。

⑤ 柔性膜：厚度≥0.5mm，常使用低密度聚乙烯材料。

⑥ 黏土矿物层：厚度 0.6m，分几层压实，$K≤5×10^{-7}cm/s$。

⑦ 过滤层：单位质量小、相对低网格的土工布。

⑧ 底土层：砾石，厚度≥0.3m；同时用作排气层。

（2）欧盟

欧盟根据《废物填埋技术指令》对危险废物填埋场封场系统进行了简单的规定（见表 2-5），成员国可以在框架内进行相关技术要求。

（3）德国

德国危险废物安全填埋场盖层系统自上而下如下所述。

① 表层：腐殖土，厚度≥1m。

表 2-5 《废物填埋技术指令》对危险废物填埋场封场系统要求

系统类型	要求与否
导气层	不要求
人工密封衬层	要求
非渗漏矿物层	要求
导水层>0.5m	要求
顶端土壤覆盖层>1m	要求

② 排水层：厚度≥0.3m，面状过滤，$K \geqslant 10^{-3}$ m/s，坡度 5%；排水管道使用 HDPE 材料，直径≥0.25m，穿孔，位于排水层中间；纵向，依据水力学设计确定间距。

③ 保护层：可以忽略，因顶部排水层只需有效粒径约 1mm 的砾石，保证 $K \geqslant 10^{-3}$ m/s 即可。

④ 柔性膜：HDPE 膜，厚度≥2.5mm；对于卫生填埋场，可使用再生材料生产的柔性膜。

⑤ 黏土矿物层：厚度≥0.5m，分 2 层压实，$K \leqslant 5 \times 10^{-8}$ cm/s；对于垃圾卫生填埋场，$K \leqslant 5 \times 10^{-7}$ cm/s。

⑥ 底土层：粗砂，厚度≥0.5m，同时用作排气层。

⑦ 排气层：厚度≥0.3m，钙质碳酸盐组分的质量分数≤10%。

（4）日本

在日本填埋处置结束的填埋场应迅速按规定的设施要求进行封场。

根据要求进行封场的填埋场（采用内部分隔设施分区划进行填埋的填埋场，根据要求进行封场的区划），在定期对覆盖层进行检查的过程中，如果发现覆盖层损坏同时所填埋的工业废物中所含水分浸出，应迅速采取必要措施防止覆盖层的损坏和工业废物中水分的浸出。

2.2.1.4 入场要求

（1）美国

40 CFR Part 260～261 为美国环保署制定的危险废物鉴别法规，主要规定了危险废物管理系统的总则、特性鉴别和危险废物名录。除特别规定外，进入场地为名录所有危险废物。1984 年，根据 RCRA 的要求，美国环保署又颁布了《危险和固体废物修正法》（HSWA），用于规范和管理危险废物产生和处置。HSWA 第 3004 节限制了特殊废物的土处置，通常称为《土地处置禁令》（Land Disposal Restrictions，LDR）。并特别要求美国环保署建立处理标准或方法，以降低废物中有害组分迁移的可能性，使其对人体健康和环境的短期或长期威胁达到最小。

1994 年前，危险废物处置设施通常需要满足为许多列出的污染物和特征污染物所制定的 LDR 处理标准。在某些情况下，不同的标准对废弃物的浓度要求可能有所差异。所以在 1994 年 9 月 18 日，美国环保署公布了通用处理标准（the Universal Treatment Standard，UTS），以消除这些差异。因此，UTS 也作为 LDR 对于危险废物填埋的入场要求指南（见表 2-6 和表 2-7），其中 TCLP（Toxicity Characteristic Leaching Procedure，TCLP）为美国环保署推荐的标准毒性浸出方法。

表 2-6　危险废物填埋入场标准（无机成分）　　　单位：mg/kg 或 mg/L

无机成分	限值
锑	1.15mg/L TCLP
砷	5.0mg/L TCLP
钡	21mg/L TCLP
铍	1.22mg/L TCLP
镉	0.11mg/L TCLP
总铬	0.60mg/L TCLP
总氰化物	590.00mg/kg
氰化物(易处理)	30.00mg/kg
氟化物	35mg/kg
铅	0.75mg/L TCLP
汞-干馏废水	0.20mg/L TCLP
总汞	0.025mg/L TCLP
镍	11mg/L TCLP
硒	5.7mg/L TCLP
银	0.14mg/L TCLP
硫化物	14mg/kg
铊	0.20mg/L TCLP
钒	1.6mg/L TCLP
锌	4.3mg/L TCLP

表 2-7　危险废物填埋入场标准（有机成分）　　　单位：mg/kg 或 mg/L

有机成分	限值	有机成分	限值
苊烯	3.40	苯乙酮	9.70
苊	3.40	2-乙酰氨基芴	140.00
丙酮	160.00	丙烯醛	NA*
乙腈	38.00	丙烯酰胺	23.00

有机成分	限值	有机成分	限值
丙烯腈	84.00	呋喃丹	0.14
涕灭威砜	0.28	克百威苯酚	1.40
艾氏剂	0.07	二硫化碳	4.8mg/L TCLP
4-氨基联苯	NA*	四氯化碳	6.00
苯胺	14.00	丁硫克百威	1.40
邻氨基苯甲醚	0.66	氯丹（α 和 γ 异构体）	0.26
蒽	3.40	对氯苯胺	16.00
杀螨特	NA*	氯苯	6.00
α-六氯环己烷	0.07	乙酯杀螨醇	NA*
β-六氯环己烷	0.07	2-氯-1,3-丁二烯	0.28
δ-六氯环己烷	0.07	氯二溴甲烷	15.00
γ-六氯环己烷	0.07	氯乙烷	6.00
燕麦灵	1.40	双(2-氯乙氧基)甲烷	7.20
噁虫威	1.40	双(2-氯乙基)醚	6.00
苯菌灵	1.40	氯仿	6.00
苯	10.00	双(2-氯异丙基)醚	7.20
苯并[a]蒽	3.40	对氯-间甲酚	14.00
亚苄基二氯	6.00	2-氯乙基乙烯基醚	NA*
苯并[b]荧蒽	6.80	氯甲烷/甲基氯	30.00
苯并[k]荧蒽	6.80	2氯萘	5.60
苯并[g,h,i]苝	1.80	2氯酚	5.70
苯并[a]芘	3.40	三氯丙烯	30.00
溴二氯甲烷	15.00	䓛	3.40
溴甲烷/甲基溴	15.00	对甲酚定	0.66
4-溴苯基醚	15.00	邻甲酚	5.60
正丁基醇	2.60	间甲酚	5.60
丁酯	1.40	对甲酚	5.60
丁基苄基酯	28.00	M-异丙苯基甲基氨基甲酸酯	1.40
2-仲丁基-4,6-二硝基酚/乐酚	2.50	环己酮	0.75mg/L TCLP
西维因	0.14	米托坦	0.09
多菌灵	1.40	4,4-滴滴滴	0.09

有机成分	限值	有机成分	限值
3-邻氯苯基-2-对氯苯-1,1'-二乙烯	0.09	4,6-二硝基-邻-甲酚	160.00
2,2-双(4-氯苯基)-1,1-二氯乙烯	0.09	2,4-二硝基苯酚	160.00
1,1-双(4-氯苯基)2,2,2-三氯乙烷	0.09	2,4-二硝基甲苯	140.00
2,2-双(对氯苯基)-1,1,1-三氯乙烷	0.09	2,6-二硝基甲苯	28.00
二苯并[a,h]蒽	8.20	二正辛酯	28.00
二苯[a,e]芘	NA*	二正丙基亚硝胺	14.00
1,2-二溴-3-氯丙烷	15.00	1,4-二噁烷	170.00
1,2-二溴乙烷/二溴化乙烯	15.00	二苯胺	13.00
二溴甲烷	15.00	二苯亚硝胺	13.00
间二氯苯	6.00	1,2-二苯肼	NA*
邻二氯苯	6.00	乙拌磷	6.20
对二氯苯	6.00	二硫代氨基甲酸(总)	28.00
二氯二氟甲烷	7.20	硫丹Ⅰ	0.07
1,1-二氯乙烷	6.00	硫丹Ⅱ	0.13
1,2-二氯乙烷	6.00	硫丹硫酸盐	0.13
1,1-二氯乙烯	6.00	异狄氏剂	0.13
反式-1,2-二氯乙烯	30.00	异狄氏剂醛	0.13
2,4-二氯酚	14.00	丙草丹	1.40
2,6-二氯酚	14.00	乙酸乙酯	33.00
2,4-二氯苯氧乙酸	10.00	乙苯	10.00
1,2-二氯苯	18.00	氰乙酸乙酯	360.00
顺式-1,3-二氯丙烯	18.00	乙醚	160.00
反式-1,3-二氯丙烯	18.00	二(2-乙基己基)邻苯二甲酸酯	28.00
狄氏剂	0.13	乙酯	160.00
邻苯二甲酸二乙酯	28.00	环氧乙烷	NA*
对二甲氨基偶氮苯	NA*	氨磺磷	15.00
2,4-二甲基苯胺	0.66	荧蒽	3.40
2,4-二甲基苯酚	14.00	芴	3.40
邻苯二甲酸二甲酯	28.00	N-亚硝基吡咯	35.00
邻苯二甲酸二正丁酯	28.00	1,2,3,4,6,7,8,9-八氯二苯并-对-二噁英	0.01
1,4-二硝基苯	2.30	1,2,3,4,6,7,8,9-八氯二苯并呋喃	0.01

有机成分	限值	有机成分	限值
杀线威	0.28	1,1,1,2-四氯乙烷	6.00
对硫磷	4.60	1,1,2,2-四氯乙烷	6.00
多氯联苯	10.00	四氯乙烯	6.00
克草烚	1.40	2,3,4,6-四氯苯	7.40
五氯苯	10.00	硫双威	1.40
五氯二苯并对二噁英	0.00	甲基托布津	1.40
五氯二苯并呋喃	0.00	甲苯	10.00
五氯乙烷	6.00	毒杀芬	2.60
五氯硝基苯	4.80	野麦畏	1.40
五氯酚	7.40	三溴甲烷/溴仿	15.00
非那西丁	16.00	1,2,4-三氯苯	19.00
菲	5.60	1,1,1-三氯乙烷	6.00
苯酚	6.20	1,1,2-三氯乙烷	6.00
1,3-苯二胺	0.66	三氯乙烯	6.00
甲拌磷	4.60	三氯氟甲烷	30.00
邻苯二甲酸	28.00	2,4,5-三氯酚	7.40
邻苯二甲酸酐	28.00	2,4,6-三氯酚	7.40
毒扁豆碱	1.40	2,4,5-三氯苯氧乙酸	7.90
水杨酸毒扁豆碱	1.40	1,2,3-三氯丙烷	30.00
猛杀威	1.40	1,1,2-三氟-1,2,2-三氯乙烷	30.00
拿草特	1.50	三乙胺	1.50
苯胺灵	1.40	三-2,3-二溴丙基磷酸酯	0.10
残杀威	1.40	灭草烚	1.40
苄草丹	1.40	氯乙烯	6.00
芘	8.20	二甲苯混合异构体	30.00
吡啶	16.00	杀螨脒	1.40
黄樟素	22.00	七氯	0.07
2,4,5-涕丙酸	7.90	1,2,3,4,6,7,8-七氯苯并-对二噁英	0.087
1,2,4,5-四氯苯	14.00	1,2,3,4,6,7,8-七氯二苯并呋喃	0.087
多氯代苯并二噁英	0.00	1,2,3,4,7,8,9-七氯二苯并呋喃	0.087
多氯代苯并呋喃	0.00	环氧七氯	0.07

有机成分	限值	有机成分	限值
六氯苯	10.00	二氯甲烷	30.00
六氯丁二烯	5.60	甲基乙基酮	36.00
六氯环戊二烯	2.40	甲基异丁基酮	33.00
六氯二苯并-对二噁英	0.087	甲基丙烯酸甲酯	160.00
六氯二苯并呋喃	0.087	甲磺酸	NA*
六氯乙烷	30.00	甲基对硫磷	4.60
六氯丙烯	30.00	速灭威	1.40
茚并(1,2,3-c,d)芘	3.40	自克威	1.40
碘甲烷	65.00	禾大壮	1.40
异丁醇	170.00	萘	5.60
异德林	0.07	2-萘胺	NA*
异黄樟脑	2.60	邻硝基苯胺	14.00
开蓬	0.13	对硝基苯胺	28.00
甲基丙烯腈	84.00	硝基苯	14.00
甲醇	0.75mg/L TCLP	5-硝基-邻甲苯胺	28.00
美沙吡林	1.50	邻硝基苯酚	13.00
灭虫	1.40	对硝基苯酚	29.00
灭多威	0.14	N-亚硝胺	28.00
甲氧氯	0.18	N-二甲基亚硝胺	2.30
3-甲基胆蒽	15.00	N-亚硝基二正丁胺	17.00
4,4-亚甲基双(2-氯苯胺)	30.00	N-亚硝基甲乙胺	2.30
		N-亚硝基吗啉	2.30

注："NA*"表示不得检出。

（2）欧盟

欧盟的《废物填埋技术指令》中规定进入危险废物填埋场的废物，必须包含在《危险废物名录指令》中。其中在名录上，没有经过前期处理的、其浸出毒性能够引起短期环境危害的，以及在填埋期间会影响防渗安全的废物不允许进入填埋场。2003年，欧盟颁布了2003/33/EC指令对危险废物填埋的入场标准提出了指导意见（见表2-8和表2-9）。

表 2-8　欧盟 2003/33/EC 指令对危险废物填埋的入场标准（一）

成分	液固比(L/S)＝2L/kg/(mg/kg)	液固比(L/S)＝10L/kg/(mg/kg)	浓度(C)(过滤)/(mg/L)
砷	6	25	3
钡	100	300	60
镉	3	5	1.7
总铬	25	70	15
铜	50	100	60
汞	0.5	2	0.3
钼	20	30	10
镍	20	40	12
铅	25	50	15
锑	2	5	1
硒	4	7	3
锌	90	200	60
氯化物	17000	25000	15000
氟化物	200	500	120
硫酸盐	25000	50000	17000
DOC	480	1000	320
TDS	70000	100000	—

注：DOC 为可溶性有机碳；TDS 为总溶解固体。

表 2-9　欧盟 2003/33/EC 指令对危险废物填埋的入场标准（二）

参数	标准值
燃烧减量	10%
总有机碳	6%
酸中和能力	必须进行评估

(3) 德国

Ⅲ级填埋场（危险废物填埋场）的有关入场标准见表 2-10，垃圾埋入要注意以下几点：

表 2-10　Ⅲ级埋场（危险废物填埋场）的有关入场标准

参数	单位	标准限值
干物质有机成分		
焚烧减量	%(质量分数)	≤10
TOC	%(质量分数)	≤6

参数	单位	标准限值
可提取亲脂物质	%（质量分数）	≤4
浸出标准		
pH 值		4～13.0
TOC	mg/L	≤100
酚	mg/L	≤100
砷	mg/L	≤2.5
铅	mg/L	≤5
镉	mg/L	≤0.5
铬	mg/L	≤7
铜	mg/L	≤10
镍	mg/L	≤4
汞	mg/L	≤0.1
锌	mg/L	≤20
氟	mg/L	≤50
氰化物	mg/L	≤1
水溶性（干物质）	%（质量分数）	≤10

① 料理好填埋物体，避免垃圾相互产生有害反应，避免垃圾与渗漏水产生反应，必要时按垃圾种类将排水区域分开；

② 原则上要分段填埋垃圾，尽快填满各地段，以便铺设填埋垃圾地表隔绝层；

③ 填埋场地上使用的机器通常应垃圾随到随填埋，进行隔绝处理并埋入地下，埋入地下应选择从长期看估计填埋物不会再有大沉降的时候；

④ 填埋垃圾应整理好，使其稳定性得到保证；

⑤ 垃圾之间的空间要小，埋入后要隔绝；

⑥ 垃圾要填埋妥当，使之不产生较大的污染；

⑦ 有可能与水或与其他垃圾产生放热反应的垃圾，要妥善埋入地下，不损害填埋基础。

2.2.1.5　渗滤液排放要求

(1) 美国

在美国，填埋场渗滤液的排放要求是由系统的法规及排放去向所决定的，制定排放标准依据的原则是：标准要求的处理水平应与环境保护法规、经济发展和科学技术水平相协调。其中，较为强调依靠最佳经济可行技术（Best Available Technology Economically Achievable，BATEA）的评估，以使环境标准与技术相适应。美国相关的法规和实施方法如下。

1）法令

①《清洁水法》（Clean Water Act，CWA）。《清洁水法》基本确定了当前美国水污染防治的基本策略。该法案规定，所有污染物排放到美国规定水体中的点源水污染都必须拥有许可证。水污染物排放标准主要通过制定排放许可证来实施，即通过制定以可行技术为基础的排放许可限制来控制具体的排放源。根据该法提出的计划，所有向自然水体排放废水的污染源（直接排放源）必须分步达到依据现有最佳可行控制技术（BPT）制定的排放限值和依据现有BAT制定的污染源实施标准。CWA规定："自1972年10月18日起180天内，及其之后随时，局长应随需要公布提议规定，为向公共污水处理系统引入不能处理或干扰其正常运行的污染物制定预处理标准"，并在第四款中规定了任何违反预处理标准的污染源控制方案均属于违法行为。对于向公共污水处理厂排放的污染源，法律要求通过城市污水处理厂对污染源预处理标准加以控制。

此后，CWA做过两次重要修改，许可证制度逐步成熟，形成了以可行技术为基础的排放标准限值，和以受纳水体水质为基础的排放总量限制。在第一轮许可证颁发之后，美国环保署通过对排放标准的逐步完善，使许可证制定人员在制定许可证时有据可依，更多地采用以排放标准为基础的方法来制定排放限制。同时，由于对受纳水体水质标准的逐渐重视，以水质标准为基础的许可证得到不断发展，许可证实施的核心亦即排放标准向许可证排污限制转化。

A. 排放限值的制定原则

Ⅰ. 基于技术的排放限制。基于技术的排放限制有制定国家排放限制导则（ELGs）和基于案例研究的最佳专业判断方法（排放限制导则未作相应规定时采用）两种方式。CWA规定美国环保署进一步制定细化的排放限制导则，在以下4种技术的基础上，为不同的污染源和污染物制定排放标准。

ⅰ. 最佳可行控制技术（BPT）。

ⅱ. 最佳常规污染物控制技术（BCT），是现有工业点源的常规污染物（包括BOD、TSS、大肠杆菌、pH值以及油脂）排放的技术标准。

ⅲ. 最佳经济可行技术（BAT），是CWA制定的在全国范围内最合适的控制直接排放有毒以及非常规污染物到可航行水体的方法。

ⅳ. 新污染源绩效标准（NSPS），新污染源是指将产生或者可能产生污染物排放的建筑物、设施或者装置，新污染源绩效标准为新设施更加有效地控制污染排放规定了方案设计方法。

Ⅱ. 基于接受水体水质保护的排放限制。在单纯基于技术的许可限制不能严格达到这些水体的水质标准的情况下，CWA要求制定更为严格的基于接受水体水质保护的排放限制。每日最大负荷总量（TMDLs）是水体达到水质标准条件下能承受的污染物的最大排放量，而基于接受水体水质的排放限制，即是将此总体排放量分配到各个污染源，作为其排放量的限制依据。

B. 预处理标准

预处理标准在美国水污染物排放标准中，是指针对排入公共污水处理设施的工业点源所制定的排放标准。预处理则是指减少接入公共污水处理设施的污水中所含有的污染物，或是改变它们的性质。一般来说，可以通过物理、化学、生物或其他过程来实现。美国的预处理标准包括排放禁令、行业预处理标准和地方预处理标准3个层次。排放禁令的目的，是为公共污水处理系统提供最基本的保护，因此对所有间接排放点源都适用，主要是针对某些特殊的污染物制定排放限制，在适当的情况下可被更加严格的行业标准和地方标准所代替。行业预处理标准由美国环保署制定，适用于特定行业的工业用户，其目的是基于公共污水的处理技术特征，对可能导致"穿透"或"干扰"的非常规污染物和有毒有害污染物的排放进行限制。地方预处理标准则由公共污水处理系统或被授权的州政府制定，根据制定限值的方法适用于所有工业用户或重点工业用户。

② 联邦规章。40 CFR Part 264 规定危险废物填埋场排入地表水的污染物必须遵守《国家污染物排放消除体系》（National Pollutant Discharge Elimination System，NPDES）的相关规定。

2）渗滤液排放标准

应用 BPT、BCT、BAT 以及新污染源绩效标准（NSPS）的污染源必须达到表 2-11、表 2-12 所列的排放限值才能排放。

表 2-11　危险废物填埋场排入地表水的污染浓度限值

污染物和污染指示物	日最大值/(mg/L)	月平均值/(mg/L)
BOD_5	220	56
总悬浮物	88	27
NH_4^+-N	10	4.9
A-松油醇	0.042	0.019
苯甲酸	0.119	0.073
P-甲酚	0.024	0.015
苯酚	0.048	0.029
砷	1.1	0.54
铬	1.1	0.46
锌	0.535	0.296
pH 值	6～9	

表 2-12　美国市政污水二级处理标准

因子	30 日平均值	7 日平均值
BOD_5/(mg/L)	30	45
总悬浮物/(mg/L)	30	45
pH 值	6～9	—
去除率/%	85（BOD_5、TSS）	—

注：BOD_5 为五日生化需氧量；TSS 为总悬浮物含量。

(2) 欧盟

欧盟关于废物的 75/442/EEC 指令第 9 条规定，要建立一个基于高环境保护水平的渗滤液处理网络，渗滤液必须达到相应标准后排放，但法令中没有提及具体的排放标准，而是要求各成员国自行制定。

2005 年 7 月颁布的填埋导则也对地下水保护和渗滤液管理做出了规定，并且规定危险废物填埋场渗滤液禁止回灌。其中规定所有的垃圾填埋场都必须达到《地下水指令》(Groundwater Directive) 的基本要求，即在填埋场的整个生命周期内，其所在地不存在有不可接受的排放风险；除非填埋场没有任何潜在危害，否则渗滤液都要予以收集、处理并达到合适的标准，以便可以排放。

1999/31/EC 第 9 条规定，要建立一个基于高环境保护水平的渗滤液处理厂网络，渗滤液必须从填埋场收集并经过适当处理后，达到相应标准 (Appropriate Standard) 后排放，但不适用于惰性废物 (Inert Waste) 填埋场，法令中没有提及具体的排放标准，而是要求各成员国自行制定。

96/61/EC 污染综合防治指令 (IPPC) 的目的是防止或减少企业向大气、水体和土壤中排放污染物，达到整体上高水平的环境保护。该指令 Article 9 (3) 和 (4) 要求成员国为指令中涉及的若干工业（包括能源，金属制造及加工，矿产采掘加工业，化学工业，废物管理和其他，共 6 大类）和特定污染物，建立包括制定排放限值、推广最佳可行技术 (Best Available Techniques，BAT) 的许可制度，并对排放限值和参数等的制定做出了指导性规定，但没有制定具体标准。该指令旨在使点源污染物的排放最小化，包括水、气、噪声和固体废物的排放。指令要求欧盟成员国内的 6 大类、33 小类需要优先控制的行业必须获得许可证后才能运营，发放许可证的标准是基于企业是否达到了最佳可行技术 (BAT)。指令还要求以 BAT 为依据，对上述行业中的 13 种（类）大气污染物和 12 种（类）水污染物制定排放限值，保证技术和经济上的可行性。该指令中还规定，之前制定的关于汞、镉、六六六等危险物质排放限值指令中的相关条款，应依照 IPPC 指令修订。该指令的颁布可促进欧盟各部门制定污染排放限值。

IPPC 也对地下水保护和渗滤液管理做出了规定，并且规定危险废物填埋场渗滤液禁止回灌。规定所有的垃圾填埋场都必须达到《地下水指令》(Groundwater Directive) 的基本要求，即在填埋场的整个生命周期内，其所在地不存在有不可接受的排放风险；除非填埋场没有任何潜在危害，否则渗滤液都要予以收集、处理并达到合适的标准，以便可以排放。如果管理机构已经考虑了地理位置和填埋场接受废物的种类，并认定填埋场对环境不存在任何潜在危害的话，那么不必遵守上述要求。这一段不适用于惰性填埋场 (Inert Landfills)。第 23、24 条规定，生物可降解废物填埋场渗滤液可以回用，但危险废物填埋场渗滤液禁止回灌。

欧盟 76/464/EEC 为有关某些危险物排入水体的指令（见表 2-13）。该指令将排入内陆、海岸和领海的 132 种具有毒性、持久性和生物蓄积性的危险物质（表单 Ⅰ）和其他污染物（表单 Ⅱ，主要包括重金属、生物杀虫剂、含硅化合物、氰化物、氟化物、氨、亚硝酸盐等）作为危险物的候选名单。其中表单 Ⅰ 中的 18 种污染物已经分别在下列 5 个子指令中做出了规定：

① 有关氯碱电解工业汞排放限值的 82/176/EEC 指令；

② 有关镉排放限值的 83/513/EEC 指令；

③ 有关除氯碱电解工业外汞排放限值的 84/156/EEC 指令；

④ 有关六六六（HCH）排放限值的 84/491/EEC 指令；

⑤ 有关特种危险物质排放限值的 86/280/EEC 指令（后经 88/347/EEC 指令和 90/415/EEC 指令 2 次修订）。

表 2-13 欧盟 76/464/EEC 废水污染控制标准值

成分	76/464/EEC 废水污染控制标准值/(mg/L)
镉	5
汞	1
六氯环己烷	0.1
四氯化碳	12
DDT	25
四氯化碳	2
阿尔德林	0.01
狄氏剂	0.01
异狄氏剂	0.01
异艾氏剂	0.01
六氯苯	0.03
六氯丁二烯	0.1
三氯甲烷	12
二氯乙烷	10
三氯乙烯	10
四氯乙烯	10
三氯苯	10

注：DDT 为滴滴涕，又称二二三。

排入不同水体中的表单 I 中物质全年平均浓度限值可以参见 SI 1989/2286 和 SI 1992/337—地表水条例（危险物质分类）；表单 II 中物质限值参见 SI 1997/2560 和 SI 1998/389。

所以，根据 IPPC 指令和水框架指令，欧盟成员国目前制定废水污染物排放限值时，都以 BAT 为参考。同时，运用反演的方法将排放限值与环境质量标准相结合。

例如，德国根据填埋方式的特征和气象条件，采取适当的措施，从而：

① 控制降水进入填埋体；

② 防止地表水和地下水渗入已填埋的废物；

③ 收集污水和渗滤液，如果关于填埋场场址和接收的废物的评价显示填埋互不干

涉且不存在潜在危险，主管部门可以决定不采用该规定；

④ 填埋场收集到的污水和渗滤液的处理应达到相应的排放标准和要求。

德国颁布了废水排放指令来规范填埋场渗滤液的排放要求，见表 2-14 和表 2-15。

表 2-14　直接排放要求

指标	单位	排放限值（随机采样或 2h 混合样）
化学需氧量（COD）	mg/L	200
BOD_5	mg/L	20
TN	mg/L	70
TP	mg/L	3
TC	mg/L	10
水生物毒性	G_F	2

表 2-15　和其他废水混合的排放要求

指标	排放限值（随机采样或 2h 混合样）/（mg/L）
可吸附有机卤化物（AOX）	0.5
水银	0.05
镉	0.1
铬	0.5
铬（Ⅵ）	0.1
镍	1
铅	0.5
铜	0.5
锌	2
砷	0.1
挥发性氰化物	0.2
硫化物	1

2.2.2　我国危险废物填埋场污染控制标准及存在问题

自《危险废物填埋污染控制标准》（GB 18598—2001）颁布以来，对危险废物填埋场的建设和污染防治都发挥了积极的作用。国家也与之配套颁布了一系列危险废物填埋场的建设规范、标准和技术政策，对全国危险废物填埋场的污染起到了遏制作用。在此标准颁布之前，我国危险填埋场建设数量少，可资借鉴的经验和实践少。而随着国家"十一五"《全国危险废物和医疗废物处置设施建设规划》的实施，危险废物填埋场建设速度大大增加，但是危险废物填埋的环境管理技术手段并没有跟上，仍然沿用 2001 年的《危险废物填埋污染控制标准》进行约束管理。

现行《危险废物填埋污染控制标准》（GB 18598—2019）在填埋场的设计、建设、质量控制、入场标准、安全运行保障等方面存在着一些技术盲点有待解决。而目前的标准无力解决这些问题，因此需要通过标准修订，加强、完善我国危险废物安全填埋无害化处置全过程的管理。

2.2.2.1　设计与建设

危险废物安全填埋场不同于生活垃圾卫生填埋场，其规模小，建设成本高、社会环境影响大，在进行设计和建设时应当充分考虑下述特点：

① 合理增大填埋库容；
② 避免填埋大宗废物；
③ 慎重选择刚性填埋场结构。

2.2.2.2　质量保证

由于填埋场建设涉及多个施工单位，在具体建设过程中交叉施工必不可少，如土建与防渗交叉施工很容易造成防渗 HDPE 膜的破损，由于缺乏科学的阶段验收技术，使得施工质量难以保证。特别是在施工验收时防渗层完整性、导排层有效性的检测目前还是空白。

2.2.2.3　严格入场标准，降低危险废物填埋建设数量

由于填埋场选址越来越难，危险废物填埋场建设和运行成本会越来越高，因此需要提高危险废物填埋准入标准。最近几年，从美国、日本及欧洲的危险废物填埋的管理发展情况来看，无一例外都严格限制了危险废物填埋量以及填埋场建设数量，主要目的是限制危险废物进入填埋场，并且也都加强了危险废物填埋安全运行技术与管理。

2.2.2.4　危险废物填埋安全运行与管理

危险废物安全填埋场与生活垃圾卫生填埋场最主要的区别是：生活垃圾填埋有稳定期，达到稳定的垃圾堆体对环境的危害大大降低，降解稳定化的产物与土壤无异；但是危险废物没有稳定期，其危害特性是长期存在的，而填埋场的建筑材料和防渗材料是有寿命的，不能保证环境安全性[3]。因此对危险废物填埋场运行管理进行长期的安全监控是十分重要的。

2.3　我国典型危险废物填埋场建设及运行现状

2.3.1　我国危险废物填埋技术发展过程及主要问题分析

我国建设危险废物安全填埋处置设施的历史不长，而且经过十几年的建设与运行，

已经显现了许多问题，如填埋场选址困难、安全运行保障技术缺乏等，选址困难是由于公众自身环保意识的提高，担心危险废物填埋场渗漏带来的环境危害。安全运行保障技术缺乏主要体现在缺少防渗层渗漏安全保障技术，渗滤液导排管道堵塞、填埋堆体不均匀沉降等均会危及防渗层的安全[4]。危险废物填埋场的环境风险不同于生活垃圾填埋场，因为经过稳定化后的危险废物（含重金属废物和有毒有机物），其危害特性不会随时间的增加而降低，而是长期存在的；此外填埋场的防渗材料也存在使用寿命。因此，危险废物填埋场环境风险集中体现在防渗层的渗漏[5-7]。我国危险废物填埋场主要问题正是防渗层渗漏风险的集中反映。

近年来，美国、日本及欧洲的危险废物填埋管理都严格限制了危险废物填埋量以及填埋场的建设数量，其主要目的是限制危险废物进入填埋场，同时加强了危险废物填埋安全运行技术与管理。随着我国公民环保意识的增强，公众越来越关注废物填埋设施的环境安全。填埋场的选址和建设日趋困难，究其原因是危险废物填埋场存在的环境风险不能被周围的居民所接受，因而在选址和建设中遭遇到前所未有的公众压力。原中国环境科学研究院固体所对新建填埋场防渗层的完整性检测结果显示，包括危险废物填埋场在内，绝大部分填埋场防渗层存在明显缺损，说明危险废物填埋场长期渗漏的风险很大，形势严峻。因此，开展不同类型危险废物填埋场长期渗漏风险评价和渗漏源强评价方法的研究，合理制定填埋场防护距离，并提出以地下水和土壤的长期保护为目标的危险废物填埋场环境安全防护评价技术规范，对我国危险废物填埋场环境无害化管理具有十分重大的意义[8,9]。

2.3.2 典型固体废物填埋场防渗层渗漏现状调查

中国环境科学研究院固体所从 2012 年开始，对北京、天津、重庆、浙江、四川、安徽、河南、山东、云南、贵阳 10 个省市 30 余家生活垃圾和危险废物填埋场防渗土工膜（HDPE 膜）完整性开展渗漏检测调研工作。通过调查发现，所有填埋场防渗层均有严重的渗漏现象，对周边地下水的环境造成了严重污染。

根据检测结果（见图 2-11），平均在每个填埋场内发现防渗层漏洞数量约为 34 个；按照面积计算，平均每公顷防渗层检出漏洞约为 17 个。在其中一个底部面积仅为 $2.5 \times 10^4 \, m^2$ 的填埋场内，检测出来 5cm 以上的漏洞有 185 个。在发现的防渗层破损漏洞中，超过 35% 的漏洞直径大于 10cm，其中超过 12% 的漏洞直径大于 50cm。如此大型尺寸

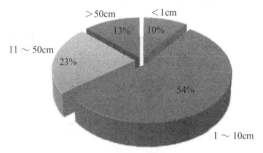

图 2-11　漏洞检出尺寸分布

的漏洞会造成填埋场人工防渗层作用完全失效。在针对某填埋场的渗漏调查发现，该填埋区域内大量的渗滤液从填埋场内已进入地下土壤环境，渗滤液污染深度已经达数十米深。

相关调查资料[1]显示，11个危险废物填埋场中，有8个场地周边地下水均受到了不同程度的污染，pH值、NH_4^+-N以及铅、铬、砷等重金属超标较为严重。

安全填埋场建设、运营标准通常由先进的防渗技术、完善的渗滤液收集处理系统、合理的集排气网络、精密的预警监测系统、配套的封场与复垦工程等几个方面来控制与衡量。这些关键构造设计的合理性直接关系到填埋场运营的安全性。

根据调查，11个填埋场只有河南省和北京市采用防渗层渗漏在线监测与检测系统作为监测预警系统。而根据研究，所有的防渗层都会产生渗漏。假设填埋场其他设施性能保持良好，一个直径25cm漏洞渗滤液的渗漏量可达15kg/d（约5.4t/a）。因此可推算我国每年自填埋场破损漏洞渗漏进地下水的渗滤液中所含化学需氧量（COD）约为914t，抵消国家"十二五"年均COD减排指标的0.6%左右。

目前，生态环境部已经对《危险废物填埋污染控制标准》（GB 18598—2001）进行修订，新修订的《危险废物填埋污染控制标准》（GB 18598—2019）加强了对危险废物填埋场渗滤液可能产生的风险、填埋场结构及防渗层长期安全性及其渗漏风险等因素的重视，同时加快制定危险废物填埋场环评技术指南。

2.4　我国危险废物填埋场环境风险现状

2.4.1　典型危险废物的污染特性

典型危险废物填埋场渗漏源强和环境风险的大小与填埋物质的性质息息相关，对危险废物进行特性调查和分析工作是开展渗漏源强和风险评价工作的重要前提。据此，根据全国危险废物填埋场的实际运行情况，选取不同地区的危险废物填埋场进行典型危险废物的产量数据调查和取样分析。

选取了华中、华东、华北、西南、西北、东北共10个典型危险废物填埋场，并现场采样分析（见表2-16）。

表 2-16　危险废物填埋场编号及其地理位置

填埋场编号	1	2	3	4	5	6	7	8	9	10
地理位置	华中	华东	华东	华东	华北	华北	西南	西南	西北	东北

对当地典型危险废物产生量进行实地调查和取样，不同地区危险废物产生量与所采集的主要典型危险废物样品依次如图2-12所示。

(a) 飞灰炉渣混合物   (b) 氟化钙污泥

(c) 杭氧污泥   (d) 污染土

(e) 油泥   (f) 滤池填料

(g) 废催化剂   (h) 锌铬污泥

图 2-12　典型危险废物的样品采集

由表 2-16 可知：基于各地区危险废物填埋场的实际分布、运行情况的不同，华中、华东、华北、西南、西北、东北地区选取的典型危险废物填埋场的数量依次为 1 个、3 个、2 个、2 个、1 个、1 个。对所选取的填埋场进行危险废物处理处置量的统计与调查，依次如表 2-17 所列。

由表 2-17 可知：该地制造业所产生的含镍危险废物每年产生的量最大，占主要危险废物处理处置量的 86.3%，其次为机械设备产生的含铬废物和石化行业的废碱，分别

表 2-17　华中某填埋场主要填埋废物类型统计

代号	主要来源	危险品名称	产生量/(t/a)
1	制造	含镍废物	3000
2	机械设备	含铬废物	260
3	石化	废碱	180
4	制造	制革污泥	30
5	信息产业	含锌废物	5

占比 7.5％和 5.2％，产生源主要为石油勘探、制造等行业。

华东某地 A 主要危险废物统计清单如表 2-18 所列。

表 2-18　华东某地 A 主要危险废物统计清单

代号	主要来源	危险品名称	产生量/(t/a)
1	电子、线路板厂	蚀刻液	22273
2	电器、五金厂	电镀污泥	22000
3	电路板、电子厂	印刷线路板	10356
4	纺织、皮革等企业	其他工业废物	3848

由表 2-18 可知：该地电子电器类行业产生的危险废物占绝对比例，约为 93.5％，其他工业行业则占比较少，只有约 6.5％。按照当地行业划分，主要危险废物产生源依次为化工、造纸、纺织印染、有色金属冶炼、食品、医药、机械电子和金属制造业；其中废碱、废酸、重金属废渣及污泥、表面处理废物、医药废物、废有机溶剂、废乳化液、染料涂料废物、感光材料废物等危险废物的产生量合计占总量的 98％。

华东某地 B 主要危险废物统计清单如表 2-19 所列。

表 2-19　华东某地 B 主要危险废物统计清单

代号	危险品名称	产生量/(t/a)
1	工业危险废物	47200
2	医疗废物	1980

由表 2-19 可知：该地产生的环境风险因子中工业危险废物贡献最多，比例约 96.0％，是引起环境风险的绝对影响因素。医疗废物在该地区产量较少，对应的环境风险也不可忽视。对医疗废物的处理以焚烧为主要措施。

华东某地 C 主要危险废物统计清单如表 2-20 所列。

由表 2-20 可知：该华东地区主要危险废物排序表中无机氰化物和无机氟化物产生量最多，依次占所统计的危险废物产生量的 72.2％和 18.1％，这两种危险废物所占比例之和达到 90.3％。

表 2-20　华东某地 C 主要危险废物统计清单

代号	危险品名称	产生量/(t/a)
1	无机氰化物	319644
2	无机氟化物	80000
3	废矿物油	8740
4	废碱	8583
5	焚烧残渣、飞灰	5190
6	含铬废物	4819
7	废酸	4167
8	染料、涂料废物	4015
9	树脂类	2577
10	表面处理废物	1606
11	废乳化油	1129
12	废有机溶剂	1050
13	含铜废物	832
14	含铅废物	461
15	含汞废物	199

华北某地 A 主要危险废物统计清单如表 2-21 所列。

表 2-21　华北某地 A 主要危险废物统计清单

代号	危险品名称	产生量/(t/a)
1	医药废物	45560
2	精馏残渣	32317
3	无机氰化物	12514
4	有机氰化物	7020
5	燃料涂料	6637
6	含铬废物	6211
7	含铜废物	3700
8	含锌废物	3698
9	废酸	3438
10	废碱	2227
11	树脂类	790
12	含氰废物	544

続表

代号	危险品名称	产生量/(t/a)
13	多氯联苯	450
14	非有机溶剂	360
15	含汞废物	285
16	农药与除草剂	300
17	含醚废物	220
18	有机溶剂废物	180
19	废矿物油	172
20	非药品	130

同理，由表 2-21 可知：医药废物、精馏残渣和无机氰化物占比分别为 35.9%、25.5% 和 9.9%。三者比例之和约为 71.3%，其中医药废物主要以焚烧处理为主。同时，由表 2-21 可发现该地产生的有机危险废物的种类和数量较多，这与当地的工业生产活动是有关系的。

华北某地 B 主要危险废物统计清单如表 2-22 所列。

表 2-22 华北某地 B 主要危险废物统计清单

代号	危险品名称	产生量/(t/a)
1	废酸	54734.5
2	含铜废渣	20294
3	焦油渣	5676.2
4	含钡废物	1324
5	废油	858.4
6	树脂类	275
7	废感光材料	130.2
8	医疗废物	90.8
9	废油墨	21
10	废农药	0.4

由表 2-22 可知：当地废酸、含铜废渣和焦油渣的产量较大，比例依次约为 65.6%、24.3% 和 6.81%，占所有危险废物产生量的 96.8%，而医疗废物产生量相对表 2-21 则很少，说明华北不同地域工业行业分布不同。

西南某地 A 主要危险废物统计清单如表 2-23 所列。

表 2-23　西南某地 A 主要危险废物统计清单

代号	危险品名称	产生量/(t/a)
1	焚烧飞灰	1659.2
2	残渣	29.7
3	污水处理污泥	16.5

由表 2-23 可知：该地区主要以焚烧飞灰的处理处置为主，其产量占所需处理处置危险废物量的 97.3%，其含有大量的重金属元素，填埋时与外界环境如雨水等的接触会产生较大的溶出作用，是危害当地生态环境的主导因素。

西南某地 B 主要危险废物统计清单如表 2-24 所列。

表 2-24　西南某地 B 主要危险废物统计清单

代号	危险品名称	产生量/(t/a)
1	废酸	118529
2	含铬废物	78971
3	精馏残渣	41859
4	废碱	22771
5	废乳化液	10113
6	废有机溶剂	10100
7	医药废物	3803
8	含铅废物	3639
9	废矿物油	2241
10	表面处理废物	1930

由表 2-24 可知：该地区较表 2-23 所示地区产生的危险品较多，医药废物产量较多，行业分布较齐全。其中废酸、含铬废物、精馏残渣、废碱、废乳化液、废有机溶剂分别占所统计危险品产量的 40.3%、26.9%、14.2%、7.75%、3.44% 和 3.43%，6 种危险品占比之和约为 96%。

西北某地主要危险废物统计清单如表 2-25 所列。

表 2-25　西北某地主要危险废物统计清单

代号	危险品名称	需处理处置量/(t/a)
1	含铬废物	6106
2	废矿物油	5354
3	医疗废物	2042
4	废酸	1307
5	含铅废物	357
6	精馏残渣	209
7	废有机溶剂	121

由表 2-25 可知：西北该地区含铬废物和废矿物油产量较其他危险品产量大，比例依次为 39.4％和 34.6％。该地相应的医疗废物产量较表 2-24 所列的西南地区少。

东北某地主要危险废物统计清单如表 2-26 所列。

表 2-26 东北某地主要危险废物统计清单

代号	危险品名称	产生量/(t/a)
1	工业水处理污泥	48500
2	石油化工固体废物	7450
3	废乳化液	5000
4	汽车工业固体废物	4650
5	医疗废物	3610
6	制药废物	2800
7	精馏残渣	700
8	燃料涂料废物	100

由表 2-26 可知：东北该地区工业水处理污泥产量最大，约为当地危险品统计量的 66.7％；其次是石油化工固体废物，占比 10.2％；然后是废乳化液为 6.87％；这三种危险品产量约为所统计的危险品产量的 83.77％。而医疗废物产量高于表 2-25 对应的西北地区。

2.4.1.1 典型危险废物的物理性参数

典型危险废物的主要物理性参数有含水量、密度以及有机质含量。

(1) 含水量

几种典型危险废物的含水量如表 2-27 所列。

表 2-27 几种典型危险废物的含水量

试样名称	含水量/％	标准偏差
锌铬污泥	66.7	1.3
飞灰和炉渣混合物	15.2	1.9
杭氧污泥	69.9	1.4
杭氧污染土	44.9	1.6
废催化剂	18.2	0.4
油泥	79.6	3.3
天津市危险废物处置中心炉渣	15.2	1.0
滤池填料	20.6	1.2
天津南通炉渣	20.2	0.2

(2) 密度含量

几种典型危险废物的密度如表 2-28 所列。

表 2-28 几种典型危险废物的密度

试样名称	密度/(g/cm³)	标准偏差
锌铬污泥	2.063	0.013
飞灰和炉渣混合物	2.462	0.038
杭氧污泥	2.311	0.071
杭氧污染土	2.131	0.062
废催化剂	1.926	0.067
油泥	2.124	0.038
天津市危险废物处置中心炉渣	2.385	0.075
滤池填料	2.654	0.036
天津南通炉渣	2.356	0.043

(3) 有机质含量

几种典型危险废物的有机质含量如表 2-29 所列。

表 2-29 几种典型危险废物的有机质含量

样品名称	杭氧污泥	杭氧污染土	飞灰滤渣混合物	锌铬污泥	油泥	滤池填料
有机质含量/%	5.93	3.57	1.73	8.48	14.79	4.74

2.4.1.2 典型危险废物的工程力学特性

典型危险废物经风干碾碎后，过 2mm 筛的筛下样品。试验时采用加水拌和并制样成型后在标准养护室内养护试样 48h，根据相关试验要求制作足够数量的试件，以便试验时备用。

(1) 渗透试验

测得的垃圾土渗透试验数据如表 2-30 所列，渗透试验常用的渗透设备如图 2-13 所示。

表 2-30 垃圾土渗透试验数据汇总表

样品名称	渗透系数/(×10⁻³cm/s)	标准偏差
杭氧污泥	0.413	0.950
杭氧污染土	6.499	0.836
锌铬污泥	0.760	0.148
油泥	1.366	0.601
飞灰炉渣混合物	8.365	1.303
滤池填料	33.822	1.549

(a) TST-55 型渗透仪

(b) 自制扰动土渗透仪

图 2-13　检测试验的渗透设备

（2）直接剪切试验

直接剪切实验如图 2-14 所示。杭氧污泥、锌铬污泥和油泥的黏聚力分别为 1.94kPa、3.12kPa 和 1.81kPa，内摩擦角分别为 20.1°、18.8°和 22.1°，其直剪强度相

(a) 直剪仪

图 2-14

(b) 直剪后的饼样

图 2-14 直接剪切实验

对较低。杭氧污染土壤、飞灰炉渣混合物和滤池填料的黏聚力分别为 20.9kPa、40.8kPa 和 31.1kPa，内摩擦角分别为 30.4°、25.2° 和 35.0°，其直剪强度相对较大。

2.4.2 渗滤液污染特性分析

2.4.2.1 渗滤液中污染组分分析

危险废物填埋场入场废物来源广泛，种类繁多，因此其产生的渗滤液也具有类似特征。对 7 个填埋场的渗滤液样品进行组分分析，不同填埋场中重金属污染物浓度值如表 2-31 所列。

表 2-31 填埋场渗滤液中重金属污染物浓度

项目	Cr	Mn	Ni	Cu	Zn	As	Cd	Pb
1# 填埋场	47.00	1.13	0.23	0.21	NDT	0.40	0.08	0.28
2# 填埋场	42.00	1.08	0.49	0.04	0.04	0.93	0.08	0.29
3# 填埋场	NDT	0.06	0.01	0.01	NDT	0.06	NDT	NDT
4# 填埋场	NDT	NDT	NDT	0.02	NDT	NDT	NDT	NDT
5# 填埋场	0.62	0.03	0.26	0.78	NDT	6.54	NDT	0.02
6# 填埋场	0.05	0.07	0.20	0.08	NDT	0.17	NDT	NDT
7# 填埋场	0.07	0.94	1.30	0.37	NDT	0.13	NDT	0.03
平均值	12.82	0.47	0.35	0.22	0.01	1.17	0.02	0.09
方差	18.10	0.49	0.31	0.20	0.01	1.53	0.03	0.11
标准差	20.08	0.50	0.41	0.26	0.01	2.21	0.04	0.12
变异系数	1.57	1.06	1.17	1.19	2.45	1.88	1.49	1.41
标准 1	1.5	2	1	5	5	0.5	0.1	1
标准 2	0.1	1	0.1	1.5	5	0.05	0.01	0.1

注：1. 单位均为 mg/L；

2. 标准 1 为污水综合排放标准；

3. 标准 2 为地下水五类水质标准；

4. "NDT" 表示未检出。

分析表 2-31，如果考虑污水综合排放标准，7 个填埋场中，渗滤液中铬超标的有 2 家，镍超标的有 1 座，As 超标的有 1 座，至少一种污染物超标的有 4 座，超标比例为 5/7。如果考虑地下水五类水质标准，渗滤液中铬和锰超标的均有 3 座，镍和砷超标的有 5 座，铜超标的有 2 座。有 6 座填埋场至少 1 种污染物超标，5 座填埋场至少 2 种污染物超标，4 座填埋场至少 3 种污染物超标，4 座填埋场至少 3 种污染物超标，2 座填埋场至少 5 种污染物超标，1 座填埋场 6 种污染物超标。上述分析表明，尽管我国制定了严格的危险废物填埋污染控制标准，实施了严格的危险废物入场要求，但危险废物填埋场中的渗滤液仍然具有较高的污染物浓度，因此一旦发生渗滤液渗漏，将对周围土壤和地下水构成污染，进而对生活在填埋场周边的居民构成人体健康危害[10,11]。

按照标准 1 计算的渗滤液样品中各污染物的超标倍数见书后彩图 1。

从书后彩图 1 中可知 7 家填埋场 56 个样本中，一共有 5 个样本超标，超标率为 8.9%。超标样品为 1# 和 2# 填埋场渗滤液中的铬（分别超标 31 倍和 28 倍），7# 填埋场渗滤液中的镍（超标 1.3 倍），以及 2# 和 5# 填埋场样品中的 As（分别超标 1.9 倍和 13.1 倍）。因此从填埋场角度考虑，超标最严重的是 2# 填埋场（2 个指标超标，铬和砷），其次是 1# 填埋场（铬超标 31 倍）、5# 填埋场（砷超标 13.1 倍）和 7# 填埋场（镍超标 1.3 倍）。超标情况最轻的是 3#、4# 和 6# 填埋场，均没有污染物超标。从污染物角度考虑，超标最严重的是铬（2 个样本超标），超标率为 28.6%，且超标倍数高达 31 倍和 28 倍；其次为砷（2 个样本超标，超标率 28.6%，但超标倍数较小，分别为 1.9 倍和 13.1 倍）。

按照标准 2 计算的渗滤液中各污染物的超标情况见书后彩图 2。

从书后彩图 2 中可知 56 个样本中，一共有 16 个样本超标，超标率为 28.6%。超标样品为 1#、2# 和 5# 填埋场渗滤液中的铬（分别超标 31 倍和 28 倍）；1# 和 2# 填埋场的锰（分别超标 1.13 倍和 1.08 倍）；1#、2#、5# 和 7# 填埋场中的镍（分别超标 2.3 倍、4.9 倍、2.6 倍和 13 倍）；1#、2# 和 5# 填埋场中的砷（分别超标 8.0 倍、18.6 倍和 130.8 倍）；1# 和 2# 填埋场中的镉（均超标 8 倍）以及 1# 和 2# 填埋场中的铅（分别超标 2.8 倍和 2.9 倍）。因此从填埋场角度考虑，超标最严重的是 1# 和 2# 填埋场，8 个指标中 6 个超标，超标率为 75%；其次为 5# 和 7# 填埋场，超标率分别为 37.5% 和 12.5%。从污染物角度考虑，超标最普遍的是镍（超标率 57.1%）；其次是砷和铬（超标率 42.9%）；再次为锰、镉和铅（超标率 28.6%），铜和锌在所有填埋场中均不超标。

根据上述分析，危险废物填埋场渗滤液中普遍存在超标的是镍（超标率为 57.1%），但是超标最严重的则为砷和铬（超标率 42.9%，但超标倍数高达 100 倍以上）。对其原因进行分析，可能包括以下几个因素：

① 某些填埋场没有按照规定对入场废物进行浸出浓度分析，或者经过分析后对于某些超出浸出浓度限值的废物没有进行固化稳定化等预处理；

② 砷为两性金属，在碱性环境下可能更容易浸出，而我国危险废物填埋场的入场标准均采用纯水或硫酸硝酸法浸出，而实际填埋场中往往为碱性环境，这就导致实验室采取的浸出方法不能很好地反映砷在实际填埋场环境中的浸出规律，过小地估计了砷的

浸出量；

③ 铬浓度严重超标的现象可能与铬在水泥固化块中的迁移转化特性有关。

目前我国垃圾填埋场对含铬废物的预处理多采用固化稳定化的技术，而很多研究表明铬在水泥中具有较好的迁移性，这可能是导致某些填埋场渗滤液中铬严重超标的原因。

2.4.2.2 周边地下水环境现状分析

表 2-32 是对三个危险废物填埋场周边地下水进行采样和分析的结果。

从表 2-32 中可知 Mn、Ni 和 Zn 三种污染物的平均值均超出地下水三类水质标准。

表 2-32　危险废物填埋场周边地下水水质分析结果

项目	Cr	Mn	Ni	Cu	Zn	As	Cd	Pb
1-1#	NDT	0.00	0.00	0.00	−0.09	0.00	0.00	NDT
1-2#	NDT	0.16	0.22	0.02	12.34	0.00	0.02	0.00
1-3#	NDT	0.01	0.34	0.00	3.99	0.00	0.00	0.00
2-1#	NDT	0.02	0.01	0.01	NDT	0.02	0.00	NDT
2-2#	NDT	4.38	0.01	0.01	NDT	0.01	0.00	0.00
2-3#	NDT	0.12			NDT			
2-4#	NDT	0.01			NDT			
3-1#	0.00	0.05		0.02	NDT	0.03	0.00	0.01
3-2#	0.00	0.01		0.01	NDT		0.00	0.00
3-3#	0.02	0.03		0.01	NDT		0.00	0.00
3-4#	0.04	0.02		0.01	NDT	0.02	0.00	0.00
均值	0.006	0.437	0.05	0.01	1.4	0.01	0.002	0
标准差	0.012	1.25	0.11	0.0	3.62	0.01	0.006	0.003
变异系数	2.05	2.85	2.0	1.2	2.44	0.19	26.6	0
标准值	0.05	0.1	0.05	1	1	0.05	0.01	0.05

注：1. 单位均为 mg/L；

　　2. 标准限值为地下水三类水质标准；

　　3. "NDT" 表示未检出。

书后彩图 3 是各地下水样本中污染物的超标情况示意。

88(11×8) 个样本值中，8 个超标，超标率为 9.1%。从填埋场角度考虑：其中 1-2#（表示 1 号填埋场 2# 点位）中 4 个指标超出标准值，1-3# 中 2 个指标超出标准值，2-2# 和 2-3# 中均有 1 个指标超出标准值。从污染物角度考虑：有 3 个点位锰浓度超标，2 个点位镍和锌浓度超标，1 个点位镉浓度超标。1# 填埋场地下水中超标的 4 种污染物分别为锰（0.16mg/L 和 0.01mg/L）、镍（0.22mg/L 和 0.4mg/L）、锌（12.34mg/L 和 3.99mg/L）和镉（0.02mg/L）。

上述 4 种污染物在该填埋场渗滤液中对应的浓度分别为 0.03mg/L、0.26mg/L、6.54mg/L 和未检出。

2.4.2.3 危险废物浸出浓度分析

表 2-33 为不同危险废物样品中各组分的浸出浓度及其统计参数。

表 2-33 危险废物中重金属组分的浸出浓度分析　　　单位：mg/L

危险废物类型	污染物								
	Cr	Mn	Ni	Cu	Zn	As	Cd	Hg	Pb
hz 基材	0.00	0.57	0.03	0.00	0.00	0.00	0.00	0.42	0.00
hz 氟化钙污泥	0.00	0.00	0.00	0.01	0.00	0.00	0.00	0.54	0.00
hz 电镀污泥	0.00	0.58	10.13	0.03	138.70	0.02	0.00	0.27	0.00
hz 本厂飞灰	0.04	0.00	0.01	0.01	0.47	0.03	0.00	0.14	13.63
hz 本厂炉渣	0.00	0.00	0.00	0.00	0.00	0.00	0.00	0.14	0.08
hz 水处理污泥	0.00	0.12	0.00	0.00	0.00	0.00	0.00	0.12	0.10
hz 飞灰（固化）	0.05	0.00	0.01	0.03	0.00	0.03	0.00	0.12	1.09
sh 飞灰 1-1#	0.03	0.00	0.00	0.00	0.00	0.00	0.00	0.60	0.60
sh 飞灰 1-2#	0.05	0.00	0.00	0.00	0.00	0.01	0.00	0.71	0.54
sh 炉渣 1-1#	0.00	0.02	0.00	0.00	0.00	0.01	0.00	0.12	0.06
sh 炉渣 1-2#	0.00	0.01	0.00	0.00	0.00	0.00	0.00	0.05	0.00
sh 炉渣 2-1#	0.00	0.00	0.00	0.01	0.00	0.01	0.00	0.35	0.00
sh 炉渣 2-2#	0.00	0.00	0.00	0.01	0.00	0.01	0.00	0.43	0.00
sh 飞灰 2-1#	0.28	0.00	0.00	0.12	0.00	0.59	0.00	0.43	0.00
sh 飞灰 2-2#	0.28	0.00	0.00	0.12	0.00	0.57	0.00	0.23	0.00
sh2 飞灰 1-1#	0.04	0.00	0.00	0.00	0.00	0.01	0.00	0.10	0.02
sh2 飞灰 1-2#	0.05	0.00	0.00	0.00	0.00	0.01	0.00	0.09	0.03
sh2 炉渣 1-1#	0.00	0.02	0.00	0.00	0.00	0.00	0.00	0.05	0.00
sh2 炉渣 1-2#	0.00	0.00	0.00	0.00	0.00	0.00	0.00	0.04	0.01
sh2 炉渣 2-1#	0.00	0.00	0.00	0.00	0.00	0.01	0.00	0.08	0.01
sh2 炉渣 2-2#	0.00	0.00	0.00	0.01	0.00	0.01	0.00	0.03	0.00
sh2 飞灰 2-1#	0.28	0.00	0.00	0.12	0.00	0.61	0.00	0.12	0.02
sh2 飞灰 2-2#	0.31	0.00	0.00	0.11	0.00	0.56	0.00	0.09	0.02
平均值	0.06	0.06	0.44	0.03	6.05	0.11	0.00	0.23	0.71
标准差	0.11	0.16	2.07	0.04	28.28	0.22	0.00	0.19	2.77
变异系数	1.73	2.79	4.65	1.63	4.67	2.00	1.06	0.85	3.92
浸出浓度限值限值	12.00	75.00	15.00	75.00	75.00	2.50	0.50	0.25	5.00

将污染物的实际浓度 C_i 除以其对应浸出浓度限值，得到其超标倍数（见书后彩图 4）：若超标倍数＞1，则该项指标超标；＜1，则不超标。另外，从书后彩图 4 中可以看

出 8 个样品中的汞均超标，超标率为 48.7％。

通过上述分析可以看出，虽然《危险废物填埋场污染控制标准》（GB 18598—2019）中明确规定了不同类型污染物的浸出浓度限值，但是实际采样分析结果表明不同填埋场中的填埋物还是有不同程度的超标现象。

参 考 文 献

［1］ 徐亚，刘玉强，刘景财，等. 填埋场渗漏风险评估的三级 PRA 模型及案例研究［J］. 环境科学研究，2014（04）：447-454.

［2］ 宋启龙，靳孟贵，解世勇，等. 周口北郊垃圾填埋场渗滤液的渗漏量及 COD 变化模拟分析［J］. 地质科技情报. 2012，147（06）：157-160.

［3］ 袁英，席北斗，何小松，等. 基于 3MRA 模型的填埋场安全填埋废物污染物阈值评估方法与应用研究［J］. 环境科学. 2012，33（04）：1383-1388.

［4］ 陈亚宇，能昌信，董路，等. 基于边界定位法的填埋场渗漏检测［J］. 环境科学研究. 2012，170（03）：346-351.

［5］ 季文佳，杨子良，王琪，等. 危险废物填埋处置的地下水环境健康风险评价［J］. 中国环境科学. 2010，30（04）：548-552.

［6］ 郑德凤，史延光，崔帅. 饮用水源地水污染物的健康风险评价［J］. 水电能源科学. 2008，106（06）：48-50，57.

［7］ 赵晓慈，杨萍，张以都，等. 双衬层填埋场渗漏检测高压直流电法的仿真研究［J］. 中国环境科学. 2007（01）：76-79.

［8］ 谌宏伟，陈鸿汉，刘菲，等. 污染场地健康风险评价的实例研究［J］. 地学前缘. 2006（01）：230-235.

［9］ 陈鸿汉，谌宏伟，何江涛，等. 污染场地健康风险评价的理论和方法［J］. 地学前缘. 2006（01）：216-223.

［10］ 于可利，刘华峰，李金惠，等. 危险废物填埋设施的环境风险分析［J］. 环境科学研究. 2005（S1）：43-47.

［11］ 喻晓，张甲耀，刘楚良. 垃圾渗滤液污染特性及其处理技术研究和应用趋势［J］. 环境科学与技术. 2002（05）：43-45，51.

第3章

危险废物填埋场安全防护评价技术体系

3.1 危险废物填埋场安全防护评价的基本框架

3.1.1 安全防护距离的确定原则和方法简介

安全防护距离，是指在发生火灾、爆炸、泄漏的安全事故时，防止和减少人员伤亡、中毒、邻近装置和财产破坏所需要的最小的安全距离。安全防护距离最初源于安全科学领域，是安全评价的一个专业术语，但近年来在环境风险评价中也越来越得到重视。其内涵也从最初的《石油化工企业设计防火标准（2018年版）》（GB 50160—2008）、《城市消防规划建设管理规定》等法规中规定的狭义上的防止火灾、爆炸等急性伤害的安全防护距离，延伸到广义的以防止包括中毒、致病等慢性毒害在内的安全防护距离。总结国内外安全防护距离的确定方法，大致包括经验距离法（Experience Distance，ED）、基于后果的方法（Consequence Based Distance，CBD）和基于风险的方法（Risk Based Distance，RBD）3 种[1-4]。

3.1.1.1 ED 法

ED 法为定性方法，起源较早，大约出现于 1810 年，是国外发达国家早期使用的方法[5,6]。该方法基于如下原理：土地功能上互不相容的区域应当设置适当的防护距离，这些安全距离的确定通常仅考虑工业活动的类型或现存危险物质的数量。具体分为大类和小类：大类不考虑现存的物质种类或其数量；小类区分物质种类和数量，并且考虑现存物质的数量以及其他影响因素，如罐的形状、地上储存或地下储存等。该方法以历史数据、类似装置的操作经验、粗略的后果评估或专家的判断为基础，建立不同工业活动或设施与其他区域之间的安全距离表，每一类推荐一个安全距离。

表 3-1 为芬兰政府对各类危险化学物质储运和生产所设定的安全距离值。

表 3-1　芬兰对各类危险化学物质安全防护距离推荐值

危险物质	数量	安全距离/m	
		至道路和场址边界	至人口密集或敏感区域
液化石油气	＜5t	5	15～25
	5～50t	10	35～50
	50～200t	25	50～100
	＞200t	安全分析	安全分析
硝酸铵	1～5t	67	100
	5～10t	100	150
	10～15t	134	200
	15～30t	168	250
	30～50t	20	300
	50～100t	232	350
	＞100t	267	400
氨	＞10t	—	400～600
氢	＞120kg	—	150
不稳定可燃气体(生产单元)	5000m³	350	—
稳定可燃气体或液体(生产单元)	5000m³	130	—
可燃气体(储存单元)	200m³	55	80

ED 法的原理简单直观，在实际操作中容易理解和沟通，因此至今在各国各行业仍被广泛地使用。当没有条件进行风险评价或后果评价时，ED 法能在危险活动和新开发项目之间保证一定的隔离距离。但是，由于其仅考虑工业活动的类型或现存危险物质的数量，较少考虑被评价系统的详细设计特征、安全措施和设施的特殊性等，且不是建立在系统的思想之上，因此经验距离法存在的缺陷是显而易见的。

3.1.1.2　CBD 法

20 世纪 70 年代，欧洲发生了多起重大化工事故，如 1976 年的意大利塞维索工厂环己烷泄漏事故，1974 年 6 月英国弗利克斯巴勒爆炸事故等，引起了公众对预防重大风险源突发事故的高度重视，由此开展了一系列针对重大危险源的风险评价技术工作，发展了"基于后果"的土地使用安全规划的评价方法，用于评价新建危险设施选址是否合理及其安全防护距离的确定。CBD 法不对事故发生的可能性进行量化，仅对假定事故后果进行评估，从而避免因存在潜在事故发生概率而引起的不确定性。该方法也被称为"确定性方法"或"最不利事故情景法"，其理论基础为：若该设施现有的安全措施能够保护周边人群免受最坏事故的影响，则也能保护人群免受任何其他较轻事故后果的影响。该方法建立在火灾、爆炸、有毒气体泄漏扩散等各种事故后果模型的基础上，通过模型计算得到与事故发生可能性无关的人体伤害半径或者死亡半径，并以此划分距离分区。假定在指定区域内将引起伤害或死亡，该区域以外则不会造成相应后果。以此确定该风险源与周边敏感区域的安全防护距离[7,8]。

3.1.1.3 RBD 法

CBD 和 RBD 均为定量方法，但与 CBD 方法不同，RBD 方法考虑最不利事故后果，以保护周围人群在最不利事故条件下不受伤害为目标；同时考虑事故的发生概率及其后果，以保护周围人群在"最大可信事故（Maximum Credible Accident，MCA）"条件下不受伤害。RBD 方法最初由美国核管理委员会（Nuclear Regulatory Commission，NRC）提出并用于核设施的风险评估[9]，此后该方法被迅速推广到其他行业[10,11]。RBD 方法建立在区域定量风险评价（Quantitative Risk Assessment，QRA），或称概率风险评价（Probabilistic Risk Assessment，PRA）之上。QRA 常用来评价区域重大危险源的风险，即所有事故的后果严重度和发生的可能性，因此也称概率风险评价（PRA）。由于定量风险评价中考虑了事故发生概率的影响，因此在风险分析方面比前述两种方法更加完善。

以上三种方法中，CBD 法和 RBD 法均考虑了事故后果对暴露人群和周围环境的影响，不同之处在于 CBD 法仅考虑了污染物泄漏（渗漏）浓度以及其自身的毒理学属性，其假定事故发生的概率为 1 即一定发生。因此以该方法确定出安全防护距离值比实际偏大，导致土地资源的浪费。另外，此方法存在一个关键性的难题，即如何确定"最坏事故情景"。事实上，原本认为不是"最坏"的事故情景可能在某些情况下导致的事故后果大于"最坏"事故情景的后果。而基于风险的方法在此基础上考虑了事故发生的可能性，是二者的叠加，该方法存在的不足是事故发生概率具有不确定性，并且该方法计算过程复杂且耗时，需要大量的模型和数据支持。经验距离法则更多地依赖于以往运行经验和相关历史资料，科学性较差。但是由于经验距离法具有原理简单直观、更容易理解沟通等优点，因此当没有条件进行风险评价或事故后果预测时，可以通过经验距离法，保证具有潜在风险的工业活动和新开发项目与周边敏感区之间存在一定的隔离距离。

3.1.2 基于风险的安全防护距离计算方法和流程

RBD 法，即基于风险的安全防护距离确定方法，其确定原则是保证在最大可信事故发生的条件下，周围居民免受健康危害的最小距离。

因此其计算流程可概述如下：

① 确定 MCA，及其发生概率；

② 后果计算，给出 MCA 条件下的风险等值线；

③ 确定风险可接受水平，并结合风险等值线图确定 SPD；

④ 进行不确定性分析，给出经过不确定性校正的安全防护距离（Corrective Safety

Protection Distance，CSPD)。

3.2　危险废物填埋场的环境风险识别

3.2.1　物质危险性识别

危险废物填埋场中涉及的危险物质种类较多，根据物质的功能差异，大致可以分为待处理危险废物（暂存库或预处理车间）、燃料辅料和排放的"三废"以及已填埋废物及渗滤液几类。其中，从物质毒性（危害性）和组成成分角度考虑，待处理危险废物和已填埋废物及渗滤液中的危害组分及毒性基本相同，因此合并作为填埋废物分析和讨论。

根据《危险废物填埋场污染控制标准》（GB 18598—2019)[12]的规定，列入国家危险废物名录或者根据国家规定的危险废物鉴别标准和鉴别方法认定具有危险特性的废物为危险废物。因此理论上，填埋废物具有腐蚀性、毒性、易燃性、反应性或者感染性等一种或者几种危险特性。

表 3-2～表 3-4 为湖南、贵州、河北三省危险废物处理处置中心的填埋废物及其毒性分析表。

表 3-2　湖南某危险废物暨医疗废物处理处置中心填埋废物及其毒性

代号	危险废物编号	年需处置量/(t/a)	比例/%	危险特性
医疗废物	HW01	5340	11.79	In 感染性
医药废物	HW02	73.24	0.16	T 毒性
农药废物	HW04	4.36	0.01	T 毒性
木材防腐剂废物	HW05	14.9	0.03	T 毒性
废有机溶剂	HW06	1002	2.21	T 毒性、I 易燃性
热处理含氰废物	HW07	1.17	0.003	T 毒性、R 反应性
废矿物油	HW08	1030	2.27	T 毒性、I 易燃性
废乳化液	HW09	458.42	1.01	T 毒性
精(蒸)馏残渣	HW11	1090.78	2.41	T 毒性
染料、涂料废物	HW12	385.26	0.85	T 毒性、I 易燃性
树脂类废物	HW13	1040	2.30	T 毒性
感光材料废物	HW16	6.92	0.02	T 毒性
表面处理废物	HW17	1178.2	2.60	T 毒性
焚烧处置残渣	HW18	16	0.04	T 毒性
含铬废物	HW21	2641.44	5.83	T 毒性
含铜废物	HW22	1237.22	2.73	T 毒性

代号	危险废物编号	年需处置量/(t/a)	比例/%	危险特性
含锌废物	HW23	1633.63	3.61	T 毒性
含砷废物	HW24	5024	11.09	T 毒性
含镉废物	HW26	802.75	1.77	T 毒性
含锑废物	HW27	1677	3.70	T 毒性
含汞废物	HW29	203.54	0.45	T 毒性、C 腐蚀性
含铅废物	HW31	6704	14.80	T 毒性
无机氟化物废物	HW32	1043.1	2.30	T 毒性
废酸	HW34	7195	15.88	C 腐蚀性
废碱	HW35	5361	11.84	C 腐蚀性、T 毒性
石棉废物	HW36	38.5	0.08	T 毒性
有机氰化物废物	HW38	3.5	0.01	T 毒性、R 反应性
含有机卤化物废物	HW45	40	0.09	I 易燃性、T 毒性
含镍废物	HW46	51.1	0.11	T 毒性
含钡废物	HW47	0.15	0.0003	T 毒性

表 3-3　贵州某危险废物暨医疗废物处理处置中心填埋废物及其毒性

代号	危险废物编号	年需处置量/(t/a)	百分比/%	危险特性
废农药	HW04	3.5	0.009	T 毒性
废矿物油和油渣	HW08	521.1	1.266	T 毒性、I 易燃性
废乳化液	HW09	126.7	0.308	T 毒性
精蒸馏残渣	HW11	485.4	1.179	T 毒性
染料、涂料废物	HW12	14.8	0.036	T 毒性、I 易燃性
		1.5	0.004	T 毒性、I 易燃性
树脂类废物	HW13	436.0	1.059	T 毒性
废感光材料	HW16	30.9	0.075	T 毒性
表面处理废物	HW17	332.7	0.808	T 毒性
含锌废渣	HW23	13866.6	33.678	T 毒性
含锑废物	HW27	14161.0	34.393	T 毒性
无机氟化物废物	HW32	4376.4	10.629	T 毒性
废酸	HW34	529.0	1.285	C 腐蚀性
废碱	HW35	64.2	0.156	C 腐蚀性、T 毒性
有机磷化合物废物	HW37	2239.3	5.439	T 毒性
含酚废物	HW39	135.3	0.329	T 毒性
含钡废渣	HW47	1244.2	3.022	T 毒性
医疗废物	HW01	2605.0	6.327	In 感染性

表 3-4　河北某危险废物暨医疗废物处理处置中心填埋废物及其毒性

代号	危险废物编号	最大储存量/t	危险特性
废酸	HW34	290.41	C 腐蚀性
废碱	HW35	183.27	
有机废水	HW06	72.73	T 毒性、I 易燃性
重金属废液	HW21	180.32	T 毒性
含氰废物	HW33	191.73	T 毒性
医药废物	HW02	711.90	T 毒性
废药品	HW03	0.30	T 毒性
有机溶剂废物	HW06	7.33	T 毒性、I 易燃性
废矿油物	HW08	1.00	T 毒性、I 易燃性
废乳化液	HW09	92.46	T 毒性、I 易燃性
精(蒸)馏残渣	HW11	314.79	T 毒性
染料、涂料废物	HW12	108.10	T 毒性
树脂类废物	HW13	13.84	T 毒性
感光材料废物	HW16	13.04	T 毒性
有机氰化合物废物	HW38	72.00	T 毒性
含醚废物	HW40	17.60	T 毒性
含有机卤化物废物	HW45	6.40	T 毒性

从表 3-2~表 3-4 中可以看出，湖南危险废物处理处置中心所处理的废物基本包括腐蚀性、毒性、易燃性、反应性和感染性等所有危险特性；而贵州危险废物处置中心所处理的废物包括除反应性以外的所有危险特性。所有危险特性中，毒性废物是填埋场占比最大的废物；其次为腐蚀性废物；贵州危险废物处置中心虽然包含有部分感染性废物，但是该部分废物均是通过处置中心的焚烧设施处置从而去除了其感染性。

危险废物填埋场中涉及的燃料和辅料包括用于对危险废物进行固化、稳定化处理的酸、碱、水泥、石灰、活性炭等，以及用作燃料的煤油、汽油等物质。为此对辽宁、福建、河北、湖南等地的危险废物处理处置中心进行调查，并根据《危险化学品重大危险源辨识》（GB 18218—2018）和《建设项目环境风险评价技术导则》（HJ/T 169—2004）中辨识重大危险源的依据和方法，对危险废物填埋场建设项目中潜在的"重大危险源"进行判别，判别结果见表 3-5。

由表 3-5 可知，尽管危险废物填埋场中涉及柴油、硫酸、盐酸以及氢氧化钠等危险物质，但是其储量均小于相关标准中规定的储存区临界量，因此均非重大危险源。

"三废"包括废水、废气和固体废物。废水主要包括预处理车间产生的废水以及填埋场的渗滤液，主要污染组分与填埋废物中污染组分相同，以重金属污染物为主。危险废物填埋场中的废气较少，主要产生在暂存库和预处理车间，以少量的 HCl、CO 为主，危害性较小。危险废物填埋场产生的固体废弃物包括污水处理车间的污泥以及填埋场日常运行产生的生活垃圾；其中生活垃圾一般通过垃圾桶收集后送城市垃圾填埋场处

表 3-5　典型危险废物填埋场中危险燃料和辅料及"重大危险源"判别表

填埋场编号	填埋场	物质序号	主要危险燃料辅料	用途	储量/t	储存区临界量/t	是否重大危险源
1	辽宁某危险废物处置中心	1	柴油	燃料	6	5000	否
2	福建省某危险废物综合处置场	1	NaOH		5	—	否
		2	液化石油气		0.1	10	否
		3	乙炔		0.1	10	否
		4	汽油		5	20	否
		5	消毒剂		0.6	10	否
		6	盐酸		5	—	否
		7	硫酸		32	—	否
3	河北省	1	柴油	燃料	85	5000	否
4	江西省某危险废物处置中心	1	柴油	燃料	25.5	5000	
5	云南省	1	柴油		34	5000	
6	安徽省马鞍山	1	盐酸		5	—	
		2	氢氧化钠		5	—	
		3	消毒液		0.6	10	
		4	柴油	燃料	47.2	5000	
7	广东省某危险废物	1	柴油	燃料	17		
8	四川省某危险废物	—	无	—	—		无

理，污水处理污泥中的污染组分与渗滤液的污染组分类似。

3.2.2　工艺过程危险性识别

按照收运系统、分析试验系统、接收储存系统、物化系统、固化系统、安全填埋系统和污水处理系统的单元划分，对各单元的工艺过程危险性进行分析和识别，见表 3-6。

3.2.2.1　收运系统

危险废物从各产生源到处置中心，必须经过汽车运输过程。危险废物的运输是其处理处置过程的首要环节。该项目收运的危险废物具有毒害性、易燃性（如废油和废溶剂）、腐蚀性、化学反应性等一种或几种以上的危害特性，运输过程中，不适当的操作或意外的事故均有可能导致火灾爆炸或有毒废物泄漏。可能造成事故的主要原因如下。

① 由于危险废物包装不符合要求，造成废物在中途发生泄漏、流失等情况，造成沿途污染。

② 交通事故：运送易燃危险废物车辆发生交通事故，直接的后果可能是引起火灾或爆炸，从而导致部分有毒气体污染环境空气，但这种情况通常是局部的，且持续的时

表 3-6 工艺过程风险环节一览表

处理系统	主要装置、设备、设施及场所	风险类型											
		火灾				爆炸				泄漏			
		S	R	A	O	S	R	A	O	S	R	A	O
收运系统	收集容器			★				★				★	
	运输车辆			★				★				★	
分析试验系统	仪器设备			★				★				★	
接收储存系统	卸车泵			★				★				★	
	储罐			★				★				★	
	输送泵、抽吸泵			★				★				★	
	破碎机			★				★				★	
	库房			★				★				★	
物化系统	调节池											★	
	泵			★				★				★	
	还原槽											★	
	中和沉降槽											★	
	沉淀池											★	
	储水池											★	
固化系统	储罐			★				★				★	
	储槽			★				★				★	
	计量装置											★	
	搅拌装置			★				★				★	
	破碎机			★				★			★	★	
安全填埋系统	填埋作业 填埋坑											★	
	填埋作业 填埋车辆			★				★				★	
	填埋场监测系统			★				★				★	
污水处理系统	混合池										★	★	
	储水池										★	★	
	生化处理装置											★	
	过滤装置			★				★					

注："S"代表开车状态；"R"代表正常运行状态；"A"代表事故状态；"O"代表检修状态；★可能发生环节。

72 危险废物填埋场环境安全防护评价技术

间是短暂的。交通事故最大的危害可能是当危险废物运输车辆出现翻车，致使事故车掉入地表水体中，从而使运送的危险废物泄漏而污染水体。尤其是通过饮用水源地时，事故发生后可能影响到饮用水源地。另外，当交通运输经过居民区时主要风险是危险废物车辆火灾爆炸，或危险废物泄漏产生的有毒有害气体可能影响居民区空气质量，但这种影响是局部短暂的。

3.2.2.2 分析试验系统

分析试验室在危险废物处置场起着重要的作用。从危险废物进场检验、处理处置工艺确定到全场的环境安全检测，都离不开分析试验室，分析试验室对全场的生产安全、环境安全起着控制作用。

3.2.2.3 接收储存系统

当进场接收暂存过程中的危险废物含有不相容废物时，应加以区分，按相关要求存放[13]。另外，危险废物均对环境具有污染，在存放过程中一定要防止泄漏。一旦接收、储存不当或发生泄漏可能起火灾或爆炸。

3.2.2.4 物化系统

物化系统处理工艺涉及重金属及强酸、强碱，一旦发生泄漏会对环境产生一定危害。同时仪器、设备也会引起火灾、爆炸等危险。

3.2.2.5 安全填埋系统

安全填埋系统是危险废物集中处置的最终场所，其中所含的危险废物包含多种有毒有害的重金属组分和有机组分[14-18]；另外，填埋场中的 HDPE 膜普遍存在破损，含有高浓度重金属污染物的渗滤液很可能通过 HDPE 膜上的漏洞发生渗漏，对周边土壤和地下水构成严重污染，进而对周边居民的身体健康构成极大威胁。

3.2.3 环境风险因素识别

根据上述危险物质危险性识别和工艺过程风险性识别，危险废物填埋场项目可能发生的环境安全事故及其后果和可能性分析如表 3-7 所列。其中★越多表明风险事故发生的可能性越大，事故越严重。

表 3-7 危险废物填埋场主要风险事故及其后果和可能性分析

风险源	事故编号	事故类型	原因	后果严重性	可能性
收集运输阶段	1#	泄漏	运输车辆状况不佳、路况差、驾驶员违章以及其他的意外事故等将有可能造成废物倾倒、流失等	★★☆☆☆	★★★★☆
	2#	火灾、爆炸	不相容的物质发生反应造成火灾、爆炸事故	★★★☆☆	★★☆☆☆

风险源	事故编号	事故类型	原因	后果严重性	可能性
储存车间或者预处理车间	3#	火灾爆炸事故	燃料辅料或废物中的易燃易爆物品;电线短路或者存在明火;未进行及时处理	★★★☆☆	★★☆☆☆
填埋场	4#	防渗膜破损,渗滤液污染地下水	由于废物对基础层的压力,迫使基础层的尖状物将防渗膜穿孔	★★★★☆	★★★★★
			由于基础地质构造原因,造成局部压力过大,使得地基不均匀下陷,最终防渗膜破裂		
			焊缝部位和修补部位泄漏		
			机械设备在防渗膜上施工或者填埋作业时,产生局部膜破损		
			由于氧化作用使得防渗膜破损		
			渗滤液对防渗膜的腐蚀,导致防渗膜的老化破损		
	5#	地下水进入填埋场	防渗层破损、地下水集排系统发生堵塞;地下水水位抬升	★★★★☆	★☆☆☆☆
			由于暴雨,填埋场内形成地表径流,危险物质渗透到地下水中	★★☆☆☆	★★☆☆☆
	6#	填埋场崩塌	废物未压实;填埋气的产生使废物结构松散,基础地质结构不稳定	★★★☆☆	★★☆☆☆
	7#	填埋气爆炸	填埋气泄漏后遇明火	★★★☆☆	★★☆☆☆

3.2.4 最大可信事故确定

基于风险的安全防护距离（RBD 法）的基本原理是保证在最大可信事故条件下,安全防护距离以外的人群免受伤害,或者在最大可信事故发生条件下,安全防护距离以外的人群面临的风险低于风险可接受水平。由此可见最大可信事故的确定对安全防护距离的取值有着重大影响,而根据《建设项目环境风险评价技术导则》（HJ/T 169—2004）[19] 的规定,最大可信事故是指在所有预测的概率不为零的事故中,对环境（或健康）危害最严重的重大事故。

根据表 3-7 中对危险废物填埋场主要风险事故及其后果和可能性的分析,主要的风险事故包括 5 个单元的 7 种可能事故。其中 1# 事故发生后,较坏的结果是整车危险废物全部泄漏到公路路面,由于危险废物大多数为固体状态,且公路路面具有较好的防渗性能,因此即使发生整车危险废物泄漏事故,也不会产生较大的环境污染事故;最坏的结果是运输事故发生在地表水体附近,整车危险废物全部进入河流,其中的危险组分迅速溶出,并随水流扩散,对地表水体构成严重污染,甚至对周围的饮水人群构成健康危害。但是，安全防护距离的确定主要以发生在项目场址上的风险事故及其危害后果为依据，而运输事故可能发生在运输线路上的任意位置，因此不作为计算安全防护距离的风险事故考虑。

2#和3#事故均为火灾（或爆炸）事故，填埋场中引起火灾或爆炸事故的危险物质包括作为燃料辅料的柴油、汽油，或危险废物中包含的易燃易爆物品。根据表3-5判断危险废物填埋场中的柴油和汽油储量一般均不超过作为重大危险源的临界量；而表3-1～表3-3中的可燃性危险废物虽然年处置量较大，但是多数危险废物填埋场都是与危险废物焚烧设施共同建设的，可燃性危险废物大部分通过焚烧处理，因此进入填埋场的可燃性危险废物数量极少，很难造成严重的火灾或爆炸事故。

6#事故填埋场崩塌，这类事故常见于生活垃圾填埋场。生活垃圾填埋场包含各类果皮、纸屑、塑料及其他干密度较小，有机质含量较高的废物。在物理压实和生物化学降解作用下，这些废物会发生局部沉降，造成填埋堆体不稳，甚至导致填埋场崩塌。但是对于危险废物填埋场而言，这类事故很少发生，原因如下：

① 有机质含量较高的危险废物大部分经过焚烧处理，焚烧后的残渣具有较大的干密度，结构也较为紧致，不容易压缩沉降；

② 为控制危险废物中有毒有害物质的浸出，大部分危险废物需要采用水泥或石灰等进行固化、稳定化处理，预处理后的危险废物具有较好的结构稳定性，不容易发生崩塌。

7#事故为填埋气泄漏后遇明火引起的爆炸。这类情况多发生在生活垃圾填埋场中，由于生活垃圾填埋场中的填埋物有机质含量较高，在各种生物化学作用下容易降解产生甲烷或硫化氢等易燃气体。而在危险废物填埋场中，有机质含量较高的废物大部分经过焚烧处理，有机质含量大大降低，填埋气产量也大大减少，因此很难导致严重的填埋气爆炸事故。

4#和5#事故均为防渗层破损，导致渗滤液中的污染物进入地下水体，污染地下水，进而危害周边居民的身体健康。根据笔者及其团队对国内垃圾填埋场防渗层HDPE膜的调查，几乎所有的HDPE膜均存在破损，渗滤液通过HDPE膜上漏洞进入土壤和地下水体的现象普遍存在，个别填埋场由于地下水水位较高，在丰水季节出现地下水位倒灌进入填埋场的现象。由于地下水深埋地下，一旦被污染很难发现，发现后也难以治理；同时渗滤液中包含多种重金属组分，一旦污染地下水对人体的健康危害极为严重[18,20,21]。

综上所述，本书选择防渗层破损后导致的渗滤液污染地下水作为确定危险废物填埋场安全防护距离的最大可信事故，针对危险废物填埋场在建设、运行、封场过程中主要风险因子进行识别，分析借鉴其他行业安全评价方法，对填埋场长期渗漏的重要环节进行定量评价。

3.3 危险废物填埋场渗漏的环境风险评价

危险废物填埋场渗漏的环境风险评价体系是确定填埋场渗漏环境风险评估的主要思

路、方向和内容，明确各部分内容之间相互的关系。本书通过调研国内外相关领域风险评价的先进成果，明确了填埋场渗漏的环境风险的基本概念，及其风险的定量表征方式；确定了填埋场渗漏的环境风险评价的基本流程、主要内容和主要方法，全面构建了危险废物填埋场渗漏的环境风险评价体系。

渗滤液渗漏后其环境风险的发展过程如图 3-1 所示。

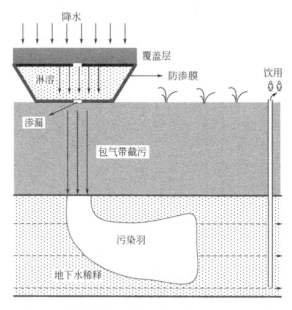

图 3-1　渗滤液渗漏后其环境风险的发展过程示意

危险废物填埋场中的渗滤液通过防渗层上的漏洞渗漏以后，首先进入防渗系统下方的包气带中，在包气带中渗滤液中的污染物经过吸附-解吸、降解等物理化学过程以后，到达地下水水面，并在此进入地下水中。在地下水水力梯度作用下，渗滤液中的污染物以水流方向为主要运动方向进行运移和扩散；同时在浓度梯度作用下还会发生垂直于水流方向的分子扩散。在此过程中，渗滤液的污染物同样会发生稀释、吸附-解吸、降解等物理化学过程，并到达取水井中，对人体健康构成危害。

根据上述分析，对渗滤液渗漏的人体健康危害进行计算和评估时，首先需要进行渗滤液渗漏量的计算；其次对渗滤液在包气带和地下水中的迁移、扩散过程进行模拟；最后对风险人群饮用受污染地下水的健康风险进行表征。

3.3.1　危险废物填埋场渗漏的环境风险的概念和内涵

危险废物填埋场渗漏的环境风险是指危险废物填埋场存在条件下，由于防渗层的可能破损，导致渗滤液和污染物泄漏后通过地下水暴露途径对人体健康构成危害的严重程度及相应可能性。危险废物填埋场渗漏的环境风险产生的系统过程可以用图 3-2 表示。

渗滤液渗漏的污染风险受以下 3 个因素影响：a. 污染物的泄漏量及对应概率；b. 地下水和包气带污染的严重程度及对应概率；c. 被污染地下水的人体健康风险。渗

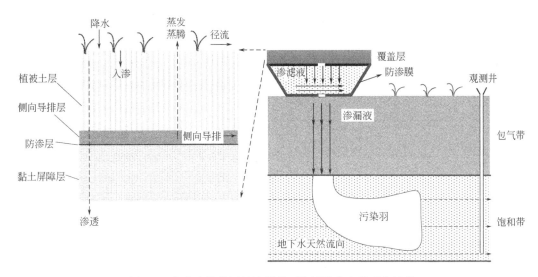

图 3-2 危险废物填埋场渗漏的环境风险产生的系统过程

滤液渗漏的环境风险评价不仅风险过程复杂，涉及地表径流、地表水入渗、堆体入渗、淋溶、渗滤液侧向导排、渗滤液渗漏、包气带中的水流和溶质运移以及地下水含水层中的水流和溶质运移等数十个地表地下水文过程和溶质迁移扩散过程，同时许多参数具有显著的不确定性和变异性。如对于一个处于设计阶段的危险废物填埋场，影响污染源强的废物特性参数包括废物类型、所含污染组分、污染组分浓度等都是不确定的，在填埋场运行期内，受社会经济、填埋场经营和管理水平等因素影响，上述参数都会发生变化，难以在设计阶段进行准确的评估。另外，影响污染物在环境介质中迁移转化的参数，如包气带和含水层的渗透系数、弥散系数存在着空间非均质性和各向异性[22-25]；影响渗滤液产生的参数如降水、蒸发等，不仅存在空间上的变异，还会随着时间发生变化，即存在时间变异性[26-30]，因此准确全面地评价渗滤液渗漏的风险应当考虑三个水平的风险，并用三级概率风险评价模型进行评价。其中，一级 PRA 模型评估填埋场所处位置的气象气候条件、填埋场本身的设计、建设、结构和管理条件下，渗滤液发生渗漏的概率和污染物释放通量的大小；二级 PRA 评价填埋场发生渗漏时，考虑污染物本身的降解作用、包气带截污作用和地下水本身的自净作用下，地下水污染的严重程度及对应概率；三级 PRA 为人体健康风险评价模型评价地下水污染条件下，人体的致癌风险和非致癌风险。

3.3.2　渗滤液渗漏的长期环境风险表征和分级

3.3.2.1　确定性风险评估的风险表征和分级

(1) 地下水污染风险表征和分级

渗滤液渗漏的地下水污染风险最直观的体现是目标敏感点处的目标污染物浓度（模型预测值），根据其是否超标（地下水水质标准）以及超标情况就可对其进行污染风险分级，具体计算公式如下：

$$\text{RISK} = \text{Max}\left(\frac{C_i - C_i^B}{C_i^L}\right) \tag{3-1}$$

式中 C_i——确定性方法计算得到的目标敏感点处目标污染物 i 的浓度，mg/L；

C_i^B——目标污染物 i 的天然背景值浓度，mg/L；

C_i^L——目标污染物 i 的地下水Ⅲ类水质标准浓度限值，mg/L。

根据式(3-1)计算出的风险指数 RISK，采用表 3-8 中污染风险评价等级划分污染风险等级。

表 3-8 地下水污染风险评价等级划分（确定性评价方法）

风险描述	风险等级	RISK
无风险	Ⅰ	≤0
中-低风险	Ⅱ	0～0.2
中风险	Ⅲ	0.2～0.6
中-高风险	Ⅳ	0.6～1.0
高风险	Ⅴ	1.0～1.5
极高风险	Ⅵ	>1.5

(2) 人体健康风险表征和分级

对于具有开采价值或开采可能的填埋场区域地下水，则需考虑饮用受污染地下水后的人体健康危害，计算其人体健康风险值。根据目标污染物对人体的危害效应是否存在阈值浓度，分别采用阈值效应模型和非阈值效应模型计算其健康风险。对于具有阈值效应的污染物 i，其健康风险用非致癌危害商（HQ）表征如下：

$$HQ_i = \frac{C_i \cdot CR \cdot F_E \cdot D_E}{BW \cdot AT \cdot RfD} \tag{3-2}$$

式中 RfD——污染物的参考剂量，mg/(kg·d)；

CR——饮用水摄入速率，L/d，成人取 2L/d；

F_E——暴露频率，d/a，取 240d/a；

D_E——持续暴露时间，a，取 30a；

BW——体重，kg，取 60kg；

AT——平均作用时间，对致癌物质取 70a(平均寿命)×365d/a；对非致癌物质取 D_E 和 F_E 的乘积，d。

对于具有非阈值效应的污染物 i，其健康风险可用致癌风险（Risk）表征如下：

$$\begin{cases} \text{Risk}_i = \dfrac{C_i \cdot CR \cdot F_E \cdot D_E}{BW \cdot AT} \cdot SF & \text{Risk} \leq 0.01 \\ \text{Risk}_i = 1 - \exp\left(-\dfrac{C_i \cdot CR \cdot F_E \cdot D_E}{BW \cdot AT} \cdot SF\right) & \text{Risk} > 0.01 \end{cases} \tag{3-3}$$

式中 SF——污染物的致癌斜率因子，mg/(kg·d)；

其余符号意义同前。

对上述计算得到的不同目标污染物的 HQ_i 和 $Risk_i$，分别取其最大值，即该填埋场渗滤液渗漏的人体健康风险值。对于某些污染物，如铬、镉等同时具有阈值效应和非阈值效应，此时应当同时计算其非致癌危害商和致癌危害商。

根据上述公式计算出的健康风险指数 HQ 和 $Risk$，采用表 3-9 中人体健康风险分级标准划分健康风险等级。

表 3-9　人体健康风险评价等级划分（确定性评价方法）

风险描述	风险等级	判别依据
无风险	Ⅰ	$HQ<1$，且 $Risk<10^{-6}$
低风险	Ⅱ	$1 \leqslant HQ<5$ 且 $Risk<5 \times 10^{-6}$，或 $10^{-6} \leqslant Risk<5 \times 10^{-6}$ 且 $HQ<5$
中风险	Ⅲ	$5 \leqslant HQ<10$ 且 $Risk<10^{-5}$，或 $5 \times 10^{-6} \leqslant Risk<10^{-5}$ 且 $HQ<10$
高风险	Ⅳ	$10 \leqslant HQ<50$ 且 $Risk<5 \times 10^{-5}$，或 $10^{-5} \leqslant Risk<5 \times 10^{-5}$ 且 $HQ<50$
极高风险	Ⅴ	$50 \leqslant HQ<100$ 且 $Risk<10^{-4}$，或 $5 \times 10^{-5} \leqslant Risk<10^{-4}$ 且 $HQ<100$

3.3.2.2　概率风险评估的风险表征和分级

概率风险评估方法和确定性风险评估方法关系密切，实际上，概率风险评估方法就是在确定性风险评估方法的基础上，考虑参数的不确定性和变异性，并用概率分布参数表征这些不确定性和变异性，进而用 Monte Carlo 方法来研究这些参数的不确定性和变异性对风险结果的影响。因此，概率风险评估方法可以看作是由确定性评估模型、不确定参数的概率分布模型和不确定性模拟的 Monte Carlo 方法组合起来的风险评估方法，三者之间的耦合过程可概述如图 3-3 所示。

由于考虑了参数的不确定性，利用概率风险评估方法输出的不是单一的浓度值，而是浓度的概率分布。此时，可以分别取浓度的 5%、10%、50%、90% 和 95% 分位值，表征最理想、较理想、正常、较不利和最不利情形下的污染物浓度，并将其代入式（3-1）或式（3-2）和式（3-3），计算得到不同情形下的地下水污染风险或人体健康风险。

3.3.3　渗滤液渗漏的长期风险评估模型概化

如上文所述，渗滤液渗漏的长期风险评估需要利用模型预测填埋场条件下，目标敏感点处的污染物浓度或浓度的可能分布，并根据该浓度或浓度分布，进行地下水污染（人体健康）风险评估和分级。因此，重点是如何计算目标敏感点处地下水系统中的目标污染物浓度。

渗滤液渗漏后污染地下水和危害人体健康发展过程可概化如图 3-4 所示。

危险废物填埋场中的渗滤液通过防渗层上的漏洞渗漏以后，首先进入防渗系统下方的包气带中，在包气带中渗滤液中的污染物经过吸附-解吸、降解等物理化学过程后，到达地下水水面，并在此进入地下水中。在地下水水力梯度作用下，渗滤液中的污染物以水流方向为主要运动方向进行运移和扩散；同时在浓度梯度作用下还会发生垂直于水流方向的分子扩散。在此过程中，渗滤液的污染物同样会发生稀释、吸附-解吸、降解

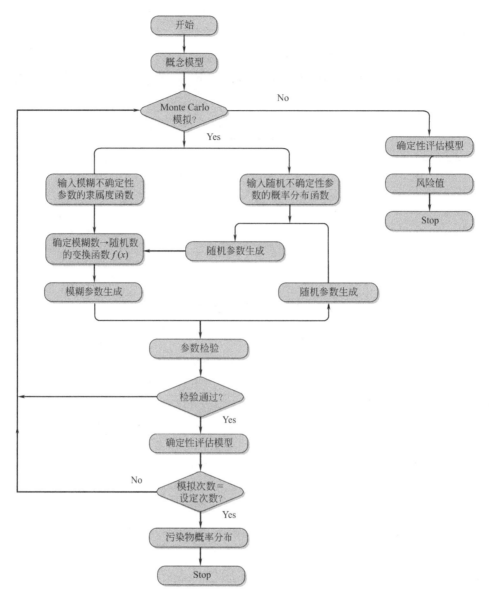

图 3-3 确定性评估模型、概率分布模型和 Monte Carlo 模拟方法的耦合过程

等物理化学过程，并到达取水井中，对人体健康构成危害。根据上述分析，对渗滤液渗漏的人体健康危害进行计算和评估时，首先需要进行渗滤液渗漏量的计算；其次对渗滤液在包气带和地下水中的迁移、扩散过程进行模拟；最后对风险人群饮用受污染地下水的健康风险进行表征。

3.3.4　渗滤液渗漏的长期风险评估方法和流程

通过上述分析过程可以发现，危险废物填埋场渗漏的长期风险表现出明显的层次性特征：第一层次是由于防渗层的可能破损导致的渗滤液渗漏；第二层次是渗滤液渗漏后

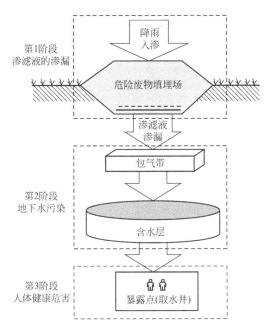

图 3-4　危险废物填埋场渗漏环境风险的概念模型

对土壤和地下水的污染；第三层次是污染土壤和地下水对人体健康构成危害的过程。

　　因此准确全面地评价渗滤液渗漏的环境风险应当考虑三个水平的风险，同时考虑到其风险发展的阶段性特征，可用层次化风险评价模型，或称概率风险评价模型（Probabilistic Risk Assessment Model，PRA 模型）进行评价。其中，第一层次，即一级PRA 模型评估填埋场所处位置的气象气候条件、填埋场本身的设计、建设、结构和管理条件下，渗滤液发生渗漏的概率和污染物释放通量的大小；第二层次，即二级 PRA评价填埋场发生渗漏时，考虑污染物本身的降解作用、包气带截污作用和地下水本身的自净作用下，地下水污染的严重程度及对应概率；第三层次，即三级 PRA 为人体健康风险评价模型评价地下水污染条件下，人体的致癌风险和非致癌风险。

　　具体评价流程和涉及方法如下。

　　首先是一级 PRA 评价，计算渗滤液的渗漏量和其组分浓度的概率分布，以表征填埋场的渗漏风险。涉及的模型包括源强模型（涉及地表入渗、堆体下渗、堆体淋溶、渗滤液渗漏和导排等子模型）和不确定性参数的概率统计模型。当一级 PRA 的评价结果显示渗漏风险较低时，则风险评价终止；反之，进行二级 PRA 评价。

　　第二步为地下水污染风险评价，将渗漏量和污染组分浓度的概率分布作为输入项，输入地下水污染风险评价模型中，结合场地水文地质参数、渗流参数和污染物运移参数，基于 Monte Carlo 算法计算得到目标观测井中污染物浓度的累计频率分布，并以之表征地下水污染风险。地下水污染风险评价涉及的模型包括描述渗滤液及其污染组分在包气带和含水层中运移的水分和溶质运移模型，以及不确定性参数的概率统计模型。当二级风险评价表明地下水污染风险可接受时，风险评价终止，反之进行第三级人体健康风险评价。

最后，取观测井中污染组分 i 浓度的最大值（或期望值），利用人体健康风险评价模型计算其致癌风险和非致癌风险。

参 考 文 献

[1] 高建明，刘骥，于立见，等. 危险化学品生产储存装置安全防护距离确定方法研究 [J]. 中国安全科学学报，2008 (10)：160-165.

[2] 候雅楠，仝纪龙，袁九毅，等. 油库大气环境风险评价中的安全防护距离 [J]. 环境科学与技术，2010 (12)：200-205.

[3] 席学军，董文彤，郭再富. 复杂山区地形高含硫气井安全防护距离研究 [J]. 中国安全科学学报，2009 (12)：66-73，205.

[4] 郝睿，徐续，江君，等. WCDMA 网络基站安全防护距离理论计算与实测对比研究 [J]. 安全与环境学报，2012 (05)：197-200.

[5] CAHE B. Implementation of new legislative measures on industrial risks prevention and control in urban areas [J]. Journal of Hazardous Materials，130 (3)：293-299.

[6] ALE B J. Risk assessment practices in The Netherlands [J]. Safety Science，2002 (40)：105-126.

[7] 魏利军，多英全，于立见，等. 化工园区安全规划方法与程序研究 [J]. 中国安全科学学报，2007 (09)：45-51，180.

[8] 施文松. 化工园区安全规划评价方法研究 [D]. 广州：华南理工大学，2013.

[9] WILLIAM K，MOHAMMAD M. A historical overview of probabilistic risk assessment development and its use in the nuclear power industry：a tribute to the late professor Norman Carl Rasmussen [J]. Reliability Engineering and System Safety，2005 (89)：271-285.

[10] ULRICH H. A risk-based approach to land-use planning [J]. Journal of Hazardous Materials，2005 (A125)：1-9.

[11] THOMAS F，SUN P，SCOTT D. Probabilistic assessment of environmental exposure to the polycyclic musk，HHCB and associated risks in wastewater treatment plant mixing zones and sludge amended soils in the United States [J]. Science of the Total Environment，2014，493 (15)：1079-1087.

[12] GB 18598—2019.

[13] 董路，邢强，能昌信，等. 危险废物暂存库渗漏风险规避措施与实践 [J]. 环境科学研究，2005 (S1)：67-70.

[14] 徐亚，刘玉强，刘景财，等. 填埋场渗漏风险评估的三级 PRA 模型及案例研究 [J]. 环境科学研究，2014 (04)：447-454.

[15] 徐亚，颜湘华，董路，等. 基于 Landsim 的填埋场长期渗漏的污染风险评价 [J]. 中国环境科学，2014 (05)：1355-1360.

[16] 唐伟，刘玉强，王忠兵，等. 危险废物填埋场渗滤液初始浓度表征模拟研究 [J]. 环境保护科学，2014 (05)：36-40.

[17] 季文佳，杨子良，王琪，等. 危险废物填埋处置的地下水环境健康风险评价 [J]. 中国环境科学，2010 (04)：548-552.

[18] 于可利，刘华峰，李金惠，等. 危险废物填埋设施的环境风险分析 [J]. 环境科学研究，2005 (S1)：43-47.

[19] HJ/T 169—2004.

[20] 徐亚，能昌信，刘峰，等. 填埋场长期渗漏的环境风险评价方法与案例研究 [J]. 环境科学研究，2015 (04)：605-612.

[21] 陆华. 危险废物填埋场地下水污染的健康风险评估 [J]. 化学世界，2014 (06)：338-340，344，358.

[22] ARMENGOL S，SANCHEZ-VILA X，FOLCH A. An approach to aquifer vulnerability including uncertainty in a spatial random function framework [J]. Journal of Hydrology，2014，517：889-900.

［23］ CHEN X，SONG J，WANG W. Spatial variability of specific yield and vertical hydraulic conductivity in a highly permeable alluvial aquifer ［J］. Journal of Hydrology，2010，388 (3-4)：379-388.

［24］ RABINOVICH A，DAGAN G，MILOH T. Effective conductivity of heterogeneous aquifers in unsteady periodic flow ［J］. A Tribute to Stephen Whitaker，2013，62，Part B：317-326.

［25］ YIDANA S M，CHEGBELEH L P. The hydraulic conductivity field and groundwater flow in the unconfined aquifer system of the Keta Strip，Ghana ［J］. Journal of African Earth Sciences，2013，86：45-52.

［26］ RAZ-YASEEF N，ROTENBERG E，YAKIR D. Effects of spatial variations in soil evaporation caused by tree shading on water flux partitioning in a semi-arid pine forest ［J］. Journal of Hydrology，2010，150 (3)：454-462.

［27］ HUGHES C E，CRAWFORD J. Spatial and temporal variation in precipitation isotopes in the Sydney Basin，Australia ［J］. Journal of Hydrology，2013，489：42-55.

［28］ REN J，LI Q，YU M，et al. Variation trends of meteorological variables and their impacts on potential evaporation in Hailar region ［J］. Water Science and Engineering，2012，5 (2)：137-144.

［29］ LIU Z，TIAN L，CHAI X，et al. A model-based determination of spatial variation of precipitation $\delta 18O$ over China ［J］. Chemical Geology，2008，249 (1-2)：203-212.

［30］ ZHANG K，PAN S，ZHANG W，et al. Influence of climate change on reference evapotranspiration and aridity index and their temporal-spatial variations in the Yellow River Basin，China，from 1961 to 2012 ［J］. Larger Asian Rivers 8：Impacts From Human Activities and Climate Change，2015，380-381：75-82.

第4章

防渗层破损及评估方法

4.1 防渗层破损概率的统计

防渗层的破损概率及其损伤特性是影响渗漏风险的重要因素。从狭义风险角度而言，防渗层破损事故是导致渗漏风险和进行渗漏风险评估的直接原因。另外从风险计算角度而言，破损的数量（密度）、形状和大小等因素均会对其渗漏量和环境风险产生直接影响。目前，防渗层破损概率的计算包括两种方式：一种是系统安全评价中常用的事故树（Fault Analysis Tree，FAT）方法，其缺点是 FAT 中涉及的基本事件概率通常只能根据专家经验获得，存在较大的主观性；另一种是基于破损事故的统计数据，给定其概率分布，当存在大量的事故统计数据时该方法能比较客观地描述漏洞密度的分布规律。若已知单位面积 HDPE 膜上破损面积 A 的累计频率分布函数 $F(A)$，则破损面积$\geqslant A_a$的防渗层破损事故的发生概率 P 根据下式计算：

$$P = \frac{1}{1 - F(A_a)} \tag{4-1}$$

因此，关键问题是确定填埋场中破损面积的累计频率分布函数 (A)。为此，笔者及其团队对我国 80 个新建填埋场开展了防渗层破损检测，在此基础上通过数据处理和统计分析得到了我国填埋场破损数量、破损面积的累计频率分布函数。具体过程如下。

4.1.1 防渗层破损检测方法和样本情况

检测方法为电学法。电学渗漏检测是目前填埋场防渗膜破损检测最可靠和最有效的方法[1-3]。其基本原理是在填埋场内外施加电场，通过移动设备在电场内寻找电势异常点，从而找到破损点[2-4]。采用电学法对我国 80 个固体废物填埋场进行防渗膜完整性检测，获得填埋场防渗膜破损点；同时采用 GPS 定位，对检测面积进行准确测算，获得 80 组漏洞密度数据，结果如表 4-1 和图 4-1、图 4-2 所示。

表 4-1　填埋场及其漏洞情况

编号	填埋场位置	检测面积/m²	漏洞数/个	漏洞密度/(个/hm²)
1	贵州	6100	18	29.5
2	贵州	8200	24	29.3
3	贵州	4000	9	22.5
4	贵州	7800	26	33.3
5	贵州	4500	4	8.9
6	贵州	8600	10	11.6
7	贵州	12000	146	121.7
8	贵州	7800	4	5.1
9	贵州	5500	11	20.0
10	贵州	3800	7	18.4
11	贵州	15000	98	65.3
12	贵州	11600	38	32.8
13	贵州	4700	7	14.9
14	贵州	4300	14	32.6
15	贵州	3200	35	109.4
16	贵州	13700	16	11.7
17	贵州	4700	6	12.8
18	贵州	29500	14	4.7
19	贵州	9000	5	5.6
20	贵州	3200	31	96.9
21	贵州	6600	21	31.8
22	贵州	10200	60	58.8
23	贵州	4500	1	2.2
24	贵州	20016.34	64	32.0
25	贵州	10000	13	13.0
26	贵州	10800	22	20.4
27	贵州	7100	8	11.3
28	贵州	7200	11	15.3
29	贵州	13000	37	28.5
30	贵州	7200	47	65.3
31	贵州	4000	5	12.5
32	贵州	4000	10	25.0
33	贵州	3000	16	53.3
34	贵州	700	0	0.0

编号	填埋场位置	检测面积/m²	漏洞数/个	漏洞密度/(个/hm²)
35	贵州	3000	20	66.7
36	贵州	11700	27	23.1
37	贵州	6000	70	116.7
38	贵州	6500	8	12.3
39	贵州	7000	5	7.1
40	贵州	3000	4	13.3
41	贵州	11000	21	19.1
42	贵州	5310	12	22.6
43	贵州	14000	53	37.9
44	广东	4800	14	29.2
45	山东	26000	216	83.1
46	山东	88000	57	6.5
47	湖南	19500	25	12.8
48	河北	4000	2	5.0
49	河北	4000	1	2.5
50	浙江	23800	8	3.4
51	浙江	6680	4	6.0
52	浙江	84300	710	84.2
53	浙江	17000	17	10.0
54	四川	14000	26	18.6
55	四川	26000	138	53.1
56	四川	2100	6	28.6
57	四川	20000	15	7.5
58	四川	7600	25	32.9
59	四川	13000	15	11.5
60	四川	10000	5	5.0
61	重庆	26000	15	5.8
62	广西	15000	8	5.3
63	广西	3000	6	20.0
64	安徽	6000	3	5.0
65	安徽	3900	3	7.7
66	安徽	13000	7	5.4
67	安徽	6000	6	10.0
68	安徽	39000	22	5.6

编号	填埋场位置	检测面积/m²	漏洞数/个	漏洞密度/(个/hm²)
69	安徽	10000	6	6.0
70	江苏	13780	1	0.7
71	陕西	7000	4	5.7
72	贵州	2570	10	38.9
73	贵州	2100		0.0
74	贵州	11000	29	26.4
75	贵州	9000	15	16.7
76	浙江	6100	18	29.5
77	浙江	2000	0	0.0
78	重庆	3000	2	6.7
79	四川	2800	5	17.9
80	四川	28000	3	1.1

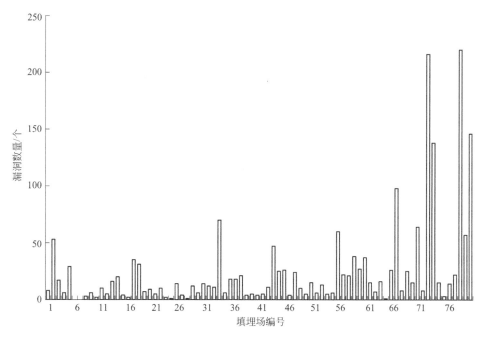

图 4-1　填埋场漏洞数量检测结果

对漏洞产生的原因进行分析，总计有 4 个因素导致漏洞产生，分别是焊接或者其他施工不规范导致、施工过程的机械损伤、膜本身的质量问题以及由于膜下的石子或者其他尖锐物顶穿造成的漏洞。图 4-3 为不同原因导致的漏洞及其比例。

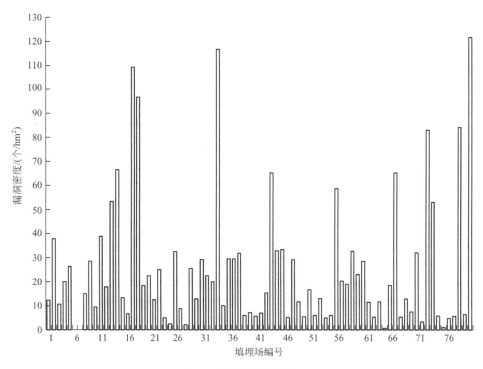

图 4-2　填埋场漏洞密度

由图 4-3 可知，由于石子或者其他尖锐物造成的漏洞最多，占整个漏洞的 69%；其次为施工过程的机械损伤；再其次为焊接或者其他施工不规范造成的漏洞。膜本身质量导致的质量缺陷约占 2%。

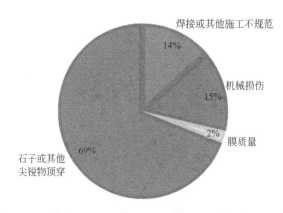

图 4-3　不同原因导致的漏洞及其比例

对检测出来的 1295 个漏洞的大小进行统计分析，并绘制了其漏洞大小的概率分布和累计概率分布图（见图 4-4）。

由图 4-4 可知，数量最多的是漏洞面积为 0.1~1cm² 的漏洞，总计约 550 个，占整个漏洞数量的 42% 左右；其次为针眼漏洞，总量约 203 个，占比 28% 左右；200cm² 以上的漏洞极少，约为 125 个，占总量的 10% 左右。

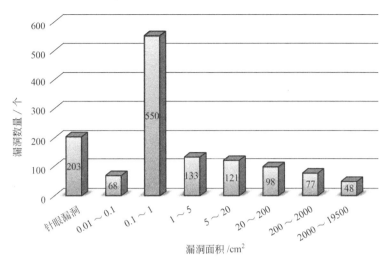

图 4-4　漏洞面积及其对应数量

对不同原因造成的漏洞进行分析，得到不同损伤情景下的损伤特性矩阵（见表 4-2）。

表 4-2　不同风险事态下损伤程度评估矩阵

破坏等级	风险事态类型					
	尖锐物划伤	滑坡导致的防渗膜拉伤	日照导致材料老化	渗滤液酸碱腐蚀	施工不规范导致接口处裂缝	施工、运行阶段的机械损伤
轻微破坏（沙眼）	41%	0	12%	2%	13%	23%
1～3cm 裂缝	49%	0	23%	13%	34%	51%
3～10cm 裂缝	10%	0	34%	34%	45%	24%
>10cm 裂缝	0	100%	31%	51%	8%	2%

4.1.2　数据处理和统计分析

对 80 个填埋场防渗层的漏洞检测结果显示：一方面某些填埋场存在未检出（No detection，ND）的情况，这可能是检测设备精度所限，或是现场环境不满足检测条件所致；另一方面某些填埋场存在漏洞密度严重偏离期望值（或平均值）的情况，这种数据可能在某些极端情况下发生，因此不具有足够的代表性。上述数据的处理直接影响统计结果，因此必须审慎对待，并考虑其对后续概率统计的影响。

4.1.2.1　ND 数据处理

对于 ND 数据，常见的后处理方法有替代法和直接删除法两种。

① 替代法是用其他数据来代替 ND 值，包括设备的检出限 DL、0.5DL、0DL、样本最小值和经验最小值[5-8]。

② 直接删除法是删除这部分样本数据。

考虑到填埋场普遍存在破损的客观事实，因此用最小经验值代替。据美国的统计数据显示，经过质量控制的填埋场，漏洞密度最小值为 1 个/hm²[9]。

4.1.2.2　离群值处理

离群值（或异常值），是指样本空间中与样本期望值或平均值严重偏离的实测值。离群值对事故数据的统计分析和推断影响较大，因此需要审慎评估是否剔除或接受数据。Walsh′s Test 方法在评价污染场地采样分析数据的潜在异常值中得到了广泛使用[10-13]，本书采用其作为判断破损事故数据是否异常的工具。Walsh′s Test 方法的基本步骤如下所述[14]。

① 将样品值（漏洞密度）按由大到小的顺序排列如下：$X_1, X_2, \cdots, X_n$。

② 根据式(4-1) 和式(4-2) 计算 Walsh′ Test 方法的主要参数 a、b 和 c：

$$a = \left(1 + b\sqrt{\frac{c - b^2}{c - 1}}\right) \bigg/ (c - b^2 - 1) \tag{4-2}$$

$$c = \text{ceiling}(\sqrt{2n})，向上取整$$

$$b = \sqrt{1/\alpha} \tag{4-3}$$

式中　n——样本容量；

$\quad\quad\alpha$——显著性水平参数；

b、c——参数。

③ 若样本中离群值数量为 k 个，则按步骤①排序的第 j 个样本 $X_j (j = n + 1 - k)$ 及其以后的数据皆为离群值。X_j 满足下述不等式：

$$P_{\max} = (X_j - X_{j-1}) - a(X_{j-1} - X_{j-c}) > 0 \tag{4-4}$$

显著性水平和样本容量之间需要满足式(4-5)：

$$N \geqslant \frac{(1 + 1/\alpha)^2}{2} \tag{4-5}$$

考虑到样本数量有限，显著性水平取 10%。

根据步骤①～③，对离群值进行试算的结果如表 4-3 所列。从表 4-3 中可知，漏洞密度数据存在一个异常偏大值 X_{74}。

表 4-3　疑似离群值试算结果

离群值个数	α	a	X_j	X_{j-1}	X_{j-c}	$P_{\max}$	是否离群值
1	0.1	1.29	197	102	33	6	是
2	0.1	1.29	102	100	33	−85	否

4.1.2.3　数据统计分析

对处理后的数据进行统计分析，计算其标准方差、峰度、变异系数等统计学参数，并将其与未处理的数据进行比较。从表 4-4 中可以看出，处理前数据的方差、标准方差、峰度和变异系数都较大，说明样本数据的质量较差。处理后峰度和变异系数明显减小，方差和标准方差也有所减小，说明对 ND 值和离群值的处理提高了数据质量。

表 4-4　防渗层漏洞密度数据的统计参数（处理前与处理后）

项目	最小值	最大值	平均值	几何平均数	中位数	标准方差	方差	峰度	变异系数
处理后	1	103	22.5	13.0	13.3	24	577	1.87	1.07
处理前	0	197	24.8	0	14.1	31.3	982	3.02	1.26

4.1.3　拟合优度检验

分别用正态分布，指数正态分布和 Gamma 分布对数据的概率分布进行拟合。为检测拟合优度，采用 Q-Q 图示法和假设检验法对拟合优度进行检验。

4.1.3.1　Q-Q 图示法检验

常见的拟合优度检验的图示法包括 Q-Q 图示法（Quantile-Quantile，Q-Q plot）和 P-P 图示法（Probability-Probability 或 Percent-Percent，P-P plot）。Q-Q 图是一种散点图，对应于某种分布的 Q-Q 图，就是由该分布的分位数为横坐标，样本值为纵坐标的散点图。若 Q-Q 图上的样本值近似地分布在回归曲线附近，则认为数据服从所假设的分布类型。P-P 图与 Q-Q 图类似，只是其横纵坐标分别对应变量的累积比例与指定分布的累积比例。

图 4-5 所示为正态分布的 Q-Q 图示法拟合优度检验结果。

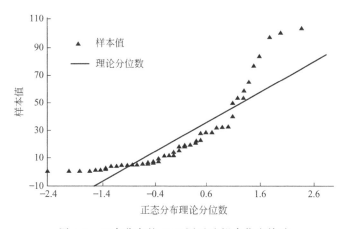

图 4-5　正态分布的 Q-Q 图示法拟合优度检验

从图 4-5 中可以看出，在回归曲线的下半段，样本值紧贴回归曲线，而在回归曲线上半段样本值偏离回归曲线的幅度较大。对数正态分布的 Q-Q 图示法拟合优度检验见图 4-6，样本值在回归曲线的下半段有比较大的偏离，而在回归曲线上半段，拟合度比较好。对样本数据进行 Gamma 分布的 Q-Q 图示法拟合优度检验较好（见图 4-7），样

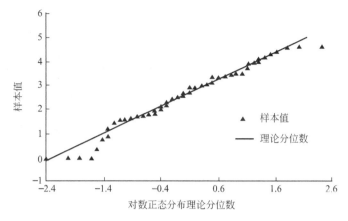

图 4-6　对数正态分布的 Q-Q 图示法拟合优度检验

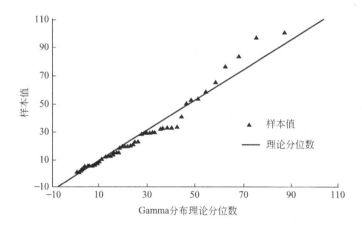

图 4-7　Gamma 分布的 Q-Q 图示法拟合优度检验

本值沿回归曲线两侧均匀分布。根据以上分析，可以初步判断漏洞密度的概率分布更接近 Gamma 分布。

4.1.3.2　假设检验法

借助 Q-Q 图示法可以比较直观地对数据的分布类型进行初步检验。更精确地定量拟合优度检验则需要借助假设检验方法。

对正态分布和指数正态分布的检验，通常采用夏皮洛-威尔克检验（Shapiro-Wilk 检验，又称 W 检验）和 Lilliefors 检验。W 检验属于 P 值检验法，设显著性水平 $\alpha=0.05$，当 W 检验的 P 值>0.05 时，则假设为真；否则为假。Lilliefors 检验为临界值检验法，设 $\alpha=0.05$，当检验统计量小于检验临界值时，假设为真；否则为假。

对 Gamma 分布的假设检验，可采用柯尔莫哥洛夫-斯米尔诺夫检验（Kolmogorov-Smirnov，又称 D 检验）或安德森-达令检验（Anderson-Darling，AD 检验）。D 检验和 AD 检验都属于临界值检验法，当检验统计量小于检验临界值时，则可接受数据服从 Gamma 分布的假设；反之亦然。

根据上述假设检验的判别标准，当 $\alpha=0.1$，漏洞密度数据的正态分布不能通过 W

检验和 Lilliefors 检验。而对于对数正态分布，可以通过 W 检验，但是不能通过 Lilliefors 检验。对 Gamma 分布的假设检验中，D 检验和 AD 检验同时通过，这说明漏洞数据的概率分布符合 Gamma 分布。

4.1.4　Gamma 分布的统计参数计算

设 α，β 是正常数，如果随机变量 X 的概率密度分布函数符合式(4-6)，则认为随机变量 X 服从参数为 (β,α) 的 Gamma 分布，并记为 $\Gamma(\beta,\alpha)$。

$$f(x)=\frac{(\alpha x)^{\beta-1}}{\tau(\beta)}\alpha e^{-\alpha x},0\leqslant x\leqslant\infty \tag{4-6}$$

$$\tau(\beta)=\int_0^\infty t^{\beta-1}e^{-t}dt \tag{4-7}$$

α 和 β 与数学期望（均值）$E(X)$ 和方差 $D(X)$ 之间存在以下关系：

$$E(X)=\alpha\beta \tag{4-8}$$

$$D(X)=\alpha\beta^2 \tag{4-9}$$

将式(4-8)、式(4-9)联立后得到 α 和 β 的表达式如下：

$$\beta=D(X)/E(X) \tag{4-10}$$

$$\alpha=\frac{[E(X)]^2}{D(X)} \tag{4-11}$$

将期望值和方差（方差见表 4-4）代入式(4-10)和式(4-11)，计算 α 和 β 分别等于 0.88 和 25.62，即漏洞密度服从参数为 (25.62,0.88) 的 Gamma 分布。

4.1.5　HDPE 膜破损数量（漏洞密度）性分析

4.1.5.1　与国外填埋场防渗破损数量比较

我国固体废物填埋场防渗层破损的概率密度分布符合参数为 (25.62,0.88) 的 Gamma 分布，而国外的研究中通常将其处理为均匀分布。这说明，对于填埋场漏洞密度数据，在不同国家和地区其概率分布特征并不相同。在确定漏洞密度的概率分布类型和相关统计参数时，需进行必要的数据评估和分布形态假设检验分析，以保障数据和场地风险评估的有效性，3 种不同概率分布函数的假设检验结果如表 4-5 所列。

表 4-5　3 种不同概率分布函数的假设检验结果

正态分布					对数正态分布					Gamma 分布				
相关系数	W 检验		Lilliefors 检验		相关系数	W 检验		Lilliefors 检验		相关系数	D 检验		AD 检验	
	统计量	P	统计量	临界值		统计量	P	统计量	临界值		统计量	P	统计量	临界值
0.88	0.77	0	0.19	0.10	0.99	0.99	0.03	0.07	0.10	0.98	0.08	0.11	0.63	0.78

图 4-8 为 Landsim 推荐 Uniform (0,25) 和本书计算得到的 Gamma (25.62,0.88) 分布的累计概率分布的比较。

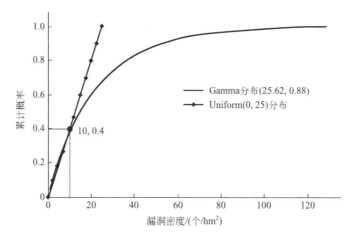

图 4-8   Uniform（0,25）和 Gamma（25.62,0.88）分布的累计概率比较

从图 4-8 中可以看出：两个分布曲线的前半部分（累计概率为 0~0.4 的区间）重合比较好，说明我国填埋场中漏洞密度少于 10 个/hm² 的填埋场出现频次与国外发达国家非常接近。一般认为漏洞密度少于 10 个/hm² 的填埋场是施工质量较好的填埋场，因此可以认为我国施工质量较好的填埋场与发达国家施工质量较好的填埋场出现频率接近。两个分布曲线的后半部分（累计频率大于 0.4 的区间）差异较大，说明我国填埋场中漏洞密度大于 10 个/hm² 的填埋场出现规律与国外存在较大差异。可以认为我国施工质量较差的填埋场远较国外施工质量较差的填埋场更差，这与笔者及其团队现场调研情况是一致的：在进行 HDPE 膜漏洞的现场检测过程中发现，很多施工队伍均为当地农民工，没有经过专业培训；反之国外很重视防渗层的铺设，从事防渗层建设的工人均经过专业培训。

上文分析说明 Uniform（0,25）分布对漏洞密度的估计小于 Gamma（25.62,0.88）分布。因此，Uniform（0,25）对我国固体废物填埋场漏洞的产生概率有低估渗漏的风险，进而带来重大的安全隐患。

4.1.5.2   漏洞数量的影响因素分析

防渗层漏洞的产生影响因素很多，不同资质的施工队伍、不同的土工膜产品质量、不同的填埋场防渗系统结构均可能导致漏洞产生的差异。如图 4-9 所示。

图 4-9（a）为不同防渗施工资质填埋场漏洞产生数量的比较，一共分为具有专业防渗工程经验和工程施工资质的建筑公司（Experienced and Certified，EC）施工、具有工程施工资质的建筑公司（Certified，C）施工、自己没有资质依靠其他公司资质的组织（None，N）施工、由 HDPE 膜厂家（Producer，P）施工以及未知施工单位信息的（Unknown，U）施工 5 种资质。从图 4-9（a）中可以看出 EC 类公司施工的防渗层漏洞数量最少（不考虑 U 类公司），其次为 C 类和 N 类，最差的是 P 类。具有工程施工资质的公司具有较高的管理水平，而具有专业防渗工程施工经验的公司显然经验较丰富，因此可以说明防渗工程施工人员的经验以及施工队伍的管理水平很重要。

图 4-9（b）为根据土工膜产地不同统计的平均漏洞密度，从图 4-9（b）中可以看出产地为山东和贵州的膜漏洞数量更大，平均每公顷产生漏洞的数量分别为 44.5 个和

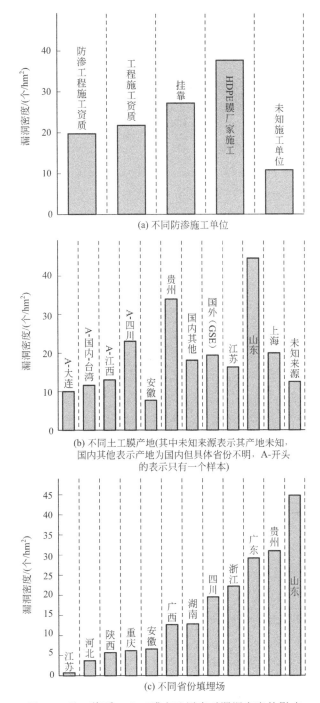

(a) 不同防渗施工单位

(b) 不同土工膜产地(其中未知来源表示其产地未知,
国内其他表示产地为国内但具体省份不明, A-开头
的表示只有一个样本)

(c) 不同省份填埋场

图 4-9　施工资质、土工膜产地因素对漏洞密度的影响

34.0 个。分析其原因,可能是由于该产地的土工膜多采用再生料的原因。采用再生料的土工膜虽然防渗性能可以满足要求,但是抗刺穿强度、抗拉强度均明显弱于采用原生料生产的。江苏、上海和国外(GSE)的膜漏洞数量基本相等;而安徽、大连、台湾、江西和四川的土工膜漏洞数量最少,但是其统计的样本均为 1~2 个,因此存在代表性不足的问题。

图 4-9(c) 为根据填埋场所处省份统计的平均漏洞密度，从图 4-9(c) 中可以看出山东、贵州和广东 3 个省份土工膜漏洞产生量较大。分析其原因：山东和贵州等地一般都采用本地土工膜，而根据对图 4-9(b) 的分析，这两个产地的土工膜质量相对较差，可能是导致其漏洞较多的原因。另外，现场调查表明贵州填埋场多采用碎石作为导排材料，而漏洞产生量较少的安徽等地则多采用鹅卵石作为导排材料，鹅卵石外观更为圆润而碎石更为尖锐，这可能也是导致其漏洞数量偏多的原因。而广东的填埋场样本数量仅为一个，因此存在代表性不足的问题。

漏洞产生量可能还与防渗膜的厚度、导排层的颗粒有关，如书后彩图 5 所示。

采用卵石作为导排层的填埋场平均漏洞密度为 17.7 个/hm²；而采用碎石作为导排层的填埋场平均漏洞密度为 27.8 个/hm²，可能是因为鹅卵石外观更为圆润而碎石更为尖锐容易刺穿下伏的防渗膜。另外，采用 2.0mm 土工膜的填埋场漏洞密度（9.9 个/hm²）远小于采用 1.5mm 土工膜的填埋场（39.9 个/hm²）。

4.1.6 HDPE 膜损伤特性分析

4.1.6.1 损伤原因分析

即使是最科学、最严谨的设计和安装方式，也不能绝对保证填埋场中的 HDPE 膜没有任何破损。Giroud 和 Bonaparte（1989）等认为造成 HDPE 膜破损的原因大致可以分为两个方面，即制造过程造成的原生漏洞以及防渗层铺设和填埋场运行过程中造成的次生漏洞，而次生漏洞又包括焊接过程造成的焊缝、施工过程的机械损伤、堆体沉降造成的土工膜撕裂、渗滤液的化学腐蚀、紫外线的光化学氧化、石子或树根等尖锐物顶穿等原因。但在实际调查过程中，很难辨别漏洞究竟是由哪些因素造成。另外，化学腐蚀和光化学氧化造成的漏洞通常需要经过较长时间，因此在施工验收阶段进行的防渗层破损检测很难发现这些原因造成的漏洞。因此，本书将防渗层破损原因大致划分为原生漏洞和次生漏洞 2 种类型，其中次生漏洞又包括机械损伤、石子或树根顶穿以及焊接问题 3 种类型。

通过对漏洞检测数据的统计分析，得出上述不同原因造成的 HDPE 膜破损的比例，如图 4-10 所示。

从图 4-10 中可以看出，原生漏洞的比例为 2％，而次生漏洞的比例占 98％。国外学者 Giroud 早在 1989 年就指出，随着当前的制作和聚合工艺的改进，HDPE 膜的制造工艺不断提高，原生漏洞的数量将变得越来越少。

次生漏洞中石子顶穿（包括树根或其他尖锐物顶穿，见图 4-11）是造成次生漏洞的主要原因，占漏洞总量的 69％。

石子造成的防渗层破损主要受以下 3 个方面因素影响：

① HDPE 膜上方没有铺设土工布等缓冲层而直接铺设导排卵石，某些填埋场用碎石代替卵石，使得破损现象更为普遍和严重；

② HDPE 膜下方的地基层或者黏土层施工不规范，混杂有碎石、树根等尖锐物；

③ 导排颗粒铺设过程采用机械施工。

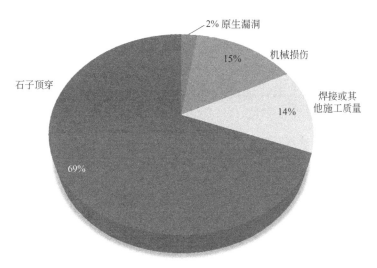

图 4-10 不同原因造成的漏洞

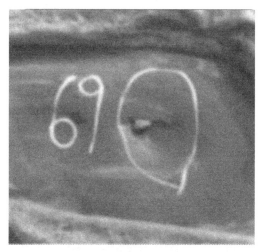

(a) 石子造成的单个破损

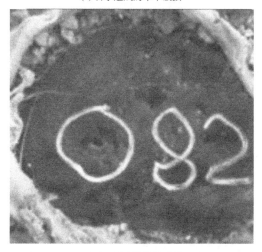

(b) 碎石造成的连片破损

图 4-11 石子或其他尖锐物造成的 HDPE 膜破损

调查过程发现很多填埋场在铺设导排颗粒过程中，直接采用运输车辆将卵石（碎石）倾倒在防渗层上方，由于满负荷运输的车辆质量较大，当防渗层上方没有铺设缓冲层或缓冲层厚度较薄时，就很容易对防渗层造成破损。

图4-10表明机械损伤是造成 HDPE 膜破损的次重要因素，15％的漏洞是由机械损伤造成。机械损伤包括施工过程的机械损伤以及填埋过程的机械损伤两种（见图4-12和图4-13）。

(a) 卵石铺设过程的机械操作

(b) 填埋过程的机械操作

图 4-12　施工和填埋过程的机械操作

(a) 机械施工造成长 5m 的撕裂口

(b) 机械施工造成长 3m 的撕裂口

图 4-13　施工和填埋过程的机械操作造成的巨大撕裂口

由图 4-10 可知，与 HDPE 膜焊接有关的漏洞数量占总漏洞数量的 14%，与施工和填埋过程中造成的防渗层破损数量几乎相当。由于焊接问题造成的漏洞面积通常大于石子或树根等尖锐物造成的划伤或刺穿，但小于施工和填埋过程机械施工造成的撕裂口。但是与施工和填埋过程造成的巨大撕裂口相比，焊缝问题导致的漏洞通常具有隐蔽性，通常情况下用肉眼很难辨别出来。某些情况下，即使采用电学检测法对焊缝进行了准确定位，肉眼仍旧难以识别。见图 4-14。

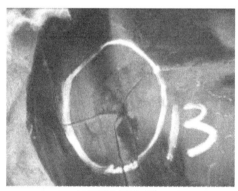

(a) 明显的焊缝开裂

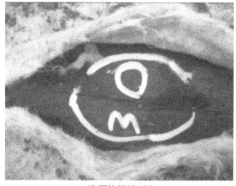

(b) 隐蔽的焊缝不牢

图 4-14　焊接问题造成的焊缝开裂或焊缝不牢

4.1.6.2　不同风险事件下的 HDPE 膜损伤大小分析

根据造成 HDPE 膜破损的原因，将风险事件分为机械损伤、原生漏洞、焊接问题和石子或其他尖锐物刺穿，分别统计不同风险事件下漏洞的最小值、最大值和平均值，不同风险事件下的 HDPE 膜损伤大小如表 4-6 所列。

表 4-6　不同风险事件下的 HDPE 膜损伤大小　　　　　单位：cm²

项目	机械损伤	原生漏洞	焊接问题	石子或其他尖锐物刺穿
最小值	3.00×10^{-1}	7.90×10^{-3}	1.00×10^{-1}	1.00×10^{-2}
最大值	5.00×10^{5}	3.00×10^{-1}	3.00×10^{5}	8.03×10^{4}
平均值	4.26×10^{3}	1.00×10^{-2}	1.79×10^{3}	2.32×10^{2}

从表 4-6 中可以看出，就平均值而言，机械损伤造成的漏洞面积最大；其次为焊接问题；再次为石子（或其他尖锐物）造成的损伤；最后为原生漏洞。就最小值而言，机械损伤造成的 HDPE 膜漏洞最小为 0.3cm²，而焊接问题造成的漏洞最小为 0.1cm²，石子和其他尖锐物刺穿（或划伤）造成的漏洞最小为 0.01cm²，而原生漏洞的面积最小值为 0.0079cm²，与平均值的规律相同；另外，对漏洞最大值的分析也呈现同样规律。上述分析表明施工和填埋过程中的机械操作很容易对 HDPE 膜造成重大损伤；其次为焊接问题；石子或其他尖锐物刺伤导致的 HDPE 膜破损面积相对较小，但是数量较多，也需要重点关注；原生漏洞的数量和面积均比较少（小）。

4.2　防渗层破损概率的 FTA 方法

4.2.1　事故树分析的基本概念

事故树分析（Fault Tree Analysis，FTA）是安全系统工程中常用的一种分析方法。1961 年，美国贝尔电话研究所的维森（H. A. Watson）首创了 FTA 并应用于民兵式导弹发射控制系统的安全性评价，用它来预测导弹发射的随机故障概率。接着，美国波音飞机公司的哈斯尔等对这个方法又做了重大改进，并采用电子计算机进行辅助分析和计算。1974 年，美国原子能委员会应用 FTA 对商用核电站进行了风险评价，发表了拉斯姆逊报告（Rasmussen Report），引起了世界各国的关注。目前事故树分析法已从宇航、核工业进入一般电子、电力、化工、机械、交通等领域，它可以进行故障诊断、分析系统的薄弱环节，指导系统的安全运行和维修，实现系统的优化设计。

事故树分析（FTA）是一种演绎推理法，这种方法把系统可能发生的某种事故与导致事故发生的各种原因之间的逻辑关系用一种称为事故树的树形图表示，通过对事故树的定性与定量分析，找出事故发生的主要原因，为确定安全对策提供可靠依据，以达到预测与预防事故发生的目的。

FTA 法具有以下特点。

① 事故树分析是一种图形演绎方法，是事故事件在一定条件下的逻辑推理方法。它可以围绕某特定的事故做层层深入的分析，因而在清晰的事故树图形下，表达系统内各事件间的内在联系，并指出单元故障与系统事故之间的逻辑关系，便于找出系统的薄弱环节。

② FTA 具有很大的灵活性，不仅可以分析某些单元故障对系统的影响，还可以对导致系统事故的特殊原因如人为因素、环境影响进行分析。

③ 进行 FTA 的过程，是一个对系统更深入认识的过程，它要求分析人员把握系统内各要素间的内在联系，弄清各种潜在因素对事故发生影响的途径和程度，因而许多问题在分析的过程中就被发现和解决了，从而提高了系统的安全性。

④ 利用事故树模型可以定量计算复杂系统发生事故的概率，为改善和评价系统安全性提供了定量依据。

4.2.2　防渗层破损事故树的构建

事故参数包括漏洞密度和漏洞大小，是影响渗漏量及风险评价结果的最重要参数。漏洞密度（个/hm²）可理解为防渗层破损的事故概率，可采用 FTA 方法计算。

根据事故树方法建立的填埋场防渗层破损事故树示意见图 4-15。

4.2.3　事故树的最小割集

事故树顶事件发生与否是由构成事故树的各种基本事件的状态决定的，很显然，所有基本事件都发生时顶事件肯定发生。然而，在大多数情况下并不是所有基本事件都发生时顶事件才发生，而只要某些基本事件发生就可导致顶事件发生。在事故树中，引起顶事件发生的基本事件的集合称为割集，也称截集或截止集。一个事故树中的割集一般不止一个，在这些割集中，凡不包含其他割集的叫作最小割集。换言之，如果割集中任意去掉一个基本事件后就不是割集，那么这样的割集就是最小割集。所以，最小割集是引起顶事件发生的充分必要条件。

用布尔代数法计算最小割集，通常分 3 个步骤进行。

① 建立事故树的布尔表达式。一般从事故树的顶事件开始，用下一层事件代替上一层事件，直至顶事件被所有基本事件代替为止。

② 将布尔表达式化为析取标准式。

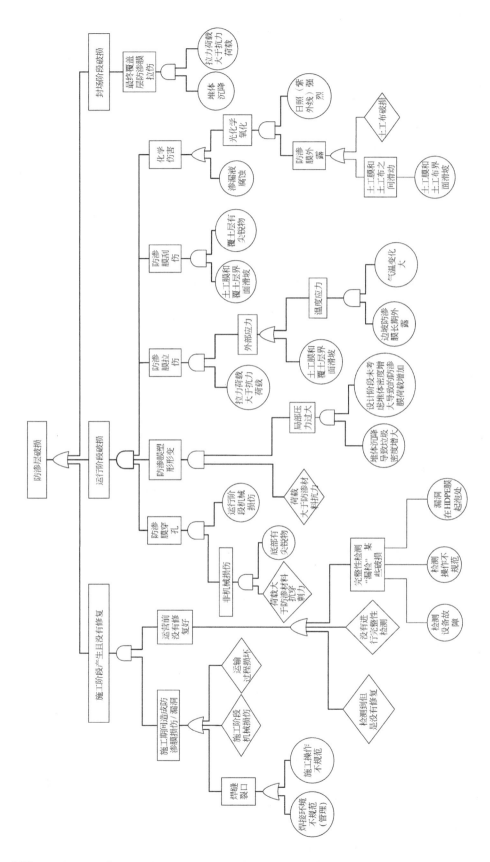

图 4-15 危险废物填埋场防渗层破损事故树示意

③ 化析取标准式为最简析取标准式。

根据上述步骤求得防渗层破损这一顶事件的最小割集 T 为：

$$T = X_1 + X_2 + X_3X_4 + X_5X_6 + X_7 + X_{11}X_{12} + X_{10} \qquad (4-12)$$

若已知式(4-12)中底事件的概率，则可将其代入式(4-12)计算得到防渗层发生破损的概率。

4.2.4 基本事件的基本类型及其概率计算

图 4-15 为危险废物填埋场防渗层破损事故树示意，其中的基本事件可分为多种类型，包括人为失误、设备故障、材料性能、堆体稳定性和自然因素，不同类型的基本事件及其概率计算方法见表 4-7。

表 4-7 基本事件类型及其概率计算方法

基本事件	原因类型	计算方法
焊接环境不规范	人为失误	T-HERP 模型（Swda 和 Rock）
焊缝施工不规范		
施工阶段机械损伤		
运输过程损坏		
没有进行完整性检测		
检测到,但是没有修复		
检测操作不规范		
底部有尖锐物		
运行阶段机械损伤		
设计时,未考虑堆体密度增大导致的防渗膜荷载增加		
边坡防渗膜长期外露		
检测设备故障	设备故障	统计分析
漏洞处,HDPE 膜起泡		
导排管失效		
导排层失效		
穿刺荷载大于防渗材料抗刺穿力	材料性能	结构可靠度分析
压力荷载大于防渗材料		
拉力荷载大于抗拉力		
渗漏液腐蚀		
堆体沉降	堆体稳定性	有限元法
土工布和土工膜界面滑坡		
气温变化大	自然因素	统计分析
日照强		
降雨强度大于填埋场下渗强度		
径流冲刷覆土层并与垃圾堆体接触		

参 考 文 献

［1］ 王斌，王琪，董路．垃圾填埋场防渗层渗漏检测方法的比较［J］．环境科学研究，2002（05）：47-48，54.

［2］ 能昌信，管绍朋，董路．填埋场渗漏检测偶极子法的影响因素分析［J］．环境科学研究，2008（06）：35-38.

［3］ 能昌信，董路，王琪．双衬层填埋场渗漏检测电极铺设方式研究［J］．环境科学研究，2005（S1）：74-76.

［4］ 能昌信，董路，王琪，等．双衬层填埋层状介质模型的建立［J］．环境科学研究，2008（06）：30-34.

［5］ 潘俊峰，能昌信，张赟，等．便携式渗漏检测装置在填埋场防渗层完整性检测的应用［J］．环境科学研究，
2008（06）：43-46.

［6］ EL-SHAARAWI A H，ESTERBY S R. Replacement of censored observations by a constant：An evaluation
［J］. Water Research，1992，26（6）：835-844.

［7］ HANSON P J，EVANS D W，COLBY D R，et al. Assessment of elemental contamination in estuarine and
coastal environments based on geochemical and statistical modeling of sediments［J］. Marine Environmental Re-
search，1993，36（4）：237-266.

［8］ DAVIS C B. 26 Environmental regulatory statistics［Z］：Elsevier，1994：817-865.

［9］ AKRITAS M G，RUSCITTI T F，PATIL G P. 7 Statistical analysis of censored environmental data［Z］：
Elsevier，1994：221-242.

［10］ Center for enviromental research information office of research，DEVELOPMENT，EPA625/489/022. Re-
quirement for hazardous waste landfill design，construction，and closure［S］，1989.

［11］ 赵晓洋．我国宏观经济数据质量的评估方法研究［D］．西安：西安财经学院，2013.

［12］ 刘庚．典型焦化场地土壤 PAHs 污染分布表征及不确定性研究［D］．晋中：山西农业大学，2013.

［13］ 颜湘华，王兴润，李丽，等．铬污染场地调查数据评估与暴露浓度估计［J］．环境科学研究，2013（01）：
103-108.

［14］ 刘明华，张晋昕．时间序列的异常点诊断方法［J］．中国卫生统计，2011（04）：478-481.

第5章

渗漏源强及其评估

为分析危险废物填埋场地下水环境健康风险的影响因素及影响规律，需要建立有代表性的填埋场渗滤液渗漏场景，确定典型的填埋场设计、结构、运行、废物特性、水文气象和水文地质参数，在此基础上通过数学模型模拟计算，分析不同因素（参数）对渗滤液渗漏的环境风险的影响规律。

5.1 地表水入渗及其评估

对于地表水入渗进入土壤中的水量，可以采用 SCS 曲线数公式进行计算。关于 SCS 曲线数方法，详情可见美国国家工程手册（National Engineering Handbook，USDA，SCS，1985）的第四章。

选择该方法基于以下 4 个原因：

① 被广泛认可；

② 计算效率高；

③ 所要求输入的数据易得；

④ 它可以很方便地处理许多不同的土壤类型、土地利用情况和管理行为。

SCS 程序是从小流域大暴雨的降雨-径流数据发展而来的（USDA，SCS，1985），其基本公式如下：

$$I = P - Q \tag{5-1}$$

$$Q = \frac{(P - 0.2S)^2}{(P + 0.8S)} \tag{5-2}$$

式中　Q——地表径流量；

　　　P——降雨量；

　　　I——降雨初损；

　　　S——持蓄参数。

持蓄参数 S 可以利用下式计算得到：

$$S = 25.4\left(\frac{1000}{CN} - 10\right) \tag{5-3}$$

$$CN_{\mathrm{II}_0} = C_0 + C_1 IR + C_2 IR^2 \tag{5-4}$$

式中　　CN——径流曲线数，只要知道土壤类型、下垫面情况（根据填埋场设计方案给定）就可以通过美国国家工程手册查表得到，或者根据上述经验公式(5-4)计算；

CN_{II_0}——表面坡度适中时（未进行坡度修正）的 AMC-Ⅱ 曲线数，"0"表示地面坡度比较缓的情况；

C_0、C_1 和 C_2——指定生长水平的植被的回归常数，与植被类型有关，可由表 5-1 查得；

IR——对于指定土壤类型的入渗相关参数。

表 5-1　常数（C_0、C_1、C_2）的取值

植被覆盖类型	C_0	C_1	C_2
光秃地面	96.77	−20.80	−54.94
较差草地	93.51	−24.85	−71.92
较好草地	90.09	−23.73	−158.4
很好草地	86.72	−43.83	−151.2
极好草地	83.83	−26.91	−229.4

需要指出的是 CN 值还受降雨前期土壤的干旱程度、地表坡度等因素影响，而美国国家工程手册上给出的以及上述经验公式计算得到的 CN 值都是理想的干旱程度，且地表坡度较缓（$<5°$）条件下的取值。此时的 CN 值一般表达成 CN_{II_0}，其中Ⅱ表示降雨前期的干旱条件比较适中，对应的 CN_{II} 表示干旱较为严重，CN_{III} 表示土壤比较湿润；而"0"则表示地面坡度比较缓的情况。

实际情况下，当前期土壤比较干燥，地表坡度较大时，还需对 CN_{II_0} 值进行修正。下面说明 CN 值的计算过程。

① 首先根据土壤类型和植被覆盖情况，查表 5-2 或者根据经验公式计算得到干旱情况适中、地表坡度比较缓和情况下的缺省曲线数值 CN_{II_0}。

② 地表坡度较大，则根据下式修正计算得到一定坡度条件下的 CN_{II} 值：

$$CN_{\mathrm{II}} = 100 - (100 - CN_{\mathrm{II}_0})\left(\frac{L^{*2}}{S^*}\right)^{CN_{\mathrm{II}_0}^{-0.81}} \tag{5-5}$$

式中　　L^*——标准化无量纲长度，用实际坡长值 L 除以 500ft（$1\mathrm{ft} \approx 0.3048\mathrm{m}$，下同）得到；

S^*——标准化无量纲坡度，用实际坡度值 S 除以 0.04 得到。

③ 当土壤含水率较高或较低时，还需对上述 CN_{II} 值进行湿度校正，公式如下：

$$CN_{\mathrm{II}} = CN_{\mathrm{II}} - \frac{20 \times (100 - CN_{\mathrm{II}})}{\{100 - CN_{\mathrm{II}} + e^{[2.533 - 0.0636 \times (100 - CN_{\mathrm{II}})]}\}} \tag{5-6}$$

$$CN_{\mathrm{III}} = CN_{\mathrm{II}}\, e^{[2.533 - 0.0636 \times (100 - CN_{\mathrm{II}})]} \tag{5-7}$$

表 5-2　SCS 土壤水文组及相应指标

土壤水文组	最小下渗率/(mm/h)	土壤质地
A	≥7.26	砂土、壤质砂土、砂质壤土
B	3.81～7.26	壤土、粉砂壤土
C	1.27～3.81	砂黏壤土
D	0～1.27	黏壤土、粉砂黏壤土、砂黏土、粉砂秸土、秸土

5.2　堆体入渗和渗滤液渗漏及其评估

地表下渗的水分需要穿透堆体顶部的雨水防渗系统进入堆体内部，这个过程称为堆体入渗过程。进入堆体内部的水分在重力作用下继续下渗，下渗过程中水分与废物相互接触，在各种物理、化学及生物作用下形成有毒有害的渗滤液，这个过程称为淋溶过程。渗滤液垂直下渗至渗滤液导排和收集系统后，一部分通过侧向导排作用被收集进入渗滤液调节池；一部分通过防渗系统上的漏洞或者防渗膜上的微小间隙渗漏到环境介质中，这个过程叫渗滤液渗漏。在危险废物填埋场中，雨水防渗系统和渗滤液防渗系统的结构相似，主要防渗单元——HDPE 膜相同，因此渗滤液渗漏过程和雨水下渗过程的计算也可以采用相同的方法。

5.2.1　防渗系统的结构

危险废物填埋场的防渗系统包括雨水防渗系统和渗滤液防渗系统。雨水防渗系统覆盖在填埋物上方，其主要作用是防止地表水入渗进入堆体内部，以控制渗滤液的产生量。渗滤液防渗系统下伏在填埋废物下方，渗滤液防渗系统和填埋废物之间通常设置有渗滤液导排和收集系统，其主要目的是防止渗滤液的渗漏。不论是从结构还是防渗系统材料上看，雨水防渗系统和渗滤液防渗系统均极为相似，但通常而言，渗滤液防渗系统的防渗要求更高，因此渗滤液防渗系统通常选择具有更高防渗性能的结构和材料。例如，雨水防渗系统通常采用单人工衬层的防渗系统设计，而渗滤液防渗系统则常采用双人工衬层或者复合人工衬层的设计。在防渗材料选择上，雨水防渗系统通常选择厚度为 1mm 或 1.5mm 的 HDPE 膜，而渗滤液防渗系统则采用 1.5mm 或 2.0mm 的 HDPE 膜作为主要防渗单元。

常见的防渗系统结构如图 5-1 所示。

根据防渗材料的不同，防渗系统可以分为黏土衬垫和土工膜衬垫。根据防渗要求的不同，黏土衬垫和土工膜衬垫又可以相互组合叠加使用形成具有更高防渗能力的复合衬垫。如黏土衬垫可以和土工膜衬垫组合形成复合人工衬垫，土工膜衬垫可以和土工膜衬

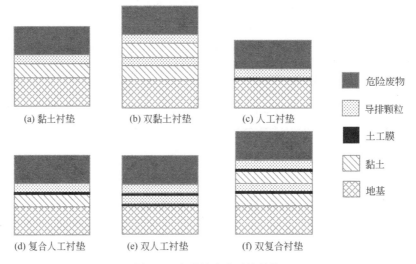

(a) 黏土衬垫　　　(b) 双黏土衬垫　　　(c) 人工衬垫

(d) 复合人工衬垫　　(e) 双人工衬垫　　(f) 双复合衬垫

危险废物

导排颗粒

土工膜

黏土

地基

图 5-1　常见的防渗系统结构

垫组合形成双人工衬垫等，见图 5-1(e)。在复合人工衬垫系统中，当土工膜完整无破损时，能显著降低渗滤液的渗漏量。而低渗透性的黏土衬垫则可以增加渗滤液的穿透时间同时保证物理强度。同时通过与土工膜组合，黏土衬垫可以有效减少通过土工膜漏洞的渗漏量。在某种程度上，复合衬垫的这两个组件可以起到功能上互补的效果，另外这两者的物理和化学特性（特别是持久性特性）也起到相互补充的作用。

在不同防渗材料情形下，水分通过防渗层的机理不同，其计算方式也有所差异。黏土衬垫为多孔介质，因此其中的水分运动以多孔介质渗流为主，通常采用 Darcy 定律进行计算。而土工膜通常为高分子材料，在土工膜完整的情况下，水分通常以蒸汽扩散的形式穿透土工膜。另外，在土工膜存在破损的情况下，水分还会通过防渗层上的漏洞发生渗漏。下面分别对黏土衬垫和土工膜衬垫情况下的水分渗漏进行分析和讨论。复合人工衬垫和双人工衬垫系统可以看作黏土衬垫和土工膜衬垫的组合，计算方式与此类似。

5.2.2　通过黏土衬垫的渗透

渗滤液穿过黏土衬垫的渗透速率取决于作用在土壤衬垫上的竖向水力梯度。竖向水力梯度通过下式计算：

$$\Delta h = \frac{h}{T} \tag{5-8}$$

式中　Δh——竖向水力梯度，无量纲；

　　　h——黏土衬垫上方相邻饱和区的厚度，m；

　　　T——黏土衬垫的厚度，m。

5.2.3　膜上饱和液位计算

防渗层上方，即导排层中渗滤液的运动及饱和水头的分布可以概括如图 5-2 所示。

导排层一般由卵石或碎石等颗粒物质组成，可以看出孔隙介质、其水流运动和水头分布可以利用描述孔隙介质渗流理论的 Darcy 定律（达西定律）进行描述。图 5-2 中：R 为竖向补给量；k_w 为垃圾层的渗透系数；D 和 D_{max} 分别表示填埋场土工膜上任意位置的渗滤液水头和最大渗滤液水头；k 和 k_0 分别表示导排介质任意时刻的渗透系数和初始渗透系数；L 为最大水平排水距离；D_L 表示导排管直径；P 表示渗滤液通过土工膜的渗漏量；x 和 y 分别表示坐标轴，x' 和 y' 分别表示经过坐标变换后的坐标轴。

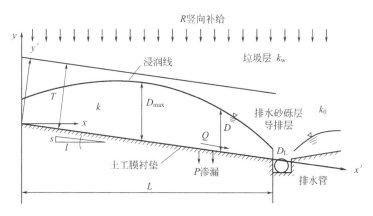

图 5-2　防渗膜上方的水流示意

导排层中的水流为非承压水流，而孔隙介质中非承压条件下的水头计算常采用布辛尼斯克（Boussinesq）公式（Darcy 定律和连续性方程耦合得到），并基于裘布衣-福希海默（Dupuit-Forcheimer，D-F）假设进行计算。D-F 假设认为，对于浅坡上的重力流，水流平行于衬垫且其大小与水面坡度成比例而与水流深度无关（Forcheimer，1930）。这种假设意味着由于水流垂向（垂直于衬垫）流动造成的水头损失可以忽略。这种假设对于导排层而言是合理的，因为导排层有着较高的水力传导系数和较小的水流深度，尤其是水流深度远远小于渗流途径长度。

布辛尼斯克（Boussinesq）公式可以表述如下：

$$f\frac{\partial h}{\partial t}=K_D\frac{\partial}{\partial l}\left[(h-l\sin\alpha)\frac{\partial h}{\partial l}\right]+R \tag{5-9}$$

式中　f——排水孔隙度（有效孔隙度，孔隙度减去田间持水率），无量纲；

　　　h——衬垫上潜水表面高程，cm；

　　　t——时间，s；

　　　K_D——导排层的饱和水力传导系数，cm/s；

　　　l——渗流途径长度，cm；

　　　α——衬垫表面的坡度角，(°)；

　　　R——净补给量（入渗减去渗漏量），cm/s。

其中，位于衬垫上方的饱和区可能由几个分区组成，因此饱和水力传导系数 K_D 实际上是对几个分区求权重后而得到的。具体公式如下：

$$K_D=\frac{\sum_{j=n}^{m}K_s(j)d(j)}{y} \tag{5-10}$$

$$y = \sum_{j=n}^{m} d(j)$$

式中 $K_s(j)$——分区 j 的饱和水力传导系数，cm/s；

$d(j)$——分区 j 中饱和土壤的厚度，cm；

m——层中最低的非饱和区的编号；

n——层中与衬垫接触的分区的编号；

y——饱和区的液位深度（$y = h - x\tan\alpha$），cm；

x——导排途径的投影长度，cm。

侧向导排子模型假定对于稳定流而言，侧向导排速率和平均饱和深度的关系总体上近似于瞬变流情形。对于稳定流，侧向导排速率等于净补给速率。

$$\frac{\partial h}{\partial t} = 0 \tag{5-11}$$

$$\frac{\mathrm{d}Q_d}{\mathrm{d}x} = R$$

$$Q_{D_0} = RL$$

$$q_D = \frac{Q_{D_0}}{L}$$

式中 Q_d——任意 x 位置处，单位宽度的侧向排水量，cm²/s；

Q_{D_0}——导排层进入收集管的流量（即 $x = 0$ 处，等于单位长度收集管中的水流流量），cm²/s；

L——衬垫系统表面水平投影的长度（最大渗流途径），cm；

q_D——单位面积的侧向排水量，cm/s。

对于上述方程，其上边界可认为水头为零；在导排管正常导排情况下下边界可视为自由出流，其下边界条件可视为存在一个单位水力梯度，因此上述控制方程的边界条件可表示如下：

$$h\big|_{l=0} = 0 \tag{5-12}$$

$$\frac{\mathrm{d}h}{\mathrm{d}l}\bigg|_{l=L} = 1 \tag{5-13}$$

上式可用数值法求解，但是考虑到利用同时使用数值解法和 Monte Carlo 算法可能大大增加模型计算量，因此本章中拟采用解析解对其求解。Giroud（1985）推导了上述方程的解析解表达式，并给出了导排层上的最大水头的表达式为：

$$H_{\max} = \frac{\sqrt{1+4\lambda} - 1}{2\cos\beta} L\tan\beta \tag{5-14}$$

式中 λ——特征参数，表征了渗滤液供给和导排特征；

β——导排支管的坡度；

其余符号意义同前。

需要指出的是上式为方程的近似解，它与数值解的误差<13%，通过乘以修正系数 j，可将误差减小至 1% 以内（Giroud，2000），修正系数 j 的计算公式如下：

$$j = 1 - 0.12 \, \mathrm{e}^{-\left(\lg\frac{8\lambda^{5/8}}{5}\right)^2}$$ (5-15)

需要指出，上文中进行渗漏量计算时所需要的水头是该漏洞上方的饱和水头高度，而不是上式计算得到的最大水头。这样就需要知道漏洞的空间位置分布，显然对于拟建的填埋场，其漏洞的空间分布是不可能知道的。即使对于现有填埋场，确定其漏洞的空间分布也非常困难。对现有填埋场的饱和液位线调查表明，其内部的实际饱和水头高度在 $H_{\max}$ 和 $0.3H_{\max}$ 之间，因此在模型计算时，膜上水头用均匀分布（$H_{\max}$·$0.3H_{\max}$）表示，并以之计算渗漏量以表征其漏洞上方饱和水头分布的不确定性的影响。

5.2.4 完整土工膜的渗漏量计算

完整的土工膜是指土工膜上没有任何缺陷（包括土工膜生产过程造成的原生漏洞和施工过程造成的安装漏洞）的土工膜。因为土工聚合物分子链之间的间隙极其微小，因此通过完整土工膜的渗漏只可能是在蒸汽压或水头差作用下的分子水平的渗漏。因此液体通过完整土工膜的迁移主要是受通过土工膜的水汽迁移速率控制的。另外，考虑到控制层——膜下介质层的水力传导系数通常远远大于土工膜的渗透性，因此一般认为控制层不影响渗滤液通过完整土工膜的渗漏。

通过联立 Fick 和 Darcy 定律就可以得到土工膜的水蒸气扩散系数（根据水蒸气扩散实验确定）以及土工膜等效水力传导率之间的关系。之所以采用等效水力传导系数这个提法，因为考虑到用于描述多孔介质中水分运移的 Darcy 定律并不能真实描述水分子在完整土工膜内部的迁移规律。将水蒸气扩散系数和等效土工膜水力传导率的关系公式代入 Fick 定律中就可以得到水分通过完整土工膜的公式如下：

Fick 定律 $\qquad \mathrm{WVT} = \mathrm{diffusivity} \cdot \Delta p = \dfrac{\mathrm{permeability} \cdot \Delta p}{T_g}$ (5-16)

Darcy 定律 $\qquad q_p = \dfrac{\mathrm{WVT}}{\rho} = K_g \dfrac{\Delta h}{T_g}$ (5-17)

式中　WVT——水汽传导率，$\mathrm{g/(cm^2 \cdot s)}$；

$\quad \Delta p$——蒸汽压力差，$\mathrm{mmHg}(1\mathrm{mmHg}=133.3224\mathrm{Pa})$；

$\quad T_g$——土工膜厚度，cm；

$\quad q_p$——通过完整土工膜的渗漏速率，cm/s；

$\quad \rho$——水的密度，$\mathrm{g/cm^3}$；

$\quad K_g$——土工膜的等效饱和水力传导系数，cm/s；

$\quad \Delta h$——水头差，$\mathrm{cmH_2O}(1\mathrm{cmH_2O}=98.0665\mathrm{Pa})$；

permeability——渗透率；

diffusivity——扩散率。

将 Δp 以水头的形式表达成 ΔH，那么扩散系数和水力传导系数（渗透系数）间的关系可以表述如下：

$$K_g = \frac{\text{diffusivity} \cdot T_g}{\rho} \qquad (5\text{-}18)$$

上述方程可以用于描述水力压头或者蒸汽压头作用下，水通过土工膜的迁移行为。典型土工材料的扩散系数和等效渗透系数如表 5-3 所列，其中给出了各种常见聚合土工材料的等效水力传导系数的缺省值。有了等效水力传导系数，渗滤液通过完整土工膜的渗漏量就可以用下式计算：

$$q_p(k) = \begin{cases} 0 & h_g(k) = 0 \\ K_g \dfrac{h_g(k) + T_g(k)}{T_g(k)} & h_g(k) > 0 \end{cases} \qquad (5\text{-}19)$$

式中　$k=1$ 或 2——雨水防渗系统中的土工膜和渗滤液防渗系统中的土工膜；

$\quad q_p(k)$——水分以蒸汽扩散形式通过第 k 层土工膜的渗漏速率，cm/d；

$\quad K_g$——第 k 层土工膜的等效饱和水力传导系数，cm/d；

$\quad h_g(k)$——土工膜上的平均水头，cm；

$\quad T_g(k)$——土工膜的厚度，cm。

表 5-3　典型土工材料的扩散系数和等效渗透系数

土工膜	扩散系数/(cm/s²)	等效渗透系数/(cm/s)
丁基橡胶	2×10^{-11}	1×10^{-12}
聚氯乙烯(CPE)	6×10^{-11}	4×10^{-12}
氯磺化聚乙烯(CSPE)或氯磺化聚乙烯橡胶	5×10^{-11}	3×10^{-12}
氯醇橡胶(CO)	3×10^{-9}	2×10^{-10}
弹性聚烯烃	1×10^{-11}	8×10^{-13}
三元乙丙橡胶(EPDM)	2×10^{-11}	2×10^{-12}
氯丁(二烯)橡胶	4×10^{-11}	3×10^{-12}
丁腈橡胶	5×10^{-10}	3×10^{-11}
聚丁烯	7×10^{-12}	5×10^{-13}
聚酯弹性体	2×10^{-10}	2×10^{-11}
低密度聚乙烯(LDPE)	5×10^{-12}	4×10^{-13}
高密度聚乙烯(HDPE)	3×10^{-12}	2×10^{-13}
聚氯乙烯(PVC)	2×10^{-10}	2×10^{-11}
保鲜膜	9×10^{-13}	6×10^{-14}

5.2.5　通过土工膜上漏洞的渗漏

HDPE 膜上的水分通过渗透和渗漏两种形式入渗到堆体内部。

① 渗透是指水分子在蒸汽压作用下，以分子形式穿透土工聚合物分子链之间的间隙进入堆体内部。

② 渗漏是指渗滤液在水力梯度作用下，穿过土工膜上的漏洞进入堆体内部。

因此，水分通过 HDPE 膜的总量可以通过下式计算：

$$q = q_h + q_p \tag{5-20}$$

式中　q——水分通过土工膜的总渗漏速率，cm/d；

　　　q_h——通过 HDPE 膜上漏洞的渗漏；

　　　q_p——通过完整 HDPE 膜部分的分子水平的渗漏。

5.2.6　影响渗漏的主要因素

5.2.6.1　土工膜和膜下介质（膜上介质）的接触情况

水分穿过土工膜漏洞后，会在土工膜和其下伏水流控制层之间的间隙发生侧向流动，除非土工膜和控制层之间接触完美或者控制层渗透系数极大，这就是界面流。实际计算过程中，通常假设土工膜和其控制层之间的间隙（若有）是均匀的，间隙越大，水分通过漏洞的渗漏速率越大。间隙的尺寸大小取决于多个因素，包括控制层表面的平整情况、控制层土壤颗粒的尺寸、土工膜的皱纹和刚度情况以及膜上压力的大小。根据膜和膜下介质接触的紧密情况，将其分为完美、极好、好、坏和最糟（自由出流）5类。另外，现场调查表明土工膜作为一种缓冲材料越来越多地用于填埋场防渗系统中，因此还需考虑了土工膜和膜下低渗透性控制层之间被土工布隔开的情形。在存在漏洞情形下，渗漏量与土工布（或者膜和膜下介质的间隙）的水力传导系数有关。界面流在膜和膜下介质的间隙会占据一定的面积，这块面积通常被称为湿周。由于模型假定漏洞的形状为圆形且界面流为辐射流，所以湿周的形状也是圆形的 Giroud 和 Bonaparte（1989）、Bonaparte（1989）和 Giroud（1992）等[1-3]研究了土工膜和膜下介质不同接触情况下的渗漏过程，并且针对这些情况提出了相应的经验公式和理论公式计算渗漏速率和界面流的湿周半径。这些研究表明渗漏量和湿周面积取决于衬垫系统上的水头高度、控制层和土工布的厚度及其渗透系数、漏洞的大小以及膜和膜下介质的接触情况（间隙大小）。

5.2.6.2　控制层介质渗透性

所谓控制层是指膜上或膜下介质层中控制水分（通过漏洞）渗漏的一层，当膜上介质渗透系数较低且和土工膜接触较好时，控制层则为膜上的介质层；反之则膜下介质层为控制层。控制层的渗透系数直接影响水分通过漏洞的渗漏量，一般根据控制层的渗透系数大小将其划分为高渗透性、低渗透性或者中等渗透性介质：高渗透性是指介质的饱和渗透系数 $>1 \times 10^{-1}$ cm/s；中渗透性是指介质的渗透系数在 $1 \times 10^{-4} \sim 1 \times 10^{-1}$ cm/s 之间；低渗透性则是指渗透系数 $<1 \times 10^{-4}$ cm/s 的介质。如上文所述，土工膜是一种法向渗透系数很小的土工合成材料，而土工布则是一种具有较高的法向渗透系数和面内渗透系数的土工合成材料。土工织物能有效减小垃圾或者土壤对土工膜的损伤。土工布

的面内渗透系数被用来计算"土工膜-土工织物-控制层"衬垫结构中通过漏洞的渗漏量及界面流的湿周。

5.2.6.3 漏洞大小

即使是最科学、最严谨的设计和安装方式，也不能绝对保证填埋场中的防渗膜没有任何破损。土工膜上漏洞大小的尺寸从针眼大小（一般是制造过程造成的，如土工膜聚合时的缺陷）到大裂缝（一般由土工膜安装过程中的焊接、摩擦、撕裂等造成）不等。Giroud 和 Bonaparte（1989）将针眼类型的破损定义为尺寸小于土工膜厚度的破损。由于作为衬垫的土工膜其厚度一般在 1.0mm（或稍大）左右，因此本书中将针眼漏洞的直径定义为 1.0mm。针眼大小的漏洞一般为原生漏洞，且成因相对简单，多是由制作工艺的原因造成。随着当前的制作和聚合工艺的提高，针眼漏洞已经变得越来越少。相应的，本书认为尺寸大于或等于土工膜厚度的漏洞为安装漏洞。当漏洞为针眼漏洞时，水分通过漏洞的渗漏类似于水流在管道中的运动；而当漏洞为安装漏洞时，水分漏洞的渗漏类似于孔口自由出流。

由于老化或者其他外界因素的影响，如化学物质、氧化、微生物、气温、高辐射和机械作用（地基问题或者边坡滑坡等），土工膜的防渗性能可能会发生衰减，等效渗透系数随时间而增大，漏洞大小和面积也随之增加。尽管上述这些因素会导致土工膜漏洞的数量增多或者增大现有漏洞的尺寸，但土工膜的老化通常在 200 年以后才逐渐开始，因此本书中暂不考虑土工膜老化对渗漏的影响。

5.2.7 膜和膜下介质接触最差时（自由出流）的渗漏

当土工膜上方和下方的介质具有极高渗透性的时候，如当膜上和膜下介质皆为空气、渗透性很大的土壤或者垃圾层时，水分通过土工膜上漏洞的渗漏类似于自由出流情形。但是若土工膜上方介质中的饱和水位极低，周围高渗透性介质层的表面张力会抑制自由出流。另外渗滤液携带的微小粒子（悬浮颗粒、絮状物、生物质等）会随着时间堵塞高渗透性介质，大大降低其渗透性，从而防止自由出流的出现。自由出流出现的假设是无论何时膜上和膜下的介质都具有很高的渗透性。

5.2.7.1 针眼漏洞（非安装漏洞）

Giroud 和 Bonaparte（1989）通过实验和理论分析得出如下结论：自由出流情形下，渗滤液通过膜上针眼漏洞的过程与水流在管道中的流动过程类似，因此可以用描述管流运动的 Poiseuille 方程来近似描述自由出流时渗滤液通过针眼漏洞的速率。基本方程如下：

$$q_{L_2}(k) = \frac{86400\pi n_2(k)\rho_{15}gh_g(k)_i d_2^4}{4046.9 \times 128\eta_{15}T_g(k)} \tag{5-21}$$

$$q_{L_2}(k) = \frac{4.51 \times 10^{-6} n_2(k)h_g(k)_i}{T_g(k)} \tag{5-22}$$

式中 $q_{L_2}(k)$——通过第 k 层土工膜上的针眼漏洞的水分渗漏速率，m/d；

    86400——单位转换，86400s/d；

    $n_2(k)$——第 k 层的针眼漏洞密度，个/hm²；

    ρ_{15}——水在15℃时的密度；

    g——重力加速度，9.8m/s²；

    d_2——针眼漏洞的直径，m，取值0.001m；

    4046.9——单位转换，m²/hm²；

    η_{15}——水在15℃时的动力黏滞系数，kg/(m·s)，取0.00114kg/(m·s)；

    $T_g(k)$——第 k 层土工膜的厚度，m；

    $h_g(k)_i$——土工膜上渗滤液中污染物 i 的平均水头，cm；

    4.51×10^{-6}——常数。

5.2.7.2　安装漏洞

对于安装破损，Giroud 和 Bonaparte(1989)通过实验和理论分析得出如下结论：自由出流情形下，渗滤液通过膜上安装漏洞的过程与孔口出流的过程类似，因此可以用描述孔口出流的 Bernoulli 方程来近似描述该情形下的渗漏速率。

基本方程如下：

$$q_{L_3}(k)=\frac{86400C_Bn_3(k)\times a_3\sqrt{2gh_g(k)}}{4046.9} \tag{5-23}$$

$$q_{L_3}(k)=0.00567n_3(k)\sqrt{h_g(k)} \tag{5-24}$$

式中 $q_{L_3}(k)$——通过第 k 层土工膜上安装漏洞的渗漏速率，m/d；

    C_B——水流通过边缘尖锐的管嘴的水头损失系数，取值0.6；

    $n_3(k)$——第 k 层土工膜上的安装漏洞密度，个/hm²；

    a_3——针眼漏洞的直径，m，取值0.001m；

    4046.9——安装漏洞的缺省面积，m²，取值0.0001m²；

    $h_g(k)$——第 i 个时间步长，第 k 层中土工膜衬垫上的平均水头，m；

    0.00567——常数，$m^{0.5}hm^2/d$。

5.2.7.3　膜和膜下介质接触完美时的渗漏

接触完美是指土工膜衬垫和控制层土壤（废物层）之间没有间隙。接触完美的情况在实际工程中比较少见，但是在土工膜直接喷涂在紧密压实、颗粒分选良好且平整的土壤层上可以达到。或者，如果土工膜和控制层采用一体化制造工艺，也能满足完美接触的要求。直接喷洒的工艺比较复杂，限制了这种方法的推广。当两者接触完美时，渗滤液通过漏洞后只能竖向流入膜下控制层介质中，辐射流完全消失。但是，控制层下方的土层中依然可能同时出现辐射流和竖向流。

假设水流流入控制层时，只流经漏洞正下方的介质层区域，那么在膜和控制层介质接触完美情形下，水分通过漏洞的渗漏速率的下限值可以利用 Darcy 定律计算。其上限值可以通过假定控制层存在辐射流，并对 Darcy 定律在球面坐标系内积分得到。具体的公式如下：

$$q_h = \frac{\pi K_s h_g d_o}{1 - \dfrac{0.5 d_o}{T_s}}\qquad (5\text{-}25)$$

式中 q_h——渗滤液通过针眼漏洞和安装漏洞的渗漏流量，m^3/s；

K_s——控制层介质的饱和渗透系数，m/s；

h_g——土工膜上饱和液位线高度，m；

d_o——土工膜上漏洞的直径，m；

T_s——控制层的厚度，m。

将针眼漏洞直径的缺省值（1mm）代入上式中，同时考虑到针眼漏洞的密度、单位转换因子，并假定 d_o/T_s 约等于 0，则在膜和膜下介质接触完美情况下，通过针眼漏洞的渗漏速率可以表示如下：

$$q_{L_2}(k) = \frac{\pi n_2(k) K_s(k) h_g(k) \times 0.001}{6272640}\qquad (5\text{-}26)$$

式中 $q_{L_2}(k)$——通过第 k 层土工膜上针眼漏洞的渗漏速率，m/d；

$n_2(k)$——第 k 层土工膜上针眼漏洞密度，个/hm^2；

$K_s(k)$——第 k 层底部黏土层饱和渗透系数，m/d；

$h_g(k)$——第 k 层中土工膜衬垫上的平均水头，m；

0.001——针眼漏洞的直径，m；

6272640——单位转换，m^2/hm^2。

如前所述，假定安装漏洞的面积为 $1cm^2$，则等效的直径为 $1.13cm$。考虑到安装漏洞的密度、单位转换因子，同时假定 d_o/T_s 约等于 0，则在膜和膜下介质接触完美情况下，通过安装漏洞的渗漏速率可以表示如下：

$$q_{L_3}(k)_i = \frac{\pi n_3(k) K_s(k) h_g(k)_i d}{6272640 \left[1 - \dfrac{0.5 \times 0.445}{T_s(k)}\right]}\qquad (5\text{-}27)$$

式中 $q_{L_3}(k)_i$——第 i 个时间步长，通过安装漏洞的第 k 层渗漏速率，m/d；

$n_3(k)$——第 k 层的安装漏洞密度，个/hm^2；

$T_s(k)$——第 k 层底部控制层的厚度，m。

5.2.7.4 界面流（Interfacial Flow）时的渗漏

土工膜衬垫安装施工过程中的一些因素可能会导致安装好的土工膜和下伏控制层之间出现间隙或分界面。即使在土工膜衬垫上施以一个很大的压力，但由于安装过程中造成的土工膜褶皱、膜下介质层的不平整以及大颗粒的泥块和石子的存在，土工膜也很难完全填充入控制层细颗粒的空隙之间形成紧密无隙的接触。但是交界面或者间隙的厚度仍然直接取决于施加在土工膜衬垫上的有效压力。穿过土工膜的渗漏量由两部分组成：一部分是间隙间的辐射流；另一部分是竖直向下穿透控制层的垂直流（见图 5-3）。上述是控制层在土工膜下方的情形。反之亦然，当控制层安装在土工膜上方时，类似的水流也会出现（见图 5-4）。控制层介质的侵蚀和固结会使得两者之间的间隙随着时间而

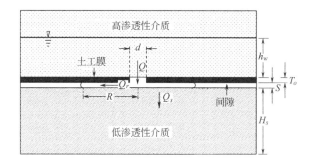

图 5-3　界面流在破损土工布下方时的渗漏流速

d—漏洞直径；R—湿周半径；Q_s—渗滤液渗漏强度；Q_r—辐射流流量；Q—渗滤液补给包气带强度，

$Q=Q_r=Q_s$；h_w—土工膜上的饱和液位高度；S—土工膜（HDPE 膜）与黏土衬垫

之间的孔隙厚度；H_s—黏土衬垫的厚度；T_o—土工膜/HDPE 膜的厚度

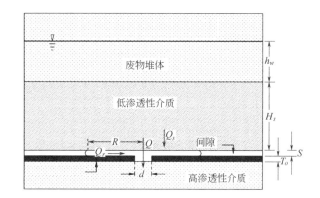

图 5-4　界面流在破损土工布上方时的渗漏流速

增大，但是在 Help 模型中一般不考虑这种情况。

在漏洞附近，作用在土工膜衬垫上的水头压力是非均匀分布的：在漏洞处水头值最大，距离漏洞越远水头值越小，在湿周（Wetted Area）的边界上水头值变为 0。在水流通过间隙（或界面）和控制层的时候，渗滤液水头（对于完整土工膜而言，则是总水头）完全消耗了。模型假定渗滤液穿过漏洞后会一直径向流动直到水头耗尽，径向流动的距离就是湿周的半径。

Giroud 和 Bonaparte（1989）指出界面流主要取决于占据间隙空间的空气或土工布的导水系数（厚度）、土工膜上的水力压头、控制层的水力传导系数和土工膜上漏洞的尺寸大小 4 个因素。通过控制层的竖向流流量则主要取决于控制层的水力传导系数、湿周上不同位置处的水力梯度和湿周面积。Giroud 和 Bonaparte（1989）以及 Giroud et al.（1992）借鉴描述孔隙介质中水流运动的 Darcy 定律，综合考虑辐射流和界面流的存在，发展了用于计算通过土工膜上漏洞的渗漏流量的公式，再对该公式进行流量-流速的换算及温度修正后，得到下述公式：

$$q_h = K_s i_{\mathrm{avg}} n \pi R^2 \left(\frac{\eta_{20}}{\eta_{15}} \right) \tag{5-28}$$

式中 q_h——通过土工膜上漏洞的界面流渗漏速率，m/s；

K_s——控制层介质的饱和水力传导系数，m/s；

i_{avg}——控制层湿周上的平均水力梯度，无量纲；

n——漏洞密度，个/hm²；

R——湿周的半径，m；

η_{20}——20℃时水的绝对黏度，kg/(m·s)，取值 0.00100kg/(m·s)；

η_{15}——15℃时水的绝对黏度，kg/(m·s)，取值 0.00114kg/(m·s)。

Giroud et al.（1992）提出了下述方程用以描述作用在土工膜上的平均水力梯度 i_{avg}（对该方程的具体描述参见后文段落）：

$$i_{avg} = 1 + \left[\frac{h_g}{2T_s \ln\left(\frac{R}{r_o}\right)}\right] \tag{5-29}$$

式中 h_g——作用在土工膜上的总水头，m；

T_s——控制层的厚度，m；

r_o——土工膜上漏洞的尺寸，m；

其余符号意义同前。

不同衬垫接触情况和衬垫设计情况下，湿周半径的计算方法如下所述：

应用 Giroud 等的方程，考虑漏洞尺寸等因素，将式（5-28）和式（5-29）转化成下述方程：

$$q_{L_{2,3}}(k)_i = \left(\frac{0.00100}{0.00114}\right)\left[\frac{K_s(k)i_{avg2,3}(k)n_{2,3}(k)\pi R_{2,3}(k)_i^2}{583118.9}\right] \tag{5-30}$$

$$i_{avg2,3}(k)_i = 1 + \left[\frac{h_g(k)_i}{2T_s(k)\ln\left(\frac{R_{2,3}(k)_i}{r_{o_{2,3}}}\right)}\right] \tag{5-31}$$

式中 $q_{L_{2,3}}(k)_i$——当存在界面流时，在第 k 层、第 i 个时间步长渗滤液通过针眼漏洞（2）或安装漏洞（3）的渗漏流速，m/d；

$K_s(k)$——第 k 层中控制层的饱和水力传导系数，m/d；

$i_{avg2,3}(k)_i$——第 k 层中控制层上湿周区域的平均水力梯度，其中 2 代表针眼漏洞，3 代表安装漏洞，无量纲；

$n_{2,3}(k)$——第 k 层中土工膜上的针眼漏洞（2）或安装漏洞（3）密度，个/hm²；

$R_{2,3}(k)_i$——第 k 层、第 i 个时间步长，针眼漏洞（2）或安装漏洞（3）周围湿周的半径，m；

583118.9——单位换算，m²/hm²；

$r_{o_{2,3}}$——漏洞半径，m；

$h_g(k)_i$——第 i 个时间步长，作用在第 k 层土工膜上的平均水头，m；

$T_s(k)$——第 k 层底部控制层的厚度，m。

（1）土工布界面

Giroud 和 Bonaparte（1989）假定竖向流在一个单位水力梯度的作用下通过膜下控

制层，同时将质量守恒原则应用到通过土工膜的辐射流和竖向流计算，最后得到下述用于计算湿周半径的方程：

$$R = \left\{ \frac{4h_g\theta_{int}}{K_s\left[2\ln\left(\dfrac{R}{r_o}\right) + \left(\dfrac{r_o}{R}\right)^2\right] - 1} \right\}^{1/2} \tag{5-32}$$

式中　θ_{int}——土工布或者间隙的导水系数，m^2/s；

其余符号意义同前。

然而，一个单位水力梯度的假设意味着土工膜上饱和层的厚度远远小于控制层的厚度。这是利用 Giroud 和 Bonaparte（1989）方法计算土工膜衬垫渗漏量的一个不足。但是，Giroud et al.（1992）利用方程式(5-32)的简化和保守形式——流过两层的水的质量守恒，并对结果方程进行积分后得到一个形式上与 Darcy 定律（$Q=Kia$）类似的方程式。结果方程式中的水力梯度项被识别为土工膜上的平均水力梯度，并可以通过式(5-31)计算得到。

方程式(5-34)可以通过迭代法求解，首先将 $h_g + r_o$ 作为初始估计值，然后将计算得到的 R 值代到方程右端，直到其收敛为止。方程式(5-30)同样存在着局限性：安装后的土工膜和膜下控制层之间的间隙厚度很难确定，对于多层设计而言尤其如此。但是 Giroud 和 Bonaparte（1989）给出了在不同压力作用下的土工布导水系数值。因此，Help 模型仅使用方程式(5-32)来评价土工膜下安装有土工布时，渗滤液通过漏洞的渗漏速率。值得注意的是方程式(5-32)有一个基本假设，即土工膜和膜下控制层之间的间隙完全被土工布填充。对于其他类型的衬垫设计情况，Giroud 和 Bonaparte（1989）、Bonaparte（1989）以及 Giroud（1992）等利用室内实验和野外观测数据，并基于机理公式推导了相应的半经验和经验公式，用于计算膜和膜下介质不同接触情景下（极好、好、坏）的湿周半径。

1）针眼漏洞

在方程式(5-32)基础上，Help 模型给出了膜和膜下控制层之间存在土工布时湿周半径的计算方法，如式(5-33)所列。该式可计算任意时间步长 i、任意层 k 中的湿周半径。得到湿周半径后，就可以将其代入方程式(5-31)中计算平均水力梯度。然后，将平均水力梯度值和湿周半径值代入方程式(5-30)中计算针眼漏洞的渗漏速率。

$$R_2(k)_i = \left[\frac{4h_g(k)_i\theta_{int}(k)}{K_s(k)\left\{\left(2\ln\left[\dfrac{R_2(k)_i}{0.02}\right] + \left[\dfrac{0.02}{R_2(k)_i}\right]^2\right) - 1\right\}} \right]^{1/2} \tag{5-33}$$

式中　$\theta_{int}(k)$——第 k 层中土工布的面内导水系数，$in^2/d(1in=0.0254m)$。

2）安装漏洞

与针眼漏洞的计算方式类似，方程式(5-32)中代入相应的安装漏洞参数后，也可用于计算膜和膜下介质间存在土工布时，其界面流湿周半径的计算：

$$R_3(k)_i = \left[\frac{4h_g(k)_i\theta_{int}(k)}{K_s(k)\left\{\left(2\ln\left[\dfrac{R_3(k)_i}{0.22}\right] + \left[\dfrac{0.22}{R_2(k)_i}\right]^2\right) - 1\right\}} \right]^{1/2} \tag{5-34}$$

由式(5-34)计算得到湿周半径后，可以将其代入式(5-31)中计算平均水力梯度。

最后将平均水力梯度和湿周半径代入式(5-30)中计算膜和膜下介质间存在土工布时，渗滤液通过针眼漏洞的渗漏流速。

（2）膜和膜下介质接触极好时的渗漏流速计算

如下 3 种情况下，膜和膜下介质的接触都可以达到"极好"的程度：

① 控制层介质为中渗透性材料，且无黏性，因而能很密切地贴附在土工膜上，形成极好的接触情况；

② 低渗透性的控制层材料、极为平整的控制层表面以及杰出的土工膜安装工艺，这些条件通常只有在实验室条件下通过精细控制才能达到；

③ 利用复合黏土衬垫（GCL）附着在土工膜下，以提供一个良好的地基条件。

GCL 材料吸湿后会发生膨胀，填满土工膜和膜下控制层之间的孔隙，保证极好的基础情况。

1）中等渗透性的控制层材料

Giroud 和 Bonaparte（1989）指出如果土工膜衬垫的上方安装有中等渗透性（渗透系数在 $1\times10^{-4}\sim1\times10^{-1}$ cm/s 之间）的黏土作为控制层，那么流向土工膜漏洞的水流会被中渗透性介质层阻挡，因而这种情况下的渗漏流速会远远小于自由出流情况下的渗漏流速。与此类似，当具有中等渗透性材料的黏土或垃圾作为控制层铺设在土工膜下方时，通过漏洞的水流同样会被阻止，从而达到大大减少渗漏量的目的。在 Help 模型中，我们假设只要是中渗透性材料作为膜上（或膜下）控制层，则膜和膜下介质的接触情况被认为是极好的。但即使是在接触极好的情形下，依然会有一定程度的渗滤液进入膜和膜下中渗透性介质的间隙之间。Bonaparte（1989）通过对土工膜和中渗透性控制层间界面流的理论分析，发展了几种经验方法：分别取完美接触情形和自由出流情形下渗漏流速的对数，并将其平均，从而得到计算衬垫系为"高渗透性介质—土工膜—中渗透性介质"情形下湿周半径的方程式(5-35)。

$$R=0.97a_o^{0.38}h_g^{0.38}K_s^{-0.25} \tag{5-35}$$

式中 R——土工膜漏洞周围界面流流动区域的半径，m；

a_o——土工膜上漏洞面积，m^2，对于针眼漏洞是 $7.84\times10^{-7}m^2$，对于安装漏洞是 $0.0001m^2$；

h_g——土工膜上总水头高度，m；

K_s——控制层介质的饱和水力传导系数，m/s。

上述方程也适用于土工膜上安装有高渗透性介质同时膜下伏中渗透性介质的情况下界面流湿周半径的计算。将方程式(5-35)中的 a_o 用 Help 模型中缺省的针眼漏洞面积和安装漏洞面积替代后，就可以得到用于计算对应情景下湿周半径的计算公式，见式(5-36)和式(5-34)。将方程式(5-36)和式(5-34)计算得到的湿周半径代入式(5-31)中，可以得到对应情景下的平均水力梯度。再将平均水力梯度和湿周半径的值代入式(5-30)中，就可以计算出该情景下渗滤液通过土工膜上漏洞的渗漏流速。

$$R_2(k)_i=0.0494h_g(k)_i^{0.38}K_s(k)^{-0.25} \tag{5-36}$$

式中 $R_2(k)_i$——第 i 个时间步长，第 k 层中控制层中膜上针眼漏洞附近湿周的半径，m；

$K_s(k)$——第 k 层中控制层介质的饱和水力传导系数，m/d；

$h_g(k)_i$——第 i 个时间步长，第 k 层中土工膜衬垫上的平均水头，m。

① 针眼漏洞。将针眼漏洞的面积代入式(5-35)，经过单位转换，并进行整理后就可以得到用于计算土工膜下伏中渗透性介质情况下，针眼漏洞附近的湿润区半径的式(5-36)。

② 安装漏洞。将安装漏洞的面积代入方程式(5-35)，经过单位转换，并进行整理后就可以得到用于计算土工膜下伏中渗透性介质情况下，安装漏洞附近的湿润区半径如式(5-37)所列：

$$R_3(k)_i = 0.312 h_g(k)_i^{0.38} K_s(k)^{-0.25} \tag{5-37}$$

式中 $R_3(k)_i$——第 i 个时间步长，第 k 层中控制层中膜上针眼漏洞附近湿周的半径，m。

2）低渗透性控制层介质

Giroud 和 Bonaparte（1989）指出当土工膜衬垫安装在低渗透性的土壤或者垃圾介质上方（或下方），控制层材料为低渗透性介质时，如果土工膜足够柔软且没有褶皱，而控制层又经过平整、压实及光滑处理，则膜和膜下介质的接触情况可以达到极好的程度。而安装过程的机械碾压造成的土工膜变形、膜上黏附有颗粒物都会使接触情况偏差。另外，利用 GCL 作为控制层且地基较为平整时，膜和控制层间的间隙也会达到"极好"的程度。针对 Giroud 和 Bonaparte 定义的这种接触极好的情形，Brown 等以前文中的公式为理论基础，通过实测数据校正，发展了用于评价这种情形下渗滤液渗漏流速的图标。使用这些图标预测渗滤液流速时，流速值主要取决于漏洞表面面积、控制层介质的饱和水力传导系数和土工膜上的水头高度。Giroud 和 Bonaparte（1989）以这些图表中的数据为基础进行内插和外推得到了下述用于计算控制层为低渗透性介质且膜和膜下介质接触极好情形下界面流湿周半径的计算公式，具体表达式如下 [相关参数的说明详见方程式(5-35)]：

$$R = 0.5 a_o^{0.05} h_g^{0.5} K_s^{-0.06} \tag{5-38}$$

将上述方程中的面积参数用 Help 模型中针眼漏洞和安装漏洞的缺省面积代替，就得到方程式(5-29) 和式(5-30)。利用方程式(5-29) 和式(5-30) 就可以计算出相应条件下的湿周半径，再将湿周半径代入方程式(5-31) 中计算平均水力梯度。最后将湿周半径和平均水力梯度代入方程式(5-30) 中，就得到该情形下通过土工膜上针眼漏洞和安装漏洞的界面流流速。

① 针眼漏洞。将针眼漏洞面积的缺省值代入方程式(5-38) 中，在经过单位转换和适当简化后，方程式(5-38) 就变成式(5-39) 所示形式，可用于直接计算土工膜和膜下低渗透性控制层介质接触极好情形下针眼漏洞周围湿润区域半径。

$$R_2(k)_i = 0.0973 h_g(k)_i^{0.5} K_s(k)^{-0.06} \tag{5-39}$$

② 安装漏洞。将 Help 模型中安装漏洞的缺省面积代入方程式(5-38) 中，再经过单位转换和适当简化后，方程式(5-38) 就变成式(5-40) 所示形式，可用于直接计算土工膜和膜下低渗透性控制层介质接触极好情形下安装漏洞周围湿润区域半径。

$$R_3(k)_i = 0.124 h_g(k)_i^{0.5} K_s(k)^{-0.06} \tag{5-40}$$

（3）膜和膜下介质接触好（Good）时的渗漏流速计算

基于上述衬垫系统接触完美、极好以及最不利情景下渗漏流速的计算公式，Giroud 和 Bonaparte（1989）发展了一系列不同组合（渗滤液水头、饱和渗透系数）的渗漏流速曲线。最不利情景的渗漏流速区间被人为定义为自由出流渗漏流速和极好情景下的渗漏流速的中值。而最不利情景和极好情景之间又被分为三等份，节点值分别对应"接触好"和"接触坏"情景下的渗漏流速。但是考虑到曲线法计算接触好和接触坏情景下的渗漏流速需要的冗长时间，Giroud 和 Bonaparte（1989）提出了计算相应条件下渗漏流速的经验公式。这些公式的基本原理和相关参数将在随后段落中详细论述。

Giroud 和 Bonaparte（1989）指出要达到膜和膜下介质接触"好（Good）"的程度，土工膜衬垫上褶皱必须足够少，地基（控制层表面）必须经过较好的压实、平整和光滑处理。与方程式(5-35)和式(5-38)类似，Giroud 和 Bonaparte（1989）在绘制渗漏流速和土工膜衬垫上总水头、土工膜漏洞面积及控制层土壤或垃圾饱和水力传导系数的相关关系时，得到了一系列近似线性曲线。因此，Giroud 和 Bonaparte（1989）认为在膜和膜下介质接触好的情形下，通过土工膜上破损的渗滤液渗漏流速与 $a_o^y h_g^x K_s^z$ 近似成比例。因此，他们提出了下述方程用以评价衬垫系统接触好情形下的湿润区半径 R：

$$R = 0.26 a_o^{0.05} h_g^{0.45} K_s^{-0.13} \tag{5-41}$$

将上述方程中的面积参数用 Help 模型中针眼漏洞和安装漏洞的缺省面积代替，就得到方程式(5-42)和式(5-43)。利用方程式(5-42)和式(5-43)就可以计算出相应条件下的湿周半径，再将湿周半径代入方程式(5-31)中计算平均水力梯度。最后将湿周半径和平均水力梯度代入方程式(5-30)中，就得到该情形下通过土工膜上针眼漏洞和安装漏洞的渗滤液渗漏流速。与方程式(5-38)类似，方程式(5-41)的使用同样有限制条件，即膜下控制层介质的饱和渗透系数必须小于 10^{-4} cm/s。同时，方程式(5-41)中的单位皆为 m 和 s。

$$R_2(k)_i = 0.174 h_g(k)_i^{0.45} K_s(k)^{-0.13} \tag{5-42}$$

① 针眼漏洞。将针眼漏洞面积的缺省值代入方程式(5-41)中，再经过单位转换和适当简化后，方程式(5-41)就转换成方程式(5-42)，可用于直接计算土工膜和膜下低渗透性控制层介质接触好情形下针眼漏洞周围湿润区域半径。

② 安装漏洞。将 Help 模型中安装漏洞的缺省面积代入方程式(5-41)中，再经过单位转换和适当简化后，方程式(5-41)就变成式(5-43)所示形式，可用于直接计算土工膜和膜下低渗透性控制层介质接触好情形下安装漏洞周围湿润区域半径。

$$R_3(k)_i = 0.222 h_g(k)_i^{0.45} K_s(k)^{-0.13} \tag{5-43}$$

（4）膜和膜下介质接触差（Poor）时的渗漏流速计算

Giroud 和 Bonaparte（1989）指出膜和膜下介质接触差是指土工膜衬垫安装后存在一定数量的褶皱，同时膜下低渗透性控制层的表面压实性和平整度较差。与方程式(5-41)类似，Giroud 和 Bonaparte（1989）提出了膜和膜下低渗透性控制层接触较差情况下，膜上漏洞下方界面流的湿润区域半径的计算公式(5-44)：

$$R = 0.61a_o^{0.05}h_g^{0.45}K_s^{-0.13} \tag{5-44}$$

将上述方程中的面积参数用针眼漏洞和安装漏洞的缺省面积代替，就得到方程式(5-45)和式(5-46)。利用方程式(5-45)和式(5-46)就可以计算出相应条件下的湿周半径，再将湿周半径代入方程式(5-31)中计算平均水力梯度。最后将湿周半径和平均水力梯度代入方程式(5-30)中，就得到该情形下通过土工膜上针眼漏洞和安装漏洞的渗滤液渗漏流速。与方程式(5-38)和式(5-31)类似，方程式(5-44)的使用同样有限制条件，即膜下控制层介质的饱和渗透系数必须小于10^{-4}cm/s。同时，方程式(5-41)中的单位皆为 m 和 s。

$$R_2(k)_i = 0.174h_g(k)_i^{0.45}K_s(k)^{-0.13} \tag{5-45}$$

$$R_3(k)_i = 0.521h_g(k)_i^{0.45}K_s(k)^{-0.13} \tag{5-46}$$

① 针眼漏洞。将针眼漏洞面积的缺省值代入方程式(5-44)中，再经过单位转换和适当简化后，方程式(5-44)就转换成方程式(5-45)，可用于直接计算土工膜和膜下低渗透性控制层介质接触差情形下针眼漏洞周围湿润区域半径。

② 安装漏洞。将 Help 模型中安装漏洞的缺省面积代入方程式(5-44)中，再经过单位转换和适当简化后，方程式(5-44)就变成式(5-46)所示形式，可用于直接计算土工膜和膜下低渗透性控制层介质接触差情形下安装漏洞周围湿润区域半径。

5.2.8　防渗膜上饱和液位计算方法

危险废物填埋场的防渗系统包括控制雨水入渗进入堆体的雨水防渗系统和防止渗滤液渗漏进入环境介质的渗滤液防渗系统，前者控制渗滤液的产生，后者控制渗滤液的渗漏。相对应的防渗膜也包括雨水防渗系统的防渗膜和渗滤液防渗系统的防渗膜，而饱和液位也分别对应雨水防渗系统上方的饱和水位和渗滤液防渗系统上方的饱和渗滤液水位。由于雨水防渗系统和渗滤液防渗系统结构相似，其上方的水分（渗滤液）运动和水头分布规律相同，因此其计算方法也相同，下文以饱和渗滤液为例进行说明，但所述方法同样适用于雨水防渗系统上方饱和水位的计算。

渗滤液水头，即防渗系统上方的饱和深度是影响渗滤液渗漏的重要因素，其大小受下列因素影响。

(1) 堆体入渗速率及其时空分布

如果将堆体中的渗滤液视作一个水均衡单元，那么堆体入渗量是渗滤液的主要补给来源，而导排系统的侧向导排量和渗滤液通过防渗层的渗漏量是主要的排泄途径，对应的渗滤液饱和水位则是堆体中渗滤液储存量的体现。因此，渗滤液饱和水位（储存量）的变化必然随着其补给量（或补给强度）的变化而变化，单位时间的补给量越大，则堆体中渗滤液的储存量越大，饱和水位也越大。同时，堆体入渗速率的时空分布也会影响渗滤液的饱和水位。图 5-5 为两种不同形式的堆体入渗，其中阴影面积表示入渗量，在入渗量相同的条件下（$Q_a = Q_b$），图 5-5(a) 类型的下渗可能产生更高的渗滤液饱和水位。

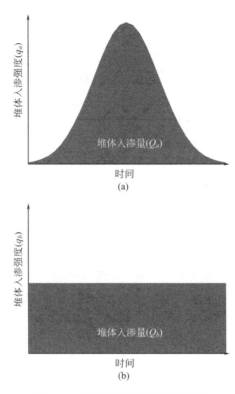

图 5-5　不同形式的堆体入渗过程

（2）导排系统

如上所述侧向导排量是渗滤液的主要排泄途径，因此导排系统导排能力越强（导排层渗透系数越大，导排管间间距越小，导排坡度越大），侧向导排量越大。根据水均衡原理，堆体中渗滤液的储存量也越小，渗滤液饱和水位越小。

(3) 填埋场尺寸

在导排层没有安装导排管的填埋场中，填埋场尺寸越大，意味着渗滤液水平排水距离越长，侧向导排越困难，更容易产生较高的饱和渗滤液水位。

5.2.8.1　渗滤液水头分布计算

渗滤液在导排层中运动可以近似用图 5-6 描述。由卵石或碎石颗粒组成的导排层可以视为多孔介质，因此渗滤液在导排层中水头分布可以用孔隙介质中非承压条件水运动的布辛尼斯克（Boussinesq）公式（Darcy 定律和连续性方程耦合得到），并基于裘布衣-福希海默（Dupuit-Forcheimer，D-F）假设进行计算。

D-F 假设认为，对于浅坡上的重力流，水流平行于衬垫且其大小与水面坡度成比例而与水流深度无关（Forcheimer，1930）；该假设意味着由于水流垂向（垂直于衬垫）流动造成的水头损失可以忽略。该假设对于导排层而言是合理的，因为导排层有着较高的水力传导系数和较小的水流深度，尤其是水流深度远远小于渗流途径长度。布辛尼斯克（Boussinesq）公式可以表述如下：

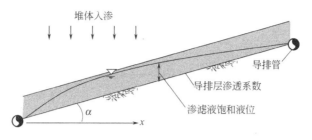

图 5-6　导排介质中水流运动及水头分布示意

$$f \frac{\partial h}{\partial t} = K_D \frac{\partial}{\partial l}\left[(h - L\sin\alpha)\frac{\partial h}{\partial l}\right] + R \tag{5-47}$$

式中　f——排水孔隙度（有效孔隙度，孔隙度减去田间持水率），无量纲；

　　　h——衬垫上潜水表面高程，cm；

　　　t——时间，s；

　　　K_D——饱和层的饱和渗透系数（或称饱和水力传导系数），cm/s；

　　　L——渗流途径长度，cm；

　　　l——变量，表示任意距离，m；

　　　α——衬垫表面的坡度角；

　　　R——净补给量（入渗减去渗漏量），cm/s。

　　其中，位于衬垫上方的饱和区可能包含一种或多种材料：当渗滤液水位较浅，其高度值小于导排层厚度时，饱和区即为导排层，饱和层的饱和渗透系数 K_D 即为导排层的饱和水力传导系数；当渗滤液水位较高，其高度值大于导排层厚度时，饱和区就包括导排层和其上方的部分废物层；某些填埋场中导排层上方设置有反滤层（由细颗粒砂砾或土工布构成），此时饱和区就包含三种不同介质材料。显然，不同介质材料具有不同的饱和渗透系数，此时饱和层的饱和渗透系数就需要通过对几个不同分区求权重后得到，具体公式如下：

$$K_D = \frac{\sum_{j=n}^{1} K_s(j)d(j)}{y} \tag{5-48}$$

$$y = \sum_{j=n}^{1} d(j)$$

式中　$K_s(j)$——防渗层以上，第 j 个分区介质的饱和渗透系数，cm/s；

　　　$d(j)$——分区 j 中饱和带的厚度，cm；

　　　1——防渗层上方，第 1 个饱和区的编号；

　　　n——防渗层上方，饱和区的总个数；

　　　y——饱和区的液位深度（$y = h - x\tan\alpha$），cm；

　　　x——导排途径的投影长度，cm。

　　其余符号意义同前。

　　侧向导排子模型假定对于稳定流而言，侧向导排速率和平均饱和深度的关系总体上近似于瞬变流情形。对于稳定流，侧向导排速率等于净补给速率。

$$\frac{\partial h}{\partial t}=0; \quad \frac{\mathrm{d}Q_d}{\mathrm{d}x}=R; \quad Q_{D_0}=RL; \quad q_D=\frac{Q_{D_0}}{L} \tag{5-49}$$

式中　Q_d——任意 x 位置处，单位宽度的侧向排水量，cm^2/s；

$\quad\quad Q_{D_0}$——导排层进入收集管的流量（即 $x=0$ 处，等于单位长度收集管中的水流流量），cm^2/s；

$\quad\quad L$——衬垫系统表面水平投影的长度（最大渗流途径），cm；

$\quad\quad q_D$——单位面积的侧向排水量，cm/s；

其余符号意义同前。

对式(5-49)进行坐标轴变换，将平行衬垫的 L 转换成水平的 x，同时对 R 进行变换后得到稳定流情形下的导排流量方程如下：

$$R=\frac{Q_{D_0}}{L}=q_D=K_D\cos^2\alpha\,\frac{\mathrm{d}}{\mathrm{d}x}\left(y\,\frac{\mathrm{d}h}{\mathrm{d}x}\right) \tag{5-50}$$

将上式中的 h 用 y 表示，并展开后方程式(5-50)就可以表达成：

$$y\,\frac{\mathrm{d}^2 y}{\mathrm{d}x^2}+\left(\frac{\mathrm{d}y}{\mathrm{d}x}\right)^2+(\tan\alpha)\frac{\mathrm{d}y}{\mathrm{d}x}=\frac{q_D}{K_D\cos^2\alpha} \tag{5-51}$$

将上式转换成无量纲形式后，就可以写成以下形式：

$$y^*\,\frac{\mathrm{d}^2 y^*}{\mathrm{d}x^{*2}}+\left(\frac{\mathrm{d}y^*}{\mathrm{d}x^*}\right)^2+(\tan\alpha)\frac{\mathrm{d}y^*}{\mathrm{d}x^*}=\frac{q_D^*}{\cos^2\alpha} \tag{5-52}$$

式中　x——无量纲的水平距离，$x^*=x/L$；

$\quad\quad y^*$——无量纲的饱和层深度，$y^*=y/L$；

$\quad\quad q_D^*$——无量纲侧向导排速率，$q_D^*=\dfrac{q_D}{K_D}$；

其余符号意义同前。

假定在导排水流方向上存在一个单位水力梯度，则方程式(5-52)的边界条件可以写成如下形式：

$$\frac{\mathrm{d}y^*}{\mathrm{d}x^*}=\frac{1}{\cos\alpha}-\tan\alpha \quad (x^*=0) \tag{5-53}$$

$$y^*\left(\frac{\mathrm{d}y^*}{\mathrm{d}x^*}+\tan\alpha\right)=0 \quad (x^*=1) \tag{5-54}$$

当饱和层深度较浅且侧向排水量较小时（$q_D^*\leqslant 0.4\sin^2\alpha$）可以选择另一类型的边界条件。当 $q_D^*>0.4\sin^2\alpha$ 时，衬垫系统上边界处的饱和深度大于0。

$$y^*=\frac{q_D^*}{\cos^2\alpha} \tag{5-55}$$

对于上述两种极限边界条件，方程式(5-52)的解可以用解析解的形式给出。当导排流量较小或饱和深度较浅时，如 $q_D^*\leqslant 0.4\sin^2\alpha$ 或 $\overline{y}^*<0.2\tan\alpha$（$\overline{y}^*$ 等于衬垫上方饱和层的平均深度），其解析解为：

$$\overline{y}^* = \frac{q_D^*}{2\sin\alpha\cos\alpha} \quad q_D^* \leqslant 0.4\sin^2\alpha$$

或
$$q_D^* = 2\sin\alpha\cos\alpha\,\overline{y}^* \tag{5-56}$$

当 $\overline{y}^* < 0.2\tan\alpha$ 时，

$$\overline{y}^* = \left(\frac{\pi\sqrt{q_D^*}}{4\cos\alpha}\right)^2 \quad q_D^* \geqslant 0.4\sin^2\alpha$$

或
$$q_D^* = \left(\frac{4\overline{y}^*\cos\alpha}{\pi}\right)^2 \quad \overline{y}^* \geqslant 0.2\tan\alpha \tag{5-57}$$

当导排流量较大，也即 $q_D^* \geqslant 0.4\sin^2\alpha$ 或 $\overline{y}^* \geqslant 0.2\tan\alpha$ 时，我们利用数值法求出了不同参数值（包括不同的 q_D^* 和 α 值）情况下方程的解。对不同参数值组合下的 $\overline{y}^*$ 值，即衬垫上方饱和层的平均深度值，都利用数值法进行了求解。当导排流量较小和较大时，其解析解为：

$$\overline{y}^* = \frac{\pi\sqrt{q_D^*}}{4\cos\alpha}\left(\frac{2\sqrt{0.4}}{\pi}\right)^{\left(\frac{q_D^*}{0.4\sin^2\alpha}\right)^{\frac{1}{2\ln\left(\frac{2\sqrt{0.4}}{\pi}\right)}}} \quad q_D^* \geqslant 0.4\sin^2\alpha \tag{5-58}$$

5.2.8.2 渗流途径长度计算

如上所述，渗流途径长度是进行渗滤液水头分布计算的重要参数。渗流途径是指水流（渗滤液）在导排层中（进入导排管之前）的流动路径，而渗流途径长度则是水在导排层中的流动距离。渗流途径长度与导排系统类型、结构、库底类型等因素有关。

（1）导排系统类型

笔者及其团队对国内填埋场（包括生活垃圾填埋场、危险废物填埋场和工业固体废物填埋场）的导排系统结构进行了调查，目前国内的导排系统大致包括以下几种类型。

1）根据有无导排管可以分为图 5-7 所示的 5 种类型导排系统

图 5-7（c）所示为最常见的导排系统结构。该类型的导排系统由导排颗粒层和导排管构成，该结构类型被广泛用于危险废物填埋场和生活垃圾填埋场的主渗滤液导排系统。

与图 5-7（c）所示类型相比，图 5-7（b）所示类型的导排系统主要由导排层构成，缺少具有渗滤液收集功能的导排管，该设计类型的导排系统常见于危险废物填埋场和生活垃圾填埋场的次级渗滤液导排系统，导排层通常由土工排水网构成。

图 5-7（a）所示类型则常见于早期的非正规垃圾填埋场，该类型填埋场没有设计专门的导排层，由防渗系统上方的垃圾层或废物层行使侧向导排的功能，由于垃圾层或废物层渗透系数通常远小于卵石等导排介质，因此其侧向导排能力较弱，导致防渗系统上方常出现异常高水位。

图 5-7（d）所示类型为盲沟型导排系统，由位于填埋场底部较低位置的砾石盲沟和埋设于其中的导排管组成，该类型导排系统常见于早期填埋场。

图 5-7（e）所示类型的导排系统设计与图 5-7（d）所示类型相似，均为盲沟型导排

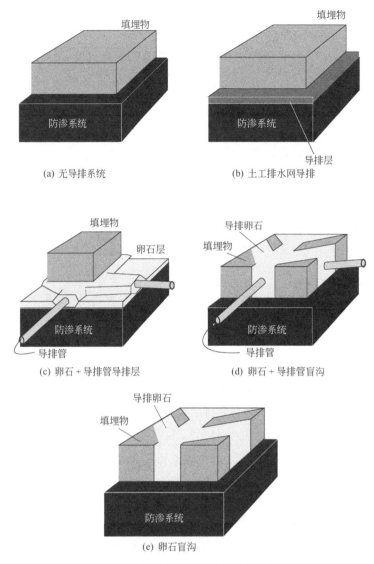

图 5-7 典型渗滤液导排系统概化图

系统，两者的区别在于后者没有在盲沟中埋设导排管。

2）根据库底平面可以分为山脊形和简单边坡形，如图 5-8 和图 5-9 所示

山脊形库底是指库底呈山脊形起伏，导排支管安装在"山沟"里，渗滤液从两侧的山脊处向导排支管流动。

（2）简单边坡形导排系统中的渗流途径确定

如上文所述，图 5-7(c) 所示类型是最为常见的导排系统结构。该类型的导排系统由导排颗粒层和导排管构成，该结构类型被广泛用于危险废物填埋场和生活垃圾填埋场的主渗滤液导排系统。根据库底坡度的不同，该类型导排系统又分为山脊形库底导排系统（图 5-8）和简单边坡形导排系统（图 5-9）。首先，对简单边坡形库底导排系统中渗滤液的流动途径和渗流途径长度进行分析。

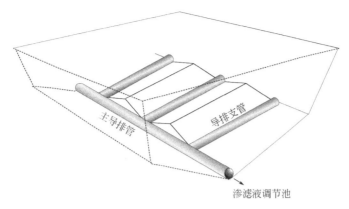

图 5-8　山脊形库底导排系统示意

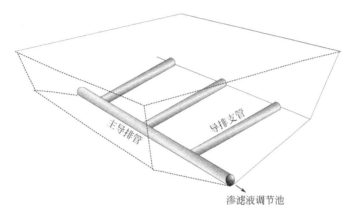

图 5-9　简单边坡形库底导排系统示意

如图 5-10 所示，导排支管和主导排管将导排系统分成若干个相对独立的导排单元，每个导排单元有一段主导排管和两个导排支管。在库底坡度一致、导排支管长度相等、间距一致的条件下，可近似认为每个导排单元内的水流运动规律相同。

选择其中一个导排单元，并对其渗流途径进行分析。图 5-11 是一个单元中渗滤液流动情况的示意图。显然，填埋场中不同位置处的水流经的途径不同，渗流途径的长度也有所差异。图 5-11 中，两根导排支管中间位置处的渗流液流动途径最长（6～9 流线所示），越靠近导排支管，渗滤液流动途径越短（1～5 流线所示）。但通常情况下，渗滤液最大水位通常出现在最大渗流途径上，因此我们只关注最大渗流途径的长度即其计算方法。

从图 5-11 可知，渗滤液在导排层中的流动方向（ω）与主导排管和导排支管的坡度（α 和 β）有关。

① 当 $\alpha=0$ 时（图 5-12），渗滤液的流动方向垂直于导排主管（$\omega=90°$）。其最大渗流途径长度 L_{max} 可以根据式(5-59)计算。显然，当导排支管与导排主管之间的夹角等于 90°时，最大渗流途径长度即导排支管长度。

$$L_{max}=L_{zg}\sin\theta \tag{5-59}$$

式中　L_{max}——最大渗流途径长度，m；

　　　L_{zg}——导排支管长度，m；

　　　θ——导排支管与导排主管之间的夹角。

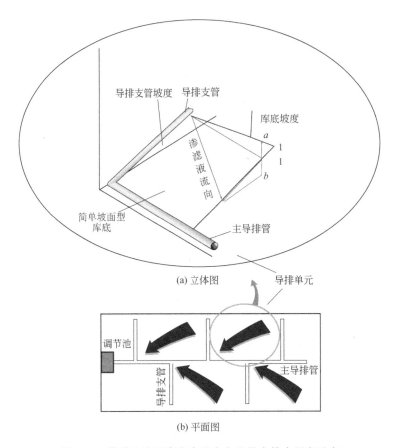

(a) 立体图

(b) 平面图

图 5-10　简单边坡型库底水流方向及最大排水距离示意

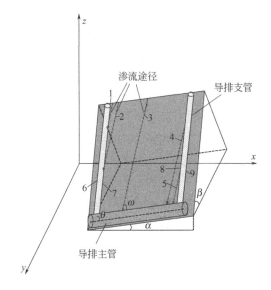

图 5-11　导排层中不同位置处的水流的流动途径

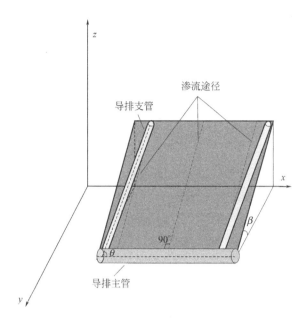

图 5-12　渗流途径长度（$\alpha=0$，$\omega=90°$，渗流方向⊥导排主管）

②　当 $\beta=0$ 时（图 5-13），渗滤液的流动方向与主导排管平行（$\omega=90°$），其渗流途径长度 $L_{\max}$ 可以根据式(5-60)计算。显然，当导排支管与导排主管之间的夹角等于 90°时，最大渗流途径长度即导排支管间距。

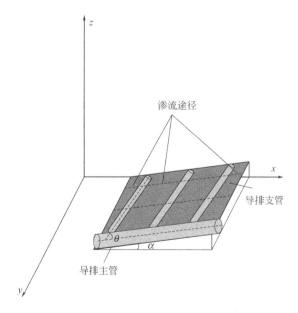

图 5-13　渗流途径长度（$\beta=0$，$\omega=90°$，渗流方向∥导排主管）

$$L_{\max}=\frac{L_{\mathrm{dzg}}}{\sin\theta} \tag{5-60}$$

式中　L_{dzg}——导排支管间距，m；

　　　θ——导排支管与导排主管之间的夹角。

③ 当 α 和 β 均不等于 0 时，其角度 ω 可以根据下式计算：

$$\omega = \arctan\left(\frac{\tan\beta}{\tan\alpha}\right) \tag{5-61}$$

$$L_{max} = \begin{cases} L_{zg}\sin\theta & (\omega > 45°) \\ \dfrac{L_{zg}}{\sin\theta} & (\omega \leq 45°) \end{cases} \tag{5-62}$$

（3）山脊形库底导排系统中的渗流途径确定

山脊形库底导排系统中渗滤液的流动方向及最大排水距离示意见图 5-14。

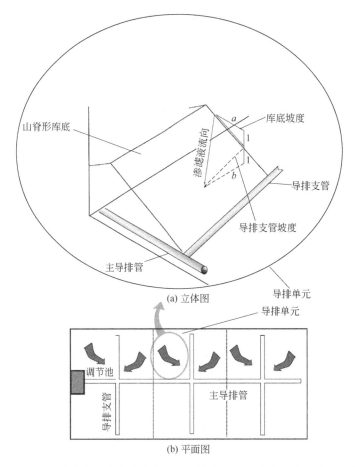

图 5-14　山脊形库底导排系统中渗滤液的流动方向及最大排水距离示意

从图 5-14 中可知，对于每个导排单元而言，山脊形库底导排系统中渗滤液的流动方向与简单边坡形导排系统中渗滤液的流动方向是类似的，因此其计算方法可以参考简单边坡形导排系统中最大渗流途径长度的确定方法，唯一的差别在于对山脊形库底导排系统中的最大渗流途径进行计算时，原式中的导排支管间距 L_{dzg} 应该换算成 $1/2\,L_{dzg}$。

5.2.8.3 最大渗滤液水头计算

渗滤液的水头分布是计算渗滤液渗漏的重要参数，根据 5.2.8.2 部分的分析，渗滤液水头在其渗流途径上并非均匀分布的，不同位置处的渗滤液水头值存在差异。在进行渗滤液渗漏量计算时，所采用的水头值应该是漏洞正上方的渗滤液水头。但在实际计算过程中，漏洞的位置很难准确确定，因此即使知道渗滤液水头沿其渗流途径的空间分布，也难以确定漏洞正上方的渗滤液水头值。因此在实际计算过程中，通常取最大渗滤液水头值作为渗漏量（渗漏强度）的计算依据。在进行风险评估过程中，如果在此最不利情况下渗滤液渗漏导致的地下水污染风险和人体健康风险仍然可以接受，则在其他情况下由渗滤液渗漏导致的风险一定也可满足要求。因此，尽管这种处理方式提供的渗漏量（渗漏强度）计算结果是比较保守的，但从风险控制和管理的角度，这种处理方式是合理的。

填埋场中的渗滤液水位实际上是填埋场中水分储存量的体现，其值取决于外界水分的补给量和渗滤液的排泄量。其中补给来源主要包括地表水入渗、地下水补给以及废物本身含水量，而渗滤液的排泄主要有导排层的侧向导排量和渗滤液通过防渗系统的渗漏量。在实际填埋场工程中，地表水的入渗受降雨条件影响较大，因此存在较大的时空变异性，地下水的补给受地下水位的季节性变化影响，也具有较大的时间变异性，废物本身的含水量受填埋场接受废物含水量及其孔隙特性影响也存在时间变异。另外，导排层的侧向导排能力受导排层淤堵影响也可能随着时间减弱，而由于防渗系统老化，作为主要防渗单元的 HDPE 膜渗透系数会逐渐增大，膜上漏洞的数量和面积也可能增加，因此渗滤液的渗漏量也会随之增加。

综上，填埋场中水分的补给和排泄一直处于动态变化中，使得渗滤液导排层的水位及水流条件处于一种不稳定状态，这种情况下计算防渗系统上方的渗滤液水头计算非常复杂。为了简化计算，又能获得可靠的结果，通常假定排水层的渗滤液处于稳定流状态，渗滤液水位、流速等不随时间变化。这样，补给量为常数，并假定与排泄量相等，再给定合适的边界条件和初始条件，就可以计算得到渗滤液的最大水头。

基于以上原则，到目前为止对于填埋场单一渗透介质的导排系统内渗滤液水位计算的研究已有很多。如 Moore 1980 年和 1983 年在美国环保署的文件中给出了计算衬垫层上渗滤液水头最大值的计算公式，简称 Moore 80 法和 Moore 83 法。MeEnroe 和 Giroud 分别在 1993 年和 1992 年给出了计算防渗层上最大渗滤液水头的计算公式。

（1）Moore 80 法

估算填埋场中防渗系统上方最大渗滤液水位的方法最早见于美国国家环保署（Enviromental Protection Agency U. S. A，US EPA）组织编写的两份技术指导手册（US EPA，1980；US EPA，1989）。具体公式如下：

$$y_{\max} = L \left(\frac{r}{k} \right)^{\frac{1}{2}} \left[\frac{kS^2}{r} + 1 - \frac{kS}{r} \left(S^2 + \frac{r}{k} \right)^{\frac{1}{2}} \right] \tag{5-63}$$

式中　$y_{\max}$——填埋场中防渗系统上方最大渗滤液水位，m；

L——最大水平排水距离，m；

r——单位时间内填埋场中水分的净补给量（净补给强度），cm/d；

S——填埋场库底坡度，无量纲；

k——介质饱和渗透系数，cm/s。

上述公式由 Moore 于 1980 年提出，但是没有详述公式的推导过程及限制条件。

（2）Moore 83 法

该方法也是由 Moore 提出的（1983 年），具体公式表达如下：

$$y_{max} = L \left[\left(\frac{r}{k} + \tan^2 \alpha \right)^{\frac{1}{2}} - \tan \alpha \right] \tag{5-64}$$

式中 α——导排主管的坡度。

相比 Moore 80 法，该公式涉及的主要计算参数相同，均为 L、r、k 和 α，但是该公式更为简单。同样的，在 Moore 1983 年发表的文章中，没有述及公式的基本假定条件、推导过程以及限制条件。

（3）Giroud 92 法

Giroud 等于 1992 年通过数值计算推导了估算填埋场中防渗系统上方最大渗滤液水位的公式（Giroud et al.，1992；Giroud et al.，2000）。该公式的具体形式如下所示：

$$y_{max} = jL \frac{\sqrt{1+4\lambda} - 1}{2\cos\alpha} \tan\alpha \tag{5-65}$$

$$\lambda = r / (k \tan^2 \alpha)$$

$$j = 1 - 0.12 e^{-\left(\lg \frac{8\lambda^{5/8}}{5} \right)^2} \tag{5-66}$$

式中 j——中间变量或中间参数；

λ——特征参数，表征了渗滤液供给和导排特征。

（4）McEnroe 93 法

1863 年法国人 J. 裘布依提出，潜水在缓变流动下可以假定流线是水平的、等势线是垂直的，即意味着水力梯度等于地下水位的坡度，且不随深度变化。根据该假设，McEnroe 于 1989 年推导了填埋场防渗层上方最大渗滤液水位的计算公式。然而标准的 DuPult 假定仅适用于填埋场库底坡度小于大约 10% 的情况，对于更陡的库底，使用扩展的 DuPult 假定可能更加符合实际；扩展的 DuPult 假定认为流线平行于衬垫，等势线则垂直于衬垫。因此，McEnroe 在 1993 年根据 DuPult 假定的扩展形式建立了防渗系统上方渗滤液水头分布的控制方程，并推导了最大渗滤液水头计算的解析解公式如下。

① 如果 $R < 0.25$，y_{max} 根据下式计算：

$$y_{max} = LS(R - RS + R^2 S^2)^{\frac{1}{2}} \times \left[\frac{(1-A-2R)(1+A-2RS)}{(1+A-2R)(1-A-2RS)} \right]^{\frac{1}{2A}} \tag{5-67}$$

② 如果 $R = 0.25$，y_{max} 根据下式计算：

$$y_{max} = LSR \frac{1-2RS}{1-2R} \exp \left[\frac{2R(S-1)}{(1-2R)(1-2RS)} \right] \tag{5-68}$$

③ 如果 $R > 0.25$，y_{max} 根据下式计算：

$$y_{\max} = LS \times (R - RS + R^2 S^2)^{\frac{1}{2}} \exp\left[\frac{1}{B}\tan^{-1}\left(\frac{2RS-1}{B} - \frac{1}{B}\tan^{-1}\frac{2R-1}{B}\right)\right] \quad (5\text{-}69)$$

式中 $R = r/k\sin\alpha$；

           $A = (1-4R)^{1/2}$；

           $B = (4R-1)^{1/2}$；

其余符号意义同前。

(5) 不同计算方法（最大渗滤液水头计算）的比较分析

上述最大渗滤液水位计算方法中，Moore 80 法和 Moore 83 法是美国国家环保署的技术指导手册中推荐使用的，但是没有给出任何推导过程和使用条件的解释说明；Giroud 92 法是在许多简化假定和数值方法的基础上得到的；而 McEnroe 93 法是基于扩展的 DuPult 假定推导得到的，因此从理论上而言 McEnroe 93 法是估算填埋场渗滤液防渗系统上方最大渗滤液水位以及雨水防渗系统上方最大水位的最好方法。

在上述四种计算方法中，均涉及 L、S、k 和 r 四个参数，为分析典型危险废物填埋场条件下上述四种计算方法的适用性及差异，对国内危险废物填埋场进行了调查和研究，确定了典型情况下渗滤液防渗系统中 L、S、k 和 r 的取值分别为 50m、0.03、0.01cm/s 和 0.5mm/d，计算结果如表 5-4 所列。

表 5-4   典型危险废物填埋场四种方法计算的最大渗滤液水位比较

计算方法	Moore 80 法	Moore 83 法	Giroud 92 法	McEnroe 93 法
$Y_{\max}$/cm	19.3	4.75	7.5	8.4

对上述典型案例的计算和分析表明，Moore 80 法计算的最大渗滤液水位值最大；Moore 83 法计算的最大渗滤液水位值最小；Giroud 92 法和 McEnroe 93 法计算结果非常接近，相对差值在 12% 以内。若以 McEnroe 93 法作为参考，那么 Moore 80 法的计算值偏大，Moore 83 法的结果偏小，而 Giroud 92 法的计算结果较为接近。

为进一步分析上述方法在不同案例情形下评估结果的差异，依次改变 L、S、k 和 r 的取值，代入上述四种方法中进行演算，并对其结果进行比较分析。L、S、k 和 r 的取值情况如表 5-5 所列。计算结果如图 5-15～图 5-21 所示，其中图 5-15 为默认参数取值条件下，最大渗滤液水头随导排距离 L 变化的关系曲线；图 5-16 和图 5-17 为默认参数取值条件下，最大渗滤液水头随填埋场库底坡度 S 变化的关系曲线；图 5-18 和图 5-19 为默认参数取值条件下，最大渗滤液水头随导排层渗透系数 k 变化的关系曲线；图 5-20 和图 5-21 为默认参数取值条件下，最大渗滤液水头随填埋场单位时间内净补给强度 r 变化的关系曲线。

表 5-5 L、S、k 和 r 的取值

取值	导排距离 (L)/m	填埋场库底 坡度(S)/%	导排层渗透系数 (k)/(cm/s)	单位时间内的净 补给强度(r)/(cm/d)
1	10	1.6	3.0×10^{-3}	5.0×10^{-3}
2	20	2	5.0×10^{-3}	1.0×10^{-2}
3	30	3	1.0×10^{-2}	2.0×10^{-2}

取值	导排距离 （L）/m	填埋场库底 坡度(S)/%	导排层渗透系数 （k）/(cm/s)	单位时间内的净 补给强度(r)/(cm/d)
4	40	4	2.0×10^{-2}	3.0×10^{-2}
5	50	5	4.0×10^{-2}	5.0×10^{-2}
6	70	7	8.0×10^{-2}	7.0×10^{-2}
7	100	10	1.6×10^{-1}	1.0×10^{-1}
8	150	12	2.0×10^{-1}	1.5×10^{-1}

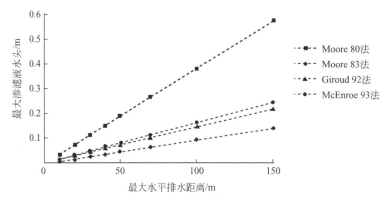

图 5-15　不同水平排水距离条件下四种方法的最大渗滤液水头计算结果

由图 5-15 可知在不同方法计算结果均显示最大渗滤液水头与最大水平排水距离均可以拟合成一次函数 $y_{max} = a_1 L + b_1$，即两者近似成线性相关关系，其中 Moore 80 法拟合的一次函数其斜率最大，其次为 McEnroe 93 法、Giroud 92 法和 Moore 83 法。这说明利用 Moore 80 法计算得到的最大渗滤液水头值受最大水平排水距离影响更大，随其增大（或减小）而更快地增大（减小）；而利用 Moore 80 法计算得到的最大渗滤液水头值受最大水平排水距离影响最小，随其增大（或减小）而增大（减小）的速率更小。

从图 5-15 中还可以看出在不同水平排水距离的条件下，与 McEnroe 93 法相比，Moore 80 法计算的最大渗滤液水位值最大；Moore 83 法计算的最大渗滤液水位值最小；而 Giroud 92 法的结果则更为接近。另外，3 种方法计算结果与 McEnroe 93 法的差异随着最大水平排水距离的增加而变大，以 Moore 80 法为例，当最大水平排水距离从 10m 增加到 50m 时，其最大渗滤液水头的计算值与 McEnroe 93 法的计算值的差值从 2.2cm 增加到 32.7cm。同样的，Giroud 92 法与 McEnroe 93 法的计算值的差值也从 0.2cm 增加到 2.8cm。

从图 5-16 中可以看出不同方法计算结果均表明最大渗滤液水头 y_{max} 与库底坡度 S 均可以近似拟合成幂函数 $y_{max} = S^{-a_2}$ 的形式，其中 a_2 的值按 Moore 80 法、McEnroe 93 法、Giroud 92 法到 Moore 83 法的顺序依次增大。四种方法的计算结果均表明当库底坡度小于 5% 时，最大渗滤液水头随着库底坡度的增加而迅速减小；而当库底坡度大于 5% 时，渗滤液水头随库底坡度增加而减小的趋势变慢。

从图 5-16 中还可以看出在不同库底坡度的条件下，与 McEnroe 93 法相比，Moore 80 法计算的最大渗滤液水位值最大；Moore 83 法计算的最大渗滤液水位值较小。而当

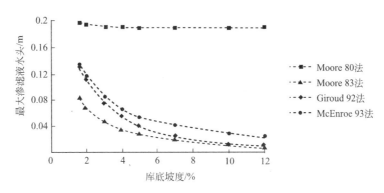

图 5-16　不同库底坡度条件下四种方法的最大渗滤液水头计算结果

库底坡度小于 7% 时，Giroud 92 法与 McEnroe 93 法的计算结果最为接近，但随着坡度增加 Giroud 92 法与 McEnroe 93 法的差异逐渐增大。

图 5-17 是不同库底坡度条件下三种计算方法与 McEnroe 93 法计算结果的比较。

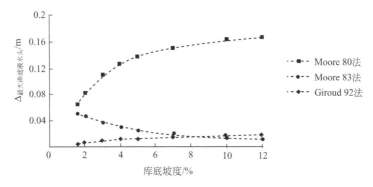

图 5-17　不同库底坡度条件下不同评估方法的误差比较

由图 5-17 可以看出：Moore 80 法与 McEnroe 93 法的差异随着库底坡度的增加而变大，当库底坡度从 1.6% 增加到 12% 时，其计算值与 McEnroe 93 法的计算值的差值从 6.5cm 增加到 16.7cm；Moore 83 法与 McEnroe 93 法的差异随着库底坡度的增加而减小，当库底坡度从 1.6% 增加到 12% 时，其计算值与 McEnroe 93 法的计算值的差值从 4.9cm 减小到 1.2cm。而 Giroud 92 法与 McEnroe 93 法的计算值的差值随着库底坡度的增加而变大，当坡度为 1.6% 时，其计算结果与 McEnroe 93 法的差值仅为 3.0mm，而当库底坡度增加到 10% 时，其计算结果与 McEnroe 93 法的差值已经接近 Moore 83 法与 McEnroe 93 法的差异了，而当库底坡度增加到 12% 时，其计算结果与 McEnroe 93 法的差值（18.8cm）已经明显大于 Moore 83 法与 McEnroe 93 法的差异（12.0cm）。这说明 Giroud 92 法仅适用于缓坡上的水流运动，当对于坡度大于 10% 以上的坡面水流运动，其计算误差已经比较大了。

不同渗透系数条件下四种方法的最大渗透滤液水头计算结果如图 5-18 所示。

不同渗透系数条件下不同评估方法的误差比较如图 5-19 所示。

从图 5-19 中可以看出不同方法计算结果均表明最大渗滤液水头 y_{max} 与导排层渗透系数 S 均可以近似拟合成幂函数 $y_{max} = k^{-a_3}$ 的形式，a_3 的值从 Moore 80 法、McEnroe

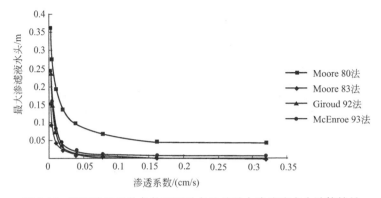

图 5-18　不同渗透系数条件下四种方法的最大渗滤液水头计算结果

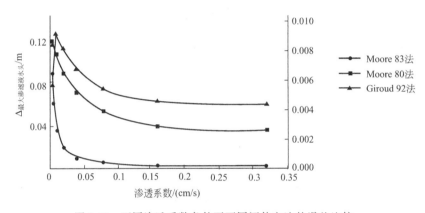

图 5-19　不同渗透系数条件下不同评估方法的误差比较

93 法、Giroud 92 法到 Moore 83 法依次增大。四种方法的计算结果均表明当渗透系数 <0.1cm/s 时，最大渗滤液水头随着渗透系数的增加而迅速减小；而当渗透系数> 0.1cm/s 时，渗滤液水头随导排层渗透系数增加而减小的趋势变慢。

　　图 5-19 中还表明在不同的渗透系数条件下，与 McEnroe 93 法相比，Moore 80 法计算的最大渗滤液水位值最大；Moore 83 法计算的最大渗滤液水位值最小；Giroud 92 法与 McEnroe 93 法的计算结果最为接近。另外，根据图 5-18，Moore 80 法和 Moore 83 法与 McEnroe 93 法的差异随着导排层渗透系数的增加而变大，当渗透系数从 0.003cm/s 增加到 0.32cm/s 时，两者与 McEnroe 93 法的计算值的差值分别从 6.5cm 增加到 16.7cm；而 Giroud 92 法与 McEnroe 93 法的计算结果的差值则先随着渗透系数的增加而变大，当渗透系数等于 0.01cm/s 时，其计算结果与 McEnroe 93 法的差值最大（0.9cm），而后随着渗透系数的增加缓慢减小；当渗透系数增加到 0.32cm/s 时其计算结果与 McEnroe 93 法的差值减小至 0.4cm。

　　根据图 5-20 所示，Moore 83 法、Giroud 92 法和 McEnroe 93 法计算的最大渗滤液水头 y_{max} 与补给强度 r 近似呈线性关系 $y_{max}=a_4 r+b_4$，其斜率值 a_4 从 McEnroe 93 法、Giroud 92 法到 Moore 83 法依次增大。而根据 Moore 80 法计算的最大渗滤液水头与补给强度成幂函数关系 $y_{max}=r^{-a_4}$。四种方法的计算结果均表明随着补给强度增大，最大渗滤液水头也随之增大。

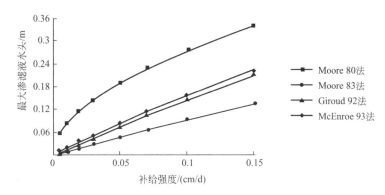

图 5-20　不同补给强度条件下四种方法的最大渗滤液水头计算结果

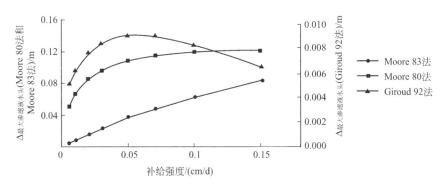

图 5-21　不同补给强度条件下不同评估方法的误差比较

图 5-21 表明在不同的补给强度条件下，与 McEnroe 93 法相比，Moore 80 法计算的最大渗滤液水头值最大；Moore 83 法计算的最大渗滤液水位值最小；Giroud 92 法与 McEnroe 93 法的计算结果最为接近。另外，根据图 5-21 可知，Moore 80 法和 Moore 83 法与 McEnroe 93 法的差异随着补给强度的增加而变大，当补给强度从 0.005cm/s 增加到 0.15cm/d 时，两者与 McEnroe 93 法的计算值的差值分别从 5.1cm 和 0.5cm 增加到 12.2cm 和 8.4cm；而 Giroud 92 法与 McEnroe 93 法的计算值的差值则先随着补给强度的增加而变大，当补给强度等于 0.05cm/d 时，其计算结果与 McEnroe 93 法的差值最大（0.9cm），而后随着渗透系数的增加缓慢减小，当渗透系数增加到 0.15cm/d 时，其计算结果与 McEnroe 93 法的差值减小至 0.7cm。

5.3　典型防渗层结构及其渗漏计算

5.3.1　设计情形 1

土工膜衬垫设计情形 1 由一层安装在两层高渗透性土壤或垃圾之间的土工膜组成

(见图 5-22)。该情形下渗漏速率可以利用自由出流方程 [方程式(5-5) 适用于针眼漏洞，而方程式(5-6) 适用于安装漏洞] 进行计算。而蒸汽扩散方程 [方程式(5-4)] 则用于计算渗滤液通过完整土工膜部分的渗漏速率。最后破损的和完整的渗漏量相加用以预测通过土工膜的总得渗漏量。

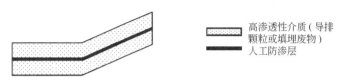

高渗透性介质 (导排颗粒或填埋废物)
人工防渗层

图 5-22　衬垫设计情形 1

5.3.2　设计情形 2

土工膜衬垫设计情形 2 包含 3 种不同子情形：

① 土工膜安装在一层高渗透性介质上方，同时被一层中渗透性介质覆盖；

② 土工膜安装在一层中渗透性介质上方同时被一层高渗透性介质覆盖；

③ 土工膜安装在两次中渗透性介质之间。

具体情形参见图 5-23。

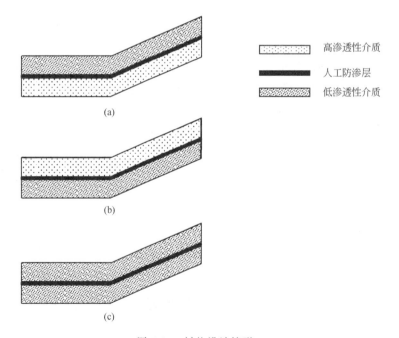

高渗透性介质

人工防渗层

低渗透性介质

(a)

(b)

(c)

图 5-23　衬垫设计情形 2

对于设计情形 2 而言，膜和膜下介质之间的接触情况包括完美、极好和极差三种。用方程式(5-9) 和式(5-10) 分别计算完美接触情形下渗滤液通过针眼漏洞和安装漏洞的渗漏速率。方程式(5-13)、式(5-14)、式(5-19)(适用于针眼漏洞) 和式(5-20)(适用于安装漏洞) 被用来计算接触极好情形下的渗漏速率。如同设计情形，自由出流方程

[方程式(5-5) 适用于针眼漏洞，而方程式(5-7) 适用于安装漏洞] 用于计算接触极差情形下的渗滤液通过漏洞的渗漏速率。最后，蒸汽扩散方程 [方程式(5-3)] 被用于计算渗滤液通过完整土工膜的渗漏速率，该方程适用于三种不同子情形及其包含的不同接触程度。最后破损的和完整的渗漏量相加用以预测通过土工膜的总渗漏量。

5.3.3 设计情形 3

土工膜衬垫设计情形 3 由一层下伏低渗透性介质层（作为控制层，可以是黏土衬垫也可以是垂直渗透层）的土工膜构成（见图 5-24）。土工膜上方可能设计有高渗透性介质、中渗透性介质、低渗透性介质或者垃圾层作为垂直渗透层或侧向排水层。土工膜和膜下低渗透性控制层的接触程度包括完美、极好、好、坏和极差五种。利用方程式(5-9) 和式(5-10) 分别计算接触完美情况下通过针眼漏洞和安装漏洞的渗漏。方程式(5-13) 和式(5-14) 用来计算接触极好、好和差情况下界面流的渗漏流速和水力梯度。方程式(5-22)、式(5-26) 和式(5-27) 被分别用来计算膜和膜下介质接触极好、好和差情况下，安装漏洞下方（或上方）界面流湿周的半径。如设计情形 1 所示，自由出流方程 [方程式(5-5) 适用于针眼漏洞，而式(5-7) 适用于安装破损] 被用于计算膜和膜下介质接触最差情形下的渗漏速率。最后，蒸汽扩散方程 [方程式(5-3)] 被用来计算渗滤液通过土工膜上完整部分的渗漏（适用于所有接触情况）。最后，渗滤液通过膜上漏洞的流量和通过膜上完整部分的流量相加就是渗滤液通过土工膜的总渗漏量。

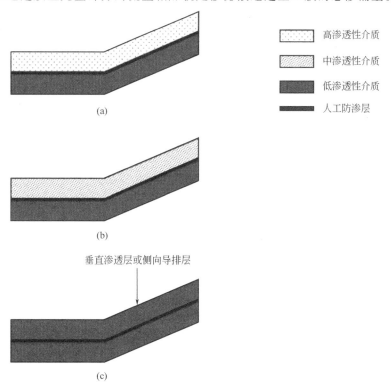

高渗透性介质

中渗透性介质

低渗透性介质

人工防渗层

(a)

(b)

垂直渗透层或侧向导排层

(c)

图 5-24 衬垫设计情形 3

5.3.4　设计情形 4

将设计情形 3 中，土工膜上和土工膜下的介质互换就是土工膜衬垫设计情形 4（见图 5-25）。低渗透性的控制层介质安装在土工膜上方。控制层土壤的类型以及膜和膜下介质接触情况都与之相似。在设计情形 3 中提到的方程同样可以用于设计情形 4 中不同接触情况和不同类型漏洞条件下渗漏速率的计算。这种土工膜衬垫设计完完全全是 Giroud 和 Bonaparte（1989）所考虑情形的倒置。需要指出的是，由于假设渗滤液通过破损的土工膜衬垫时，水头的损失发生在分界面和控制层中，所以在设计情形 4 中应用 Giroud 和 Bonaparte（1989）所提出的方程时，也需要做同样假设。但是，对于该设计情形以及设计情形 6 而言，土工膜衬垫上总的水头是两者之和——衬垫上渗滤液的深度和膜上饱和土壤的厚度；水力压头的大小则是土工膜上饱和土壤的厚度。而在设计情形 1、2、3 和 5 中，总水头则仅仅是衬垫系统上饱和介质的厚度。

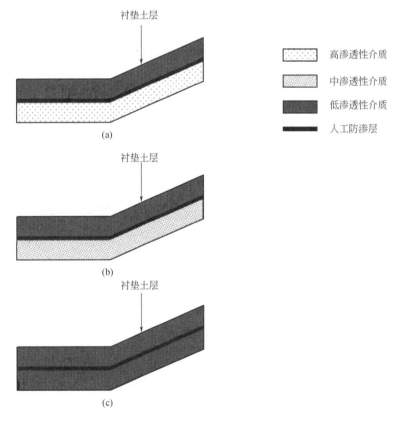

图 5-25　衬垫设计情形 4

5.3.5　设计情形 5

衬垫设计情形 5 如图 5-26 所示，土工膜衬垫设计情形 5 由 8 个子情形组成。所有

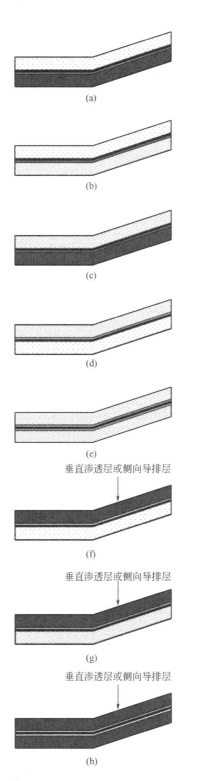

图例：
高渗透性介质
中渗透性介质
低渗透性介质
人工防渗层
土工布缓冲层

(a)

(b)

(c)

(d)

(e)

垂直渗透层或侧向导排层
(f)

垂直渗透层或侧向导排层
(g)

垂直渗透层或侧向导排层
(h)

图 5-26　衬垫设计情形 5

子情形中都包含一层土工布缓冲层——安装在土工膜衬垫和控制层之间。控制层材料的渗透性可以是中渗透性的也可以是低渗透性的。控制层可以设置在土工膜上方也可以设置在下方，但如果在上方，控制层不能是土壤衬垫。土工布没有与渗滤液收集系统相连，故不具有导排层的功能，而仅仅充当一个缓冲衬垫的功能。若土工布完全填充在膜和控制层的界面之间，则可利用方程式(5-13)、式(5-14)以及式(5-16)(适用于针眼漏洞)和式(5-17)(适用于安装漏洞)来计算渗漏速率。此情形下的渗漏速率是土工布水力传导系数的函数，土工布的水力传导系数受表面压力和堵塞程度两个因素影响。

5.3.6　设计情形 6

土工膜衬垫设计情形 6 包括一层土工膜衬垫、一层黏土层或垃圾层（层介质可以是高渗透性、中渗透性或低渗透性的）以及用于分割两者充当缓冲层的土工布（见图5-27）。与设计情形 5 类似，利用方程式(5-13)、式(5-14) 以及式(5-16)(适用于针眼漏洞)和式(5-17)(适用于安装漏洞)来计算渗漏速率。同样的，渗漏速率是土工布水力传导系数的函数。但是与情形 4 类似，情形 6 条件下作用在土工膜上的水头等于衬垫上渗滤液的深度和膜上饱和土壤的厚度。

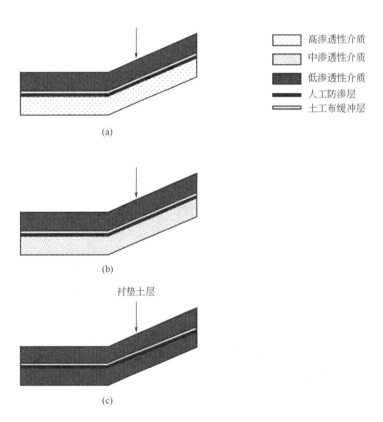

图 5-27　衬垫设计情形 6

当膜和膜下控制层间存在土工布缓冲层时（如情形 5 和情形 6 所示），土工布的存在会增大湿周的面积，同时有可能在膜上漏洞和控制层大孔隙间形成水流通道，因此这种情况下的渗漏速率会大于土工布存在条件下的渗漏速率。另外，实验室研究表明当膜和膜下介质间安装有针织的、无纺的土工材料缓冲层时会减少渗漏量，如果施加在衬垫或者控制层上的压力足够大，使得土工布部分嵌入控制层的不平整部分（这种情况仅当膜和膜下介质接触最坏或者较坏时存在），这时土工布的存在可以避免出现自由出流。但是，土工布缓冲层的这种积极作用仅限于在设计和安装质量较差的情形下。

5.4 危险废物中污染组分淋溶及其评估

渗滤液浓度是影响地下水污染风险和最终的人体健康风险的重要因素。在渗漏量一定的条件下，渗滤液浓度越高，地下水污染风险和人体健康风险越大；反之亦然。美国环保署的 EPACMTP 模型推荐了渗滤液浓度计算的恒定源模型、脉冲源（Pulse）模型以及衰减源模型。

上述模型的基本假设及具体公式如下所述。

5.4.1 常用淋溶模型简介

（1）连续源模型

1）模型假设

假定渗滤液的浓度为常数，不随时间变化。

基本公式：

$$C_L(t) = C_L^0 \tag{5-70}$$

式中　C_L——渗滤液浓度，mg/L；

　　　t——时间，从填埋场封场时刻开始记起；

　　　C_L^0——初始时刻（填埋场封场时刻）渗滤液浓度，mg/L。

2）特点

连续源假设认为垃圾堆体可以无限供给污染组分，因此计算的结果偏保守。

（2）Pulse 源模型（脉冲源模型）

模型假设：渗滤液的浓度在一定时间 t_p 内为常数，时间 t 后浓度变为 0，故称为脉冲源模型。

基本公式如下：

$$C_L(t) = \begin{cases} C_L^0 & t \leqslant t_p \\ 0 & t > t_p \end{cases} \tag{5-71}$$

式中　$C_L(t)$——时刻 t 渗滤液浓度；

C_L^0——初始时刻渗滤液浓度；

t_p——渗滤液持续时间，其通常根据溶质质量守恒原理得到。

(3) 衰减源模型

基本假设：任意时刻渗滤液中污染组分的浓度是垃圾废物中剩余组分浓度的线性函数。

基本公式如下：

$$C_L = C_L^0 \, e^{-\left(\dfrac{I_1}{dF_h P_{hw}\frac{C_w}{C_L^0}}\right)t} \tag{5-72}$$

式中　C_L^0——初始渗滤液浓度，mg/L；

t——时间；

d——堆体深度；

I——入渗强度，m/a；

F_h——给定废物的体积分数（相对整个填埋堆体）；

P_{hw}——废物密度；

C_L——时刻 t 给定元素的渗滤液浓度，mg/L；

C_w——给定元素的质量分数，mg/kg。

5.4.2　堆体淋溶过程的实验

渗滤液的浓度可以根据以下两种方式进行计算：

① 渗滤液参数，包括初始渗滤液浓度、孔隙度等参数；

② 垃圾参数，包括垃圾类型及其对应的百分比、浸出浓度等参数。

5.4.2.1　根据渗滤液参数计算

$$C_{t,i} = C_{0,i} e^{-\lambda t} \tag{5-73}$$

$$\lambda = \frac{I}{D_w \theta_{fc}} \tag{5-74}$$

式中　$C_{t,i}$——不同时间的渗滤液中污染物 i 的浓度，mg/L；

$C_{0,i}$——初始渗滤液中污染物 i 的浓度，mg/L；

λ——衰减系数，1/a；

t——时间，a；

D_w——堆体高度，m；

θ_{fc}——垃圾田间含水率，无量纲；

I——入渗强度，m/a。

参数说明：需要用户输入的参数为 C_0、D_w、θ_{fc}；入渗强度通过"下渗模型"计算得到。

5.4.2.2　根据垃圾特性计算

假设填埋场由 J 种垃圾组成，每种垃圾含不同的污染物，渗滤液中第 j 种垃圾产生的第 i 种污染物的浓度为：

$$C_{t,i,j} = C_{0,i,j}\, \mathrm{e}^{\frac{-It}{D_w F_j \rho_j K_i}} \tag{5-75}$$

$$C_{0,i,j} = \frac{D_w F_j 10 C_{e,i,j}}{365 I} \tag{5-76}$$

渗滤液中所有垃圾（j 种）共同产生的第 i 种污染物的浓度根据下式计算：

$$C_{t,i} = \sum_j C_{t,i,j} \tag{5-77}$$

式中　$C_{e,i,j}$ ——第 j 种垃圾中第 i 种污染物的浓度，mg/L；

$C_{t,i,j}$ ——第 j 种垃圾中第 i 种污染物在 t 时刻时的浓度，mg/L；

$C_{0,i,j}$ ——第 j 种垃圾中第 i 种污染物的初始浓度，mg/L；

$\quad D_w$ ——堆体高度，m；

$\qquad I$ ——入渗强度，m/d；

$\quad F_j$ ——第 j 种垃圾占垃圾总量的百分比，%；

$\quad \rho_j$ ——第 j 种垃圾的密度，g/cm³；

$\quad K_i$ ——第 i 种污染物的固液分配系数，L/kg。

5.4.2.3　渗滤液初始浓度的实验

上述模型中，最重要的参数是渗滤液初始浓度（即 C_L^0）。目前国内对危险废物淋溶释放模型也开展了一些研究，但对填埋场初始渗滤液组分浓度还没有涉及，在计算环境风险时大多用填埋场入场标准的浸出浓度代替，风险值偏差较大，实际应用存在着不确定性和局限性。

本书以土柱淋溶模拟填埋场渗滤液的浸出过程，通过对比不同时间段内不同浸出液中的总 Cr 浓度，定义渗滤液初始浓度（C_L^0）的取值时间和取样量。通过探索不同高度、不同 pH 值浸出剂条件下浸出液所含总 Cr 初始浓度，初步建立土柱浸出液中总 Cr 溶出浓度与浸出浓度 C_e 数学关系模型。

（1）材料与方法

1）试验装置

参照欧盟固体废物填埋入场浸出特性鉴别方法，构建有机玻璃小柱，废物溶出方式采取上流式。废物填埋高度 h 为 30cm、60cm、90cm，外径 10cm，内径 9cm，如图 5-28所示。

2）样品和设备

① 填埋危险废物样品：重庆某危险废物处置场固化飞灰。

② 所需器材：破碎机；蠕动泵；聚乙烯瓶（50mL）；移液枪。

③ 主要仪器设备：电感耦合等离子体质谱仪（ICPMS）。

（2）实验方法

填埋废物时，每增加5cm高度时施加相同次数、同一高度落锤压实，减小实验系统误差。

根据填埋柱总体积的 1/150、1/100、1/30、1/20、1/10 分别采取浸出液（分别对应 V_x，$x=1$、2、3、4、5），其作为初始渗滤液浓度 C_L^0 体积代号，分别测量其所含总

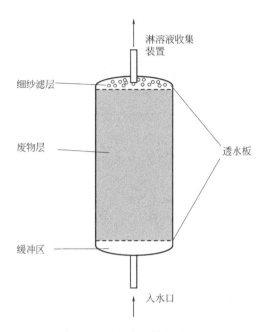

图 5-28　浸出实验模拟玻璃柱

Cr 浓度。V_x 对应的初始浸出液体积数如表 5-6 所列。

表 5-6　V_x 对应的初始浸出液体积数　　　　　　　　单位：mL

C_L^0 体积代号	V_1	V_2	V_3	V_4	V_5
30cm 提取体积数	12.7	19.1	63.6	95.4	190.8
60cm 提取体积数	25.4	38.2	127.2	190.8	381.6
90cm 提取体积数	38.1	57.3	190.8	286.2	572.4

浸取剂 pH 值设置为 3、5、7，模拟硫酸型酸雨和地下水两种介质、三种不同酸碱度条件下其对固化飞灰总 Cr 的溶出，探讨以 C_{Cr_0} 表征 C_L^0 的取样量，并初步讨论其与 pH 值、h 间的关系。

（3）分析与讨论

按照上述操作过程及取样方法，分批次采集不同 h 及 pH 值对应不同体积浸出液中总 Cr 浓度，见表 5-7。

表 5-7　不同 h 及 pH 值对应不同体积浸出液总 Cr 浓度　　　　单位：mg/L

体积/mL	pH＝3			pH＝5			pH＝7		
	30cm	60cm	90cm	30cm	60cm	90cm	30cm	60cm	90cm
V_1	5.74	6.11	7.52	5.80	6.28	9.52	3.13	6.28	7.13
V_2	6.08	6.05	7.7	6.81	6.39	9.78	3.79	6.45	7.12
V_3	5.73	6.09	8.03	6.54	6.92	10.40	3.88	7.01	7.46
V_4	5.84	6.18	8.42	5.65	7.17	10.59	3.81	7.17	7.44

体积/mL	pH＝3			pH＝5			pH＝7		
	30cm	60cm	90cm	30cm	60cm	90cm	30cm	60cm	90cm
V_5	5.54	6.38	9.13	6.32	7.76	10.75	4.06	7.39	7.44
总 Cr 浓度均值/(mg/L)	5.68	6.26	8.64	6.20	7.35	10.56	3.92	7.19	7.42
总 Cr 溶出总量/mg	2.17	4.77	9.90	2.36	5.61	12.09	1.50	5.49	8.49

表 5-7 中总 Cr 浓度均值为加权平均值，其使原有数据的随机性得到弱化，降低了数据的波动性，保持了原有数据的单调性，各柱总 C_{Cr_0} 加权平均值计算式为：

$$C_{Cr_0} = \sum_1^5 (V_x C_x) / \sum_1^5 V_x$$

1）浸出浓度 C_e 与土柱溶出均值浓度 C_{Cr_0} 比较

对土柱溶出均值浓度 C_{Cr_0} 与 GB 5085.3 和 HJ 557 所得浸出浓度 C_e 对比，不同实验方式所得浓度数据见表 5-8。

表 5-8　不同实验方式浓度比较

pH 值	试验方式	C_{Cr_0} /(mg/L)
6.5	纯水翻转震荡	0.69
7	30cm 土柱溶出	3.92
	60cm 土柱溶出	7.19
	90cm 土柱溶出	7.42
3.2	硫酸硝酸翻转震荡	0.77
3	30cm 土柱溶出	5.68
	60cm 土柱溶出	6.26
	90cm 土柱溶出	8.64

由表 5-8 可知不同浸出方式产生的浓度数值差异较大：当浸取剂 pH＝3 时，30cm 柱的溶出浓度（5.68mg/L）是硫酸硝酸法（pH＝3.2）浸出浓度（0.77mg/L）的 7.4 倍；当浸取剂 pH＝7 时，30cm 柱的溶出浓度（3.92mg/L）是纯水（pH＝6.5）浸出浓度（0.69mg/L）的 5.7 倍。同样条件下，60cm 柱时分别为 8.1 倍、10.4 倍，90cm 柱时分别为 11.2 倍、10.8 倍。因此，土柱溶出浓度数值远远大于翻转震荡浸出浓度。根据 EPACMTP 模型，计算任意时刻渗滤液浓度公式为：

$$C_L = C_L^0 e^{-\left(\frac{I_2}{\frac{C_w}{C_L^0} d \cdot F_h \cdot P_{hw}}\right) t} \tag{5-78}$$

式中　C_L^0——初始渗滤液浓度；

　　　I_2——入渗强度；

　　　t——时间；

　　　d——堆体深度；

　　　F_h——给定废物的体积分数（相对整个填埋堆体）；

P_{hw}——废物密度；

C_L——任意时刻给定元素的渗滤液浓度；

C_w——给定元素的质量分数。

当其他参数一定时，根据前面的分析，用 C_L^0 计算 C_L 所得浓度结果相差 5～11 倍，说明直接使用渗滤液浸出浓度 C_e 计算 C_L 浓度偏小，计算风险值出现明显偏差。因此，C_e 不能直接应用于上式计算 C_L。开展土柱溶出试验模拟表征 C_L^0 时研究其对应浸出液提取量及相关影响因素具有重要意义。

2）C_L^0 体积的确定

由图 5-29 可知：相同 h 时，总 C_{Cr_0} 值总体随 V_x 变化差异不大；pH＝3 时，30cm、60cm、90cm 模拟实验柱数值波动范围分别为 0.24～0.54mg/L、0.20～0.33mg/L、0.71～1.61mg/L，pH＝5 时依次为 0.27～1.16mg/L、0.59～1.48mg/L、0.16～1.23mg/L，pH＝7 时则为 0.14～0.93mg/L、0.22～1.11mg/L、0.02～0.32mg/L。3 个模拟填埋高度下，以不同体积表征的初始渗滤液浓度变化范围都很小。图 5-29～图 5-31 分别对应不同 pH 值及 V_x 时以总铬浓度表征的初始渗滤液 C_L^0 变化情况。

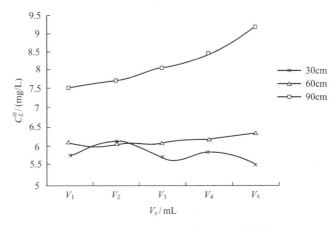

图 5-29　pH＝3 时 V_x 对应总 C_{Cr_0} 值变化

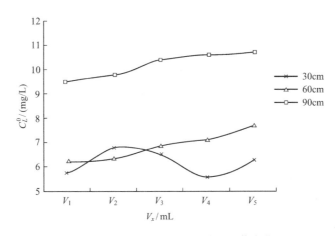

图 5-30　pH＝5 时 V_x 对应总 C_{Cr_0} 值变化

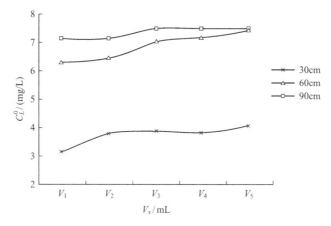

图 5-31　pH＝7 时 V_x 对应总 C_{Cr_0} 值变化

由图 5-31 可知：同一 h 和 pH 值条件下，C_{Cr_0} 值随 V_x 变化趋势不明显。为更准确评价各组数据内在联系，进行相对偏差处理，见表 5-9。

表 5-9　各柱 C_{Cr_0} 相对偏差

相对偏差 /%	pH＝3			pH＝5			pH＝7		
	30cm	60cm	90cm	30cm	60cm	90cm	30cm	60cm	90cm
rt_1	1	2	13	6	15	10	20	13	4
rt_2	7	3	11	13	7	7	3	10	4
rt_3	1	3	7	5	6	2	1	3	0.5
rt_4	3	1	3	9	2	0.3	3	0.3	0.3
rt_5	2	2	6	2	6	2	4	3	0.3

由表 5-9 可看出：不同 V_x 对应的相对偏差差距有大有小，反映各组 C_{Cr_0} 数据相对均值变化情况。绝大部分相对偏差值≤10%，其中 V_4 对应的 rt_4 相对组内其他 V_x 较好，其次是 V_5。因此，以 V_4 测定的 C_{Cr_0} 表征 C_L^0 时其数值距平均值最为接近。另外，采集浸出液体积越大，实验系统误差越小。结合欧盟固体废物浸出方法，考虑实验分析误差因素，以土柱为实验装置选取 1/10 体积数的 V_5 作为衡量 C_L^0 参考量。

3）C_L^0 影响因素

Van der Sloot H A 等系统研究了影响危险废物中的重金属浸出因素，认为浸出受到各种物理、化学、生物因素的影响，如填埋量大小、液固接触表面积、pH 值、微生物种类及活性等。笔者以 pH 值和 h 作为土柱浸出的主要影响因素，pH＝3、5、7 及不同 h 时，以 V_5 表征的 C_L^0 随 pH 值及 h 变化如图 5-32、图 5-33 所示。

由图 5-33 可知：填埋高度 h 一定时，pH 值由 3～5 时 C_L^0 增大，由 5～7 时 C_L^0 减小，在 pH＝5 时均达到各组内最大值，浓度变化趋势不遵循 pH 值越小其溶出越多的经验规律，也可能存在试验误差等因素造成 pH 值为 5 时出现极大值。图 5-32 显示 pH 值一定时，C_L^0 随模拟填埋高度 h 增大而增大。当 pH＝3 时，h 由 30cm 增至 90cm，C_L^0 由 5.54mg/L 增大至 9.13mg/L；当 pH＝7 时，C_L^0 由 4.06mg/L 增大为 7.44mg/L。

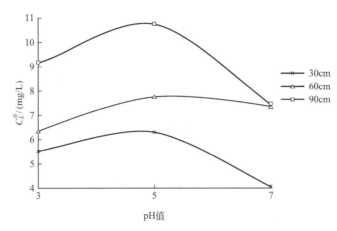

图 5-32　V_5 表征的 C_L^0 随 pH 值变化

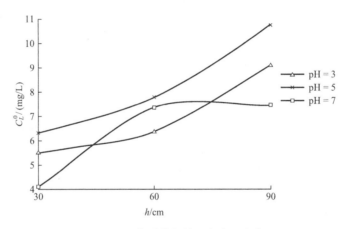

图 5-33　C_L^0 随模拟填埋高度 h 变化

当 pH＝5 时，C_L^0 由 6.32mg/L 变为 10.75mg/L；三条曲线的整体变化呈现上升趋势。说明一定 pH 值条件下，浓度与 h 正相关。这是因为随 h 增高，填埋量增多，液固接触表面积增大，有利于可溶性组分的溶解与扩散，浓度曲线上升趋势快。

4）C_L^0、h、pH 值相关数学关系

对影响因素 pH 值和 h 进行相关性分析，其与 C_L^0 的相关关系如表 5-10 所列。

表 5-10　C_L^0 与影响因素 pH 值和 h 相关关系

影响因素	30cm	60cm	90cm	pH＝3	pH＝5	pH＝7
R^2	0.47	0.52	0.31	0.94	0.98	0.76
趋势线	$y=7.7e^{0.07x}$	$y=5.9e^{0.03x}$	$y=11.6e^{-0.05x}$	$y=4.1e^{0.008x}$	$y=4.2e^{0.008x}$	$y=3.3e^{0.01x}$

由表 5-10 可看出：h 一定时，随 pH 值变化，R^2 较小，C_L^0 与 pH 值间的相关关系较差；而 pH 值一定时，随 h 变化，$R^2 \geqslant 0.76$，C_L^0 与 h 间的相关关系较好。通过数学拟合，初步得出：

$$C_L^0 = C_n \left[e^{-0.8(h_{n+1}-h_n)} + 0.3 \times \frac{\text{pH}_{n+1}}{\text{pH}_n} \right] \quad (n=1,2,3) \tag{5-79}$$

式中 C_n——表 5-7 中各均值浓度，当 n 取 1、2、3 时，对应 pH 值为 3、5、7，高度 h 为 30cm、60cm、90cm。

根据方程计算，不同 pH 值和填埋高度条件下得到的 C_L^0 与实际测量值相关偏差范围为 10%～20%。计算值与实测值拟合度不高，可能是因为实验条件限制，样本量和参数的设计存在不足。由于初始渗滤液浓度还应当与填埋废物的固液分配系数、浸取剂固液比存在一定的关系，因此需要继续开展后期实验研究。

（4）小结

通过实验模拟不同填埋高度和 pH 值浸取剂时，确定了表征初始渗滤液浓度 C_{Cr}^0 的相应渗滤液溶出体积数，即用填埋体积的 1/10 的溶出液的浓度作为 C_{Cr}^0。实验研究表明，浸取液的 pH 值在 3～7 范围内变化时 C_{Cr}^0 没有明显规律性，C_{Cr}^0 随模拟填埋高度 h 增大而增大。初步建立了 C_{Cr}^0 和填埋高度 h、pH 值之间的简单数学关系模型。由于实验条件限制，为探讨 C_L^0 和 h、pH 值数学关系，仍需继续深入开展其他典型废物淋溶实验研究。

5.5 导排系统的淤堵及其评估

渗滤液泄漏是危险废物填埋场环境风险的主要来源，渗滤液收集和导排系统（Leachate Collection and Drainage System，LCDS）是 HWL 的重要功能单元，合理设计的 LCDS 能够有效收集渗滤液，减小其环境风险[4-6]。LCDS 失效会导致填埋场内渗滤液水位升高，继而引发一系列严重后果。

① 渗滤液水位升高会加剧渗滤液及渗滤液中污染物通过防渗膜的渗漏和扩散[7,8]；

② 渗滤液水位过高会使很大一部分垃圾处于饱和状态，从而抑制垃圾降解减缓填埋场稳定化进程[9-11]；

③ 渗滤液水位过高，还将导致衬垫系统温度升高，进而导致防渗膜的使用寿命及其防渗能力降低[12,13]；

④ 渗滤液水位升高还导致孔隙水压力增大，垃圾内部（以及垃圾导排层界面，导排层-衬垫层界面）抗剪强度降低，进而引发各种形式的堆体稳定性问题（边坡失稳、局部沉降等）。

对导排层淤堵的研究自 20 世纪 80 年代开始，初期主要通过现场挖掘实验确定淤堵现象的存在，并通过实验分析淤堵物质的化学组成，通过现场挖掘发现生活垃圾填埋场（Municipal Solid Waste Landfill，MSWL）渗滤液环境下，淤堵普遍存在；Brune 等[14]通过对淤堵物的化学成分分析发现钙、铁、镁、碳酸盐、二氧化硅是淤堵物的主要组分。20 世纪 90 年代后期，学者开始关注导排层淤堵的影响因素，主要研究方式为室内 Column 模拟实验。如 Rowe 和 Fleming[15]等利用 Column 实验分析了导排颗粒粒径和级配、饱和/非饱和条件、渗滤液流速、浓度和温度等因素对淤堵的影响，以及渗滤液穿过实验装置前后物理化学性征的变化。结果表明：渗滤液组分浓度和流速一定的条件下，导排颗粒粒径是影响淤堵速率的重要因素，增大导排颗粒粒径能够有效减缓导排层淤堵延长 LCS 的有效寿命。而在导排颗粒及其他因素一定的条件下，渗滤液中有机基质和无机盐的质量负荷增大会加速导排层的淤堵。

文献研究表明目前对导排层的研究主要以生活垃圾填埋场为主，危险废物填埋场由于建设运行时间短，数量相对较少，目前尚未引起足够重视。然而危险垃圾渗滤液和生活废物渗滤液在 pH 值、阳离子浓度、悬浮颗粒浓度、悬浮颗粒大小和给配以及有机质含量方面都存在着明显的差异，这些因素均对淤堵的产生和发展有着重要影响。因此开展危险废物填埋场导排层的淤堵研究，明确其淤堵特征和控制机理，对危险废物填埋场导排层淤堵预防和环境风险控制具有重要意义。

5.5.1 试验装置与材料

5.5.1.1 试验装置

Column 实验装置为圆柱形有机玻璃柱，内径为 20cm，高度为 60cm，装置上端和下端均设置 10cm 高的水流缓冲区，中段 40cm 为导排区域，填充导排颗粒。为模拟导排层的饱水条件，采用从下往上的水流方式。在玻璃柱侧壁上不同高度（10cm、20cm、30cm、40cm）处开孔并连接三通，三通一端连接测压计，一端连接出流管。

导排层淤堵试验装置如图 5-34 所示。

5.5.1.2 试验材料

导排颗粒为鹅卵石，通过筛分法对鹅卵石样品进行粒度分析，得到其平均粒径 $D_{50}=2.77cm$，不均匀系数为 2.65。

试验所用导排流体为该填埋场渗滤液原样，从填埋场导排管流出进入暂存罐，随后用离心泵直接泵入装置的定水头实验装置中。

5.5.2 实验方法和步骤

5.5.2.1 实验步骤

采用室内 Column 渗流试验模拟导排过程中导排介质的淤堵过程，实验步骤如下所述。

(1) 装柱

将洗净、风干后鹅卵石分层装入实验装置中，控制每次装入鹅卵石的质量，按等容重将其压实。

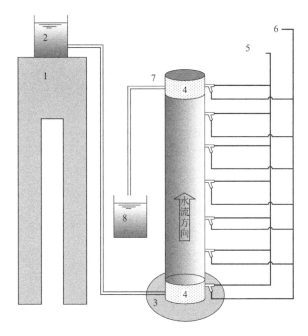

图 5-34　导排层淤堵试验装置示意

1—试验台；2—定水头装置；3—进水口；4—水流缓冲区；5—测压计；6—出流孔

（测分段排水量）；7—出水口；8—渗流液收集槽

（2）饱水、排气

控制水流流速，使其柱体中水位缓慢上升，完全饱和后维持渗流状态 2h，排除柱体及测压管中的残余气体，待测压管水位稳定后计算每分段的初始渗透系数、初始排水孔隙度及排水流量。

（3）淤堵的时空变化测定

打开供水装置的搅拌器，使水箱中悬浊液浓度保持均匀；在回灌液中加入少量的苯酚溶液，消除微生物的影响；利用蠕动泵自上而下向砂柱供水，同时打开上端溢流口，使进水面水位稳定不变，下部出水面水位用定水头装置控制；每隔一段时间读取各测压管的水头值，计算回灌过程中不同时刻砂柱各层的渗透系数 K，待渗透系数 K 稳定后终止试验。

5.5.2.2　淤堵的数学表征

采用排水孔隙度、渗透系数和给定水头下的导排流量来定量表示导排层的淤堵。

（1）排水孔隙度

多孔介质中所有孔隙空间体积之和与该介质体积的比值，称为该介质的总孔隙度，以百分数表示。总孔隙度越大，说明该介质中孔隙空间越大；孔隙度越小，说明导排层淤堵越严重。当介质被水饱和以后，其孔隙体积近似等于水的体积，因此其孔隙度可以根据下式计算：

$$\theta_d = \frac{V_d}{V_T}$$

(5-80)

式中　θ_d——孔隙度，无量纲；

　　V_d——任意两出流孔之间的排水体积，L；

　　V_T——任意两出流孔之间的小柱体积，L。

（2）渗透系数

堵塞作用是由水在介质内渗透流动引起的，其特征和作用规律也主要是通过介质的渗透系数来表征。因此，对堵塞的定量评价可以采用介质渗透性的变化来衡量。

土柱内介质渗透系数依据 Darcy 定律进行计算：

$$K = \frac{Q \cdot \Delta x}{\pi r^2 \cdot \Delta h}$$

(5-81)

式中　Q——流量，m³/d；

　　Δx——任意两测压管间距离，m；

　　Δh——此两测压管中水头差，m；

　　r——土柱内径，m。

在实验过程中，记录不同时刻各测压管内水头值及流量，从而通过上式获得不同时刻土柱内不同层位的渗透系数值。

（3）导排流量

淤堵越严重，给定水头条件下的导排流量越小，因此导排流量是导排层淤堵最直观的体现。导排流量可以用单位时间内 6# 出流孔流出来的水的总体积表征。

5.5.3　结果和讨论

5.5.3.1　排水孔隙度的时空变化特征

（1）时间变化特征

图 5-35 为孔隙度的时间变化趋势（无反滤层装置），不同高度处介质排水体积随时间的变化。

从图 5-35 中可以看出，从时间上看，孔隙度的变化经历 3 个阶段。

1）初期（2013/1/8～2013/3/8）：孔隙度基本不随时间变化

第 1～4 层的孔隙度分别从 56.32%、55.71%、57.55% 和 52.34% 变化至 55.86%、56.63%、56.78% 和 53.57%。第 1 层和第 3 层略有减小，第 2 层和第 4 层略有增加（可能是由于试验误差造成），因此整体上可以视为稳定期。

2）中期（2013/3/8～2013/5/6）：孔隙度缓慢下降阶段

这一阶段开始，孔隙度开始缓慢下降，且下降得越来越快：第 1～4 层的孔隙度分别从 55.86%、56.63%、56.78% 和 53.57% 下降至 47.90%、48.97%、48.52% 和 41.78%，下降幅度分别为 14.25%、13.51%、14.56% 和 22.00%。

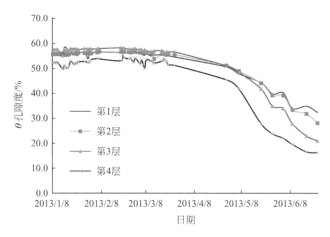

图 5-35　孔隙度的时间变化趋势（无反滤层装置）

3）后期（2013/5/6～2013/6/25）：孔隙度迅速下降阶段

这一阶段中，第1～4层的孔隙度分别从 47.90%、48.97%、48.52% 和 41.78% 下降至 32.45%、28.16%、24.00% 和 16.22%。下降幅度分别为 32.27%、42.50%、50.53% 和 61.17%。在更短的时间周期里，后期（50d）的下降幅度反而比中期（60d）的下降幅度高出 2 倍以上。

（2）空间变化特征

图 5-36 为不同高度处孔隙度的变化趋势图（无反滤层装置），不同高度处介质孔隙度的减小百分比示意图。

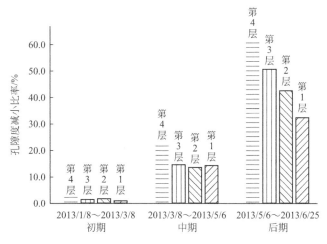

图 5-36　不同高度处孔隙度的变化趋势（无反滤层装置）

从图 5-36 中可以看出不同时期孔隙度减小的规律不同。首先，整体上看初期、中期和后期孔隙度的减小速率不同，初期基本不发生变化，中期缓慢减小，后期急剧减小。这是因为在初期，初始孔隙度很大，介质内部的孔隙通道也较为"宽敞"，允许大部分颗粒物通过。到中期阶段，由于一些物理吸附和生物化学反应，渗滤液中的一些金属阳离子在导排颗粒表面以薄膜形式黏附，这样不仅减小了孔隙通道，同时也使得导排颗粒表面的粗糙度增加，不仅使水流速度变缓，同时也使颗粒物更易于吸附。另外，在这个过程中，渗滤液中存在的极少部分的大颗粒物质（大于孔隙通道内径）也会堵塞在导排层中。上述各种情况综合作用下，导排颗粒的开始发生轻微淤堵，孔隙度缓慢降低；到后期，轻微淤堵发生到一定程度以后，导排介质内部的空隙通道减小，使得原本可以通过的小粒径颗粒物也难以通过，"潜在"淤堵物更多，使得淤堵作用更为显著，导排层孔隙度减小趋势也更为显著。

另外，初期、中期和后期不同高度处的孔隙度变化差异较为明显。例如在初期，各个高度处介质孔隙度的变化均很小，且不同高度之间差别不大；而中期各个高度处介质孔隙度均有显著减小，但是第4层（即入口处）减小最大（22%），其他3层之间减小幅度相近（14%左右）。后期，各个高度处的孔隙度均大幅度减小，且不同高度处之间减小幅度不同：越往底层减小幅度越大。分析其原因，是因为在初期各高度处的孔隙度均比较大，空隙通道也大，不同高度处均不容易发生淤堵；在中期淤堵开始逐渐发生，但是一些大的颗粒物均被堵塞在入水口的位置，也即第4层；第4层相当于一个过滤层，过滤掉了一些大颗粒物质，这样就使得第1、2、3层发生淤堵的可能减小。因此这一阶段，第4层的淤堵较为显著，第1、2、3层则淤堵较轻，且较为接近；尽管第4层过滤掉了一些大颗粒物质，但是由于一些生物化学反应，也会有些新的絮状物和沉淀物生成，并在水流作用下进入到第3层，此时第3层也会发挥类似于"反滤层"的作用，过滤掉一些絮状物和沉淀物质，使得第1、2层的淤堵可能减小。这样就形成了后期淤堵程度$_{第4层}$＞淤堵程度$_{第3层}$＞淤堵程度$_{第2层}$＞淤堵程度$_{第1层}$的情形。

5.5.3.2　不同装置的孔隙度变化比较

图5-37、图5-38分别为土工布反滤层实验装置和细砂反滤层实验装置中孔隙度随时间变化图。

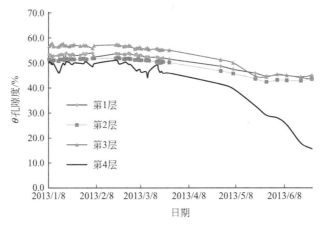

图5-37　孔隙度的时间变化趋势（土工布反滤层实验装置）

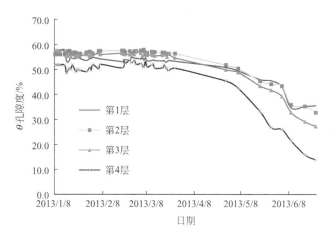

图 5-38　孔隙度的时间变化趋势（细砂反滤层实验装置）

从图 5-38 中可以看出，与无反滤层实验装置相比，其孔隙度变化同样可以划分为初期、中期和后期 3 个阶段。初期基本无变化，中期开始逐渐减小，后期急剧减小。

但是与图 5-39 相比，可以看出土工布反滤层装置中第 4 层（即入口处）孔隙度减小的趋势更为明显，而第 1～3 层则淤堵较轻。

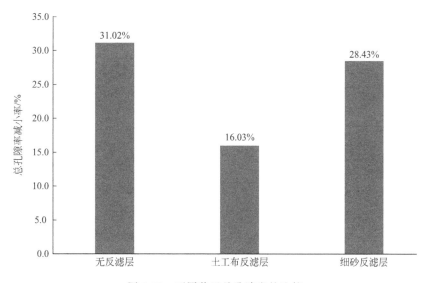

图 5-39　不同装置总孔隙度的比较

图 5-39 为不同装置中，试验时段末不同实验装置中总孔隙度的减小率比较。可以明显看出，由于土工布反滤层的存在，使得该装置中总孔隙度减小幅度最小，而无反滤层装置中总孔隙度减小幅度最大，细砂反滤层装置居于两者之间。

进一步分析不同装置、不同高度处孔隙度的变化，结果见图 5-40。

从图 5-40 中可以看出，不同装置，第 4 层处孔隙度减小的比例相差不大，均为

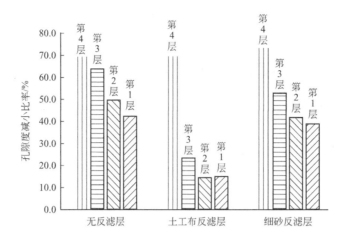

图 5-40　不同装置、不同高度处孔隙度的比较

70%左右。但是，第1、2、3层处，土工布反滤层装置中孔隙度的减小的比例明显小于无反滤层的。这说明，危险废物填埋场渗滤液中的颗粒物存在粒径大于土工布的孔隙，因此土工布能有效过滤掉一部分颗粒物质，有效防止下方导排颗粒的淤堵。细砂反滤层也能起到类似的作用，但是对颗粒物质的"截获"能力小于土工布，因此在实验时段末，其第1、2、3层的孔隙度大于无反滤层装置的，但小于土工布反滤层装置的。

5.5.3.3　不同装置的导排流量比较

由以上内容分析表明，反滤层的存在可以有效截获渗滤液中较大颗粒物，防治其堵塞下方的导排颗粒。反滤层的存在使第4层的淤堵更为严重，但使第1、2、3层的淤堵

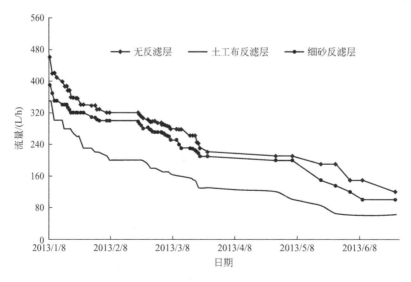

图 5-41　不同装置导排流量的比较

相对较轻。但整体而言，总孔隙度存在以下关系：

$$总孔隙度_{土工布反滤层} > 总孔隙度_{细砂反滤层} > 总孔隙度_{无反滤层}$$

由于孔隙度大小与淤堵物质量成反比，淤堵物质越多孔隙度越小，反之淤堵物质量越小孔隙度越大，因此上式说明反滤层的存在减少了淤堵物质的产生。但是，孔隙度与导排能力存在相关关系，但并不意味着孔隙度大，导排能力就一定大，为此比较了在相同水头条件下（60cmm），不同装置导排流量的变化（见图5-41）。从图5-41中可以看出，尽管无反滤层的装置中导排颗粒总孔隙度小于土工布反滤层装置，但是其导排流量反而较大。

参 考 文 献

[1] GIROUD J P，BADU-TWENEBOAH K，Bonaparte R. Rate of leakage through a composite liner due to geomembrane defects [J]．Geotextiles and Geomembranes，1992，11（1）：1-28.

[2] GIROUD J P，BONAPARTE R. Leakage through liners constructed with geomembranes—Part Ⅰ．Geomembrane liners [J]．Geotextiles and Geomembranes，1989，8（1）：27-67.

[3] GIROUD J P，BONAPARTE R. Leakage through liners constructed with geomembranes—Part Ⅱ．Composite liners [J]．Geotextiles and Geomembranes，1989，8（2）：71-111.

[4] LI Y，LI J，CHEN S，et al. Establishing indices for groundwater contamination risk assessment in the vicinity of hazardous waste landfills in China [J]．Chemicals Management and Environmental Assessment of Chemicals in China，2012，165：77-90.

[5] YANG K，ZHOU X，YAN W，et al. Landfills in Jiangsu province，China，and potential threats for public health：Leachate appraisal and spatial analysis using geographic information system and remote sensing [J]．Urban Waste Management，2008，28（12）：2750-2757.

[6] LI D，XI B，WEI Z，et al. Study on suitability of hazardous wastes entering the landfill directly [J]．The Seventh International Conference on Waste Management and Technology (Icwmt 7)，2012，16：229-238.

[7] ZAMORANOA E，MOLEROB A，HURTADOA A. Evaluation of a municipal landfill site in southern Spain with GIS-Aided methodology [J]．Journal of Hazardous Materials，2008，160（2）：473-481.

[8] GIROUND，BACHUSRC，BONAPARTER. Influence of water flow on the stability of geosythetic soil layered systems on slope [J]．Int. J. Geosynthetics，1995，2（6）：1149-1180.

[9] FELLNER J，DÖBERL G，ALLGAIER G. Comparing field investigations with laboratory models to predict landfill leachate emissions [J]．Waste Management，2009（29）：137-145.

[10] EDIL T B. A review of aqueous-Phase VOC transport in modern landfill liners [J]．Waste Management，2003，23（7）：561-571.

[11] 张文杰，陈云敏，詹良通. 垃圾填埋场渗滤液穿过垂直防渗帷幕的渗漏分析 [J]. 环境科学学报，2008，28（5）：925-929.

[12] ROWE K，Z M. Impact of landfill liner time-temperature history on the service life of HDPE geomembranes [J]．Waste Management，2009，29（10）：2689-2699.

[13] ROWE R，RIMAL S，SANGAM H. Ageing of HDPE geomembrane exposed to air，water and leachate at different temperatures [J]．Geotextiles and Geomembranes，2009，27（2）：137-151.

[14] BRUNE M，RAMKE H G，COLLINS H，et al. Incrustation processes in drainage systems of sanitary landfills：Proceedings of the Third International Landfill Symposium，Sardinia，1991.

[15] FLEMING I R，ROWE R K. Laboratory studies of clogging of landfill leachate collection and drainage systems [J]．Canadian Geotechnical Journal，2004，41（1）：134-153.

第6章

渗滤液中污染物在环境介质中的迁移转化

6.1 渗滤液在包气带中的迁移转化及模拟预测

包气带模型模拟竖向水流运动以及溶质在潜水含水层上方包气带中的运动和迁移转化。考虑到还需要用 Monte Carlo 方法对该模型的参数进行不确定性分析[1]，因此在模型构建和求解过程中算法的效率是需要重点考虑的问题。

6.1.1 包气带中水流运动模型

6.1.1.1 概念模型构建

模拟渗滤液及其污染物在环境介质中迁移扩散首先需要建立水流运动和污染物迁移扩散的概念模型[2-4]。所谓概念模型，是对环境系统的一种近似的形象化表示，其目的是为了对野外实际问题进行科学简化，便于对环境系统进行分析，建立数学模型，组织有关数据。理论上，概念模型越接近野外实际情况，数值模型就越精确。但实际上，不差分毫地对野外环境系统的组成要素和运行规律进行重现是几乎不可能的，简化是必要的。但是简化必须建立在充分反映原系统基本特征的基础上，对于本书而言，构建的概念模型必须充分反映包气带中渗滤液运动的基本规律，包括模型范围、水流维度和方向、补给和排泄条件等。

（1）水流维度

地下水渗流运动包括一维线性运动、二维区域运动、二维剖面运动和三维运动。当渗流要素（水位、流速等）仅随一个坐标变化，即渗流场内水流速度向量只有一个分量，所有的流线均彼此平行，与此正交方向上的分速度等于零时，称之为一维线性流动。相应的，如果水流速度存在 x、y 方向上的两个分量，那么称之为二维区域运动；

若水流速度存在 x、z 或 y、z 方向上的两个分量，则称之为二维剖面运动；若水流速度存在 x、y、z 三个方向上的分速度，则称之为三维运动。

渗滤液在包气带中的迁移运动过程可以概化如图 6-1 所示。

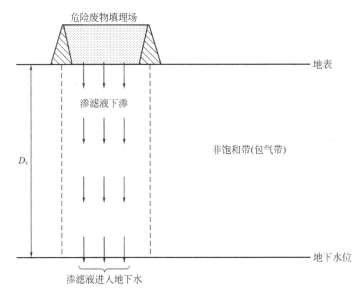

图 6-1　渗滤液在包气带中的迁移运动过程概化（D_v 为包气带厚度）

从图 6-1 中可知，渗滤液从防渗系统渗漏后，在重力的作用下竖直向下运动，其水流方向为垂直向下，不存在其他方向的速度分量，因此认为渗滤液在包气带中的运动为一维线性运动。

（2）模型范围

根据图 6-1 所示，包气带顶底部水平，顶部与填埋场底部相连，接受渗漏液补给，底部通过地下水位与地下水含水层（饱和带）形成水力联系。因此包气带中的水流运动的上下边界即为危险废物填埋场防渗层最底部与地下水位之间的范围。

水平上，渗滤液在包气带中的运动范围受防渗层 HDPE 膜的损伤特性，即漏洞大小、形状、数量等因素影响。当防渗层 HDPE 膜上没有漏洞时，渗滤液的渗漏主要以分子扩散的形式通过库底的 HDPE 膜，在整个库底区域区域均匀渗漏 [见图 6-2(a)]，此时可以认为包气带模型的水平边界为填埋场库底区域。另外，当防渗层 HDPE 膜上均匀分布有大量小型漏洞时，通过每个小漏洞的渗漏量较为接近 [见图 6-2(b)]，此时也可假设渗滤液在整个库底区域均匀渗漏。

当防渗层上存在个别的大型漏洞（直径＞1m）时，渗滤液主要通过这些漏洞进入包气带中，此时其他区域的渗漏相对较小，因此可以认为包气带模型的水平边界即为该漏洞区域 [图 6-3(a)]；当防渗层上存在连片分布的小型漏洞时，渗滤液的渗漏情形跟大型漏洞情形下极为相似，此时可以认为包气带模型的水平边界为小型连片漏洞所在区域，面积等于所有小型漏洞的面积 [图 6-3(b)]。

需要说明，在防渗层土工膜（主要为 HDPE 膜）安装施工过程中的一些因素可能会导致安装好的土工膜和其下方介质之间出现间隙。即使在土工膜衬垫上施以一个很大

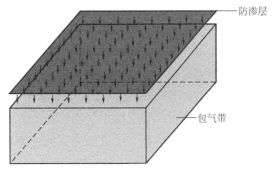

(a) 无漏洞情形下的渗滤液入渗区域

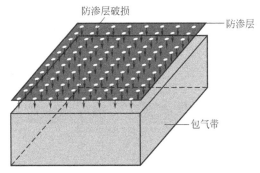

(b) 均匀分布的小漏洞情形下的渗滤液入渗区域

图 6-2　渗滤液在整个库底区域均匀渗漏

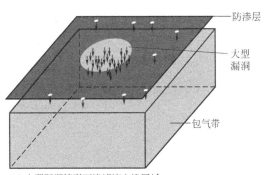

(a) 大型漏洞情形下渗滤液入渗区域

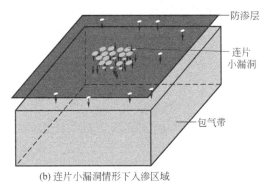

(b) 连片小漏洞情形下入渗区域

图 6-3　渗滤液在漏洞区域集中渗漏

的压力，但由于安装过程中造成的土工膜褶皱、膜下介质层的不平整以及大颗粒的泥块和石子的存在，土工膜也很难完全填充入控制层细颗粒的空隙之间形成紧密无隙的接触。在这种情形下，当渗滤液通过漏洞渗漏后不会垂直进入包气带，而会在土工膜和介质层的间隙中横向流动（称为辐射流或界面流，辐射流所在区域称为湿周），随后再垂直入渗进入包气带中［见图6-4(a)］。此时包气带模型的水平范围就是所有漏洞的湿周面积之和。需要说明的是，上述情况仅发生在土工膜上方介质渗透系数大于下方介质渗透系数时。当土工膜上方介质渗透系数小于下方介质渗透系数时，同样会出现界面流，但是界面流会出现在土工膜上方［见图6-4(b)］。此时，渗漏后的渗滤液仍然是在漏洞

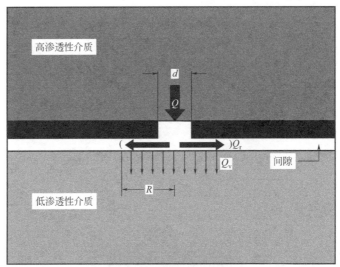

(a) 界面流在土工膜下方

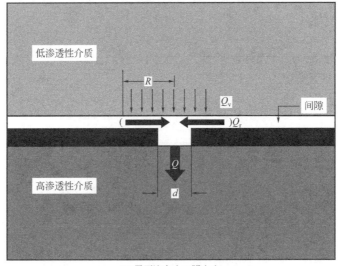

(b) 界面流在土工膜上方

图 6-4　界面流存在时的包气带模型水平范围

d—漏洞直径；R—湿周半径；Q—渗滤液渗漏强度；Q_r—辐射流流量；
Q_v—渗滤液补给包气带强度（$Q=Q_r=Q_v$）

区域向包气带入渗，因此包气带模型的水平范围等于漏洞面积，而非湿周面积。

（3）边界条件

模型构建中，准确选择边界条件是极其关键的一步。尤其是在稳定流模拟中，边界条件基本上决定了水流类型。在非稳定流模拟中，当水头或浓度变化影响到边界时边界条件也会影响到非稳定流问题的解。因此必须正确选择模型边界以使模拟效果逼真，否则会导致模拟结果出现严重错误。

对于本项目而言，由于水流维度为一维线性，因此只需考虑包气带水流模型的上边界和下边界。根据图 6-1 可知，包气带上方与填埋场顶部相连，接受渗滤液的渗漏补给，因此其水流边界可视为给定流量边界。假设导排层中的渗滤液运动为稳定流，其水头基本不随时间变化，在假设漏洞面积和形状不变的条件下，可近似认为渗滤液渗漏补给是恒定的，因此将包气带模型上边界处理为定流量边界。

在包气带底部，即模型下边界上，包气带与含水层通过地下水位形成水力联系。通常假设地下水位不随时间发生变化，此时可以认为包气带模型的下边界上负压水头为零。

6.1.1.2 控制方程和边界条件

在上述概念模型基础上，进一步对包气带水流运移模型做如下假设和简化：

① 水流为一维水流，且渗滤液为等温液体，其运动规律可用 Darcy 定律描述；

② 水流和溶质的运动主要受填埋场渗漏液下渗的驱动，假定下渗强度是恒定的；

③ 水流在包气带中的运动为稳定流，而溶质运移既可采用稳定流，也可采用非稳定流；

④ 包气带中所含介质为均质各向同性的理想土壤；

⑤ 气相为不可移动的，且为蒸汽存在；流体为轻微可压缩的，均质流体；

⑥ 水流状态为稳定流；

⑦ 土壤本构关系里不考虑滞后效应；

⑧ 土壤为不可压缩的理想孔隙介质；

⑨ 水的流动不受水中可溶解化学物质的影响。

在此条件下，根据 Darcy 定律得到包气带水流模型的控制方程为：

$$I_L = -K_s k_{rw} \left(\frac{\mathrm{d}\Psi}{\mathrm{d}z_u} - 1 \right) \tag{6-1}$$

式中　I_L——渗漏液的下渗速率；

　　K_s——饱和渗透系数；

　　k_{rw}——相对渗透率（无量纲）；

　　Ψ——土水势；

　　z_u——高度（向下为正）。

下边界上土水势为零，因此下边界条件可设置为：

$$\Psi_L = 0 \tag{6-2}$$

式中　Ψ_L——包气带底部（即深度为 L 处）的土水势。

6.1.1.3 数值求解方法

与饱和水的微分方程不同，上述方程中的渗透系数不是一个常数，而是随含水率变化而变化，因此需要知道渗透系数与含水率之间的关系。这个关系也叫土壤水分本构关系（或土壤水分特征曲线）[5,6] 在非饱和流中，孔隙水在孔隙空间的毛细管压力作用下处于负压状态。对于特定土壤，压力势和含水率之间的关系是已知的。在求解包气带水流方程的过程中，渗透系数和土壤饱和度之间的关系也是必须知道的。这三者之间的关系也称土壤本构方程，van Genuchten 模型（1980）是常用的描述土壤本构方程的理论之一。根据 van Genuchten 模型，土壤水分和压力势之间的关系可以用下式描述：

$$\theta = \begin{cases} \theta_r + (\theta_s - \theta_r)[1+(-\alpha\Psi)^\beta]^{-\gamma} & \Psi < 0 \\ \theta_s & \Psi \geqslant 0 \end{cases} \tag{6-3}$$

$$S_e = \frac{\theta - \theta_r}{\theta_s - \theta_r} = \begin{cases} [1+(-\alpha\Psi)^\beta]^{-\gamma} & \Psi < 0 \\ 1 & \Psi \geqslant 0 \end{cases} \tag{6-4}$$

$$k_{rw} = S_e^{\frac{1}{2}}[1-(1-S_e^{\frac{1}{2}})^\gamma]^2 \tag{6-5}$$

式中　θ——土壤实际含水率；

　　　α——经验拟合参数（曲线形状参数），cm^{-1}；

　　　S_e——过程变量（中间参数）；

　　　θ_r——土壤田间含水率；

　　　θ_s——土壤饱和含水率；

　　　Ψ——土壤压力势；

　　　β——van Genuchten 参数；

　　　γ——van Genuchten 参数，$r = 1 - 1/\beta$；

其余符号意义同前。

将上述 van Genuchten 本构模型的 3 个公式合并并整理得到以 Ψ 为因变量的渗透系数 k_{rw} 表达式：

$$k_{rw} = \begin{cases} 1 & \Psi \geqslant 0 \\ \dfrac{\{1-(-\alpha\Psi)^{\beta-1}[1+(-\alpha\Psi)^\beta]^{-\gamma}\}^2}{[1+(-\alpha\Psi)^\beta]^{\frac{\gamma}{2}}} & \Psi < 0 \end{cases} \tag{6-6}$$

式中　α——van Genuchten 参数，$1/m$；

　　　k_{rw}——相对渗透度；

其他符号意义同前。

将上式代入包气带水流控制方程中，离散化后用向后差分格式表示如下（Huyakorn and Pinder，1983）：

$$F(\Psi) = \begin{cases} \dfrac{K_u}{I_L}\left(\dfrac{\Psi_{z_u - \Delta z_u} - \Psi_{z_u}}{\Delta z_u} + 1\right) - 1 = 0 & \overline{\Psi} \geqslant 0 \\ \dfrac{K_s}{I_L}\left\{\dfrac{\{1-(-\alpha\overline{\Psi})^{\beta-1}[1+(-\alpha\overline{\Psi})^\beta]^{-\gamma^2}\}}{[1+(-\alpha\overline{\Psi})^\beta]^{\frac{\gamma}{2}}}\left(\dfrac{\Psi_{z_u - \Delta z_u} - \Psi_{z_u}}{\Delta z_u}\right) + 1\right\} - 1 = 0 & \overline{\Psi} < 0 \end{cases}$$

$$\tag{6-7}$$

式中　$F(\Psi)$——Ψ 的函数；

　　　　K_u——非饱和渗透系数；

　　　　K_s——饱和渗透系数；

　　　　I_L——渗漏液的入渗速率；

　　　　Δz_u——深度坐标，向下为正；

　　　　Ψ_{z_u}——z_u 处的土壤压力水头；

　　　　$\overline{\Psi}$——Ψ_{z_u} 和 $\Psi_{z_u-\Delta z_u}$ 的加权平均值，即 $(1-\omega)\Psi_{z_u}+\omega\Psi_{z_u-\Delta z_u}$；

　　　　ω——权重参数，取值在 $0\sim1$ 之间。

　　案例研究表明，ω 取 1 时，上述有限差分算法可在计算精确度和计算效率之间取得较好的平衡。

　　上述离散方程，结合下边界条件就可以求解出 $\Psi_{z_u-\Delta z_u}$ 的值；然后 $\Psi_{z_u-\Delta z_u}$ 的值被设置为下一步计算中的 Ψ_{z_u} 值，用来求取下一个 $\Psi_{z_u-\Delta z_u}$ 值。这样整个包气带上压力势的竖向分布就可以求出来了。将压力势的值代入土壤水分特征方程中就可以求解出纵剖面上土壤含水率的分布。

　　如上所述，在用有限差分对上述水流方程进行求解时，需要将研究区进行离散化处理。为提高计算效率，同时又尽可能提高计算精度，网格的离散化遵循下述原则：在土壤水分变化剧烈的地方精细剖分；反之，在土壤水分变化缓慢的地方，网格可以剖分得较大一些。图 6-5 是稳态条件下土壤饱和度的纵向分布图，可见在靠近饱和带的部分土壤含水率变化较大，在靠近填埋场防渗膜位置，含水率变化则比较平缓。

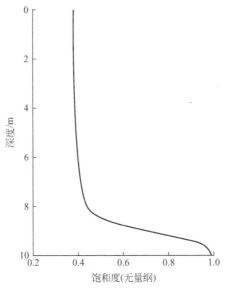

图 6-5　土壤剖面饱和度纵向分布示意

6.1.1.4　求解包气带中水流运动的一种简单方法

　　利用 6.1.1.1、6.1.1.2 部分介绍的方法对包气带中的水流运动进行计算，能够较好地刻画包气带中水分的实际运动规律。但是计算过程较为复杂，尤其当需要考虑参数不确定性并采用 Monte Carlo 模型进行不确定性模拟时计算将极为复杂。

假设包气带中的水流运动为稳态运动，在整个包气带中其流速均匀分布，其流速可用简化模型进行计算：

$$V_{unsat} = I/A \qquad (6-8)$$

式中 I——渗滤液渗漏强度，m^3/a；

A——渗滤液渗漏区域面积，m^2。

6.1.2　包气带中污染物运移模型

6.1.2.1　基本假设

基本假设包括：

① 仅考虑化学物质在液相中的运移，气相和固相中的分子扩散不做考虑；

② 对流和弥散都是一维的；

③ 流体性质（密度、动力学黏滞系数等）不受污染物浓度影响；

④ 化学物质在孔隙介质中的扩散和弥散服从 Fick 定律，水动力弥散系数定义为机械弥散和分子扩散之和；

⑤ 吸附反应可用线性或者 Freundlich 平衡等温吸附来描述；

⑥ 不考虑生物降解和化学降解。

6.1.2.2　控制方程和约束条件

在上述假设条件下，溶质在包气带中的迁移和扩散过程可用一维的对流-弥散方程表示如下：

$$\frac{\partial}{\partial z_u}\left(D_{Lu}\frac{\partial c_i}{\partial z_u}\right) - V_u\frac{\partial c_i}{\partial z_u} = \theta R_i\frac{\partial c_i}{\partial t} \qquad (6-9)$$

式中 D_{Lu}——纵向扩散系数；

z_u——深度，以向下为正；

c_i——水相中污染物 i 的浓度；

V_u——Darcy 流速，从包气带水流方程中求解得到；

t——时间；

θ——土壤含水率；

R_i——污染物 i 的迟滞因子。

上述方程给定初始条件和边界条件后就可以用解析解或者数值法求解。初始条件和边界条件如下所述。

1）初始条件

$$c_i(z_u, 0) = c_i^{in} \qquad (6-10)$$

式中 $c_i(z_u, 0)$——零时刻、溶质组分 i 在深度 z_u 处的浓度；

c_i^{in}——初始浓度值，一般设置为 0。

2）边界条件

① 包气带上边界可以给定为流量边界：

$$-D_{\mathrm{Lu}}\frac{\partial c_i}{\partial z_u}(0,t)=V_u\left[c_i^0(t)-c_i\right] \tag{6-11}$$

② 也可给定为浓度边界：

$$c_i(0,t)=c_i^0(t) \tag{6-12}$$

式中　D_{Lu}——表观弥散系数，$\mathrm{m^2/a}$；

　　　V_u——Darcy 流速；

　　$c_i^0(t)$——渗漏液中组分 i 的浓度。

③ 下边界可设置为零浓度梯度边界：

$$\frac{\partial c_i(I_u,t)}{\partial z_u}=0 \tag{6-13}$$

式中　$c_i(I_u,t)$——污染物 i 在包气带底部的浓度。

需要注意：利用解析解或者半解析解对上述方程求解时，通常假设水流和溶质区域是半无穷的。但是在求解时饱和液位线上的溶质浓度依然取 $z_u=I_u$ 时的值。此时下边界条件表述如下：

$$\frac{\partial c_i(\infty,t)}{\partial z_u}=0 \tag{6-14}$$

6.1.2.3　模型算法

若假定渗漏液的流量或浓度均为定值，则可近似假定包气带中的水分和溶质运移模型为稳定流模型，控制方程变为：

$$\alpha_{\mathrm{Lu}}\frac{\partial^2 c}{\partial z_u^2}-u\frac{\partial c}{\partial z_u}-\lambda c=0 \tag{6-15}$$

式中　α_{Lu}——纵向弥散度；

　　　u——包气带中的水流速度；

　　　λ——一阶降解常数；

其余符号意义同前。

上边界条件变为：

$$c(0,t)=c^0 \tag{6-16}$$

下边界条件依然为：

$$\frac{\partial c_i(I_u,t)}{\partial z_u}=0 \tag{6-17}$$

式中　c^0——渗漏液浓度，为常数。

上述方程的解析解为：

$$c(z_u)=c^0\mathrm{e}^{\left(\frac{B}{\alpha_{\mathrm{Lu}}}-\frac{B}{2\alpha_{\mathrm{Lu}}}\sqrt{1+\alpha_{\mathrm{Lu}}\frac{\lambda}{u}}\right)+\left(\frac{z_u}{\alpha_{\mathrm{Lu}}}-\frac{z_u}{\alpha_{\mathrm{Lu}}}\sqrt{1+4\alpha_{\mathrm{Lu}}\frac{\lambda}{u}}\right)} \tag{6-18}$$

当模型涉及非稳定流及链式降解反应时，就不能用简单的解析解来求解了。这里将会用到拉普拉斯变换，将溶质控制方程转换为普通的常微分方程，然后用解析解求解该常微分方程。随后应用 de Hoog 算法对常微分解进行数值反演（de Hoog et al.，1982）。

6.2　渗滤液在含水层中的迁移转化及模拟预测

6.2.1　地下水水流模型

（1）基本假设

① 从包气带进入饱和带的水流量很小（相对于含水层流量）不会引起饱和带水位的明显上升；

② 含水层为均质各向同性；

③ 地下水流为稳定流；

④ 地下水为液相的理想液体，其运动受 Darcy 定律控制；

⑤ 地下水流为一维流稳定流。

（2）控制方程和边界条件

假设含水层中的水流为稳态，其水流运动可用下述方程描述：

$$K_x \frac{\partial^2 H}{\partial x^2} + K_z \frac{\partial^2 H}{\partial z^2} = 0 \tag{6-19}$$

式中　H——地下水水头；

　　　K——含水层渗透系数。

边界条件

上游边界：$H(0,z) = H_1$

下游边界：$H(x_L,z) = H_2$

上边界：$-K_z \frac{\partial H}{\partial z}(x,B) = I_{EFF}$，$x_u \leqslant x \leqslant x_d$

否则　$-K_z \frac{\partial H}{\partial z}(x,B) = I_r$

下边界：$K_z \frac{\partial H}{\partial z}(x,0) = 0$

式中　$H(0,z)$——$x=0$ 处的水头；

　　　$H(x_L,z)$——$x=x_L$ 处的水头；

　　　　　x_L——含水层长度；

　　　　　B——含水层厚度；

　　　　I_{EFF}——含水层上方，填埋场位置处包气带的入渗强度；

　　　　　I_r——其他位置处的入渗强度。

引入 Dupuit-Forchheimer 假设，控制方程变为：

$$-K_x B \frac{\partial^2 H}{\partial x^2} = I_{EFF} \tag{6-20}$$

式中符号含义同前。

（3）解析解公式

结合边界条件，得到上述控制方程的解析解如下：

① 当 $0 \leqslant x \leqslant x_u$

$$H(x) = \frac{-I_r}{2K_x B} x^2 + \left[\frac{I_r - I}{2K_x B} \left(\frac{x_d^2 - x_u^2}{x_L} \right) + \frac{I_r - I_{EFF}}{K_x B} (x_u - x_d) + \frac{I_r}{2K_x B} x_L + \frac{H_2 - H_1}{x_L} \right] x + H_1 \tag{6-21}$$

② 当 $x_u \leqslant x \leqslant x_d$

$$H(x) = \frac{-I_{EFF}}{2K_x B} x^2 + \left[\frac{I_r - I}{2K_x B} \left(\frac{x_d^2 - x_u^2}{x_L} \right) - \frac{I_r - I_{EFF}}{K_x B} x_d + \frac{I_r}{2K_x B} x_L + \frac{H_2 - H_1}{x_L} \right] x$$
$$+ \frac{I_r - I_{EFF}}{2K_x B} x_u^2 + H_1 \tag{6-22}$$

③ 当 $x_d \leqslant x \leqslant x_L$

$$H(x) = \frac{-I_r}{2K_x B} x^2 + \left[\frac{I_r - I_{EFF}}{2K_x B} \left(\frac{x_d^2 - x_u^2}{x_L} \right) + \frac{I_r}{2K_x B} x_L + \frac{H_2 - H_1}{x_L} \right] x$$
$$- \frac{I_r - I_{EFF}}{2K_x B} (x_d^2 - x_u^2) + H_1 \tag{6-23}$$

（4）求解含水层中水流运动的一种简单方法

同样认为含水层中的水流运动服从一维稳态运动，整个含水层中流速均匀分布，那么流速 U 可根据下式计算：

$$U = KJ \tag{6-24}$$

式中　K——地下水含水层中的饱和渗透系数，m/d；

　　　J——含水层中的水力梯度（无量纲）。

6.2.2　含水层中溶质运移模型

由于防渗系统中控制层介质通常渗透性较低，因此渗滤液通过防渗膜上漏洞的渗漏很难出现类似自由出流的情形（此时渗漏源可视为点源）。由于控制层的影响，渗滤液通过漏洞后通常会形成一定面积的湿周。假定渗滤液在此区域内均匀渗漏，那么渗漏源可视为面源渗漏，其展布方向可平行于地下水水流方向（水平）。在面源的作用下，污染物的迁移通常是三维的。

（1）基本假设

1）迁移介质
均质、各向异性的含水介质；含水层上下边界为不透水边界。

2）流场

均匀等速一维流场，实际流速 u 为常数。

3）初始条件

初始时刻全域的污染物浓度 C_i 为常数。

4）边界条件

顶边界（$z=0$ 平面）为给定浓度边界，源分布在顶边界上。顶边界条件如下：当 $(x,y)\in$ 源时，$C=C_0$，其中 C_0 为源释放污染物的浓度；当 $(x,y)\notin$ 源时，$C=C_i$。

源释放污染物的方式为下列情况之一：

① 定强度连续释放；

② 源浓度随时间变化；

③ 源强度按 e 指数规律衰减；

④ 瞬时释放。

5）迁移条件

三维迁移，弥散系数的主方向与坐标轴方向一致。

6）滞留和化学反应

污染物在迁移过程中可发生线性吸附/解吸作用（Henry 等温吸附模式）；可发生化学生物反应，若有化学生物反应则符合一级动力学规律，若吸附到固相的污染物也发生反应则其反应速度常数与液相反应速度常数相同。

（2）控制方程和定界条件

在上述假设条件下，取 x 轴方向与水流方向一致，y 轴水平且与 x 轴垂直，z 轴直立，方向向下，可得问题的数学模型如下：

$$\frac{\partial C}{\partial t}=D_x\frac{\partial^2 C}{\partial x^2}+D_y\frac{\partial^2 C}{\partial y^2}+D_z\frac{\partial^2 C}{\partial z^2}-u\frac{\partial C}{\partial x}-kC \quad (x>-\infty,y<\infty,t>0) \quad (6\text{-}25)$$

$$C(x,y,z,t)\big|_{t=0}=C_i \quad (6\text{-}26)$$

$$C(x,y,z,t)\big|_{x\to\pm\infty}=C_i\exp(-kt) \quad (6\text{-}27)$$

对于给定顶边界浓度情况，边界条件条件如下。对于连续源，有

$$C(x,y,z,t)\big|_{y=0}=\begin{cases}C_0(t), & (x,z)\in\text{源时}\\ C_i\exp(-kt), & (x,z)\notin\text{源时}\end{cases} \quad (6\text{-}28)$$

对于瞬时源，有：

$$C(x,y,z,t)\big|_{y=0}=\begin{cases}C_0, & (x,z)\in\text{源},t=0\text{ 时}\\ C_i\exp(-kt), & (x,z)\notin\text{源时}\end{cases} \quad (6\text{-}29)$$

有限厚度域（$z=0-b$）

$$\frac{\partial C}{\partial z}\bigg|_{z=b}=0 \quad (6\text{-}30)$$

（3）解析解方程

对于上述问题，王洪涛等学者给出了其解析解方程为：

$$\mathrm{CG}_i(x,y,t)=\frac{1}{4nbx_0y_0}\int_0^{t-T_z}I_{a,i}(t-T_z-\tau)\times e^{-\lambda\tau}\times\left(\mathrm{erfc}\frac{x-u\tau-x_0}{2\sqrt{D_x\tau}}-\mathrm{erfc}\frac{x-u\tau}{2\sqrt{D_x\tau}}\right)\times$$

$$\left(\mathrm{erfc}\frac{y-y_0/2}{2\sqrt{D_y\tau}}-\mathrm{erfc}\frac{y+y_0/2}{2\sqrt{D_y\tau}}\right)\times\left(1+2\sum_{m=1}^{\infty}\cos\frac{m\pi z_w}{b}\mathrm{e}^{-\frac{D_z m^2\pi^2}{b^2}\tau}\right)\mathrm{d}\tau$$

$$(6\text{-}31)$$

式中 n——孔隙度；

b——含水层厚度，m；

x_0，y_0——等效为长方形面源的渗漏区域的长度和宽度，m；

$\mathrm{CG}_i(x,y,t)$——任意时刻 t，x，y 位置上污染物 i 的浓度。

参 考 文 献

[1] 徐亚，刘景财，刘玉强，等. 基于 Monte Carlo 方法的污染场地风险评价及不确定性研究 [J]. 环境科学学报，2014，34（06）：1579-1584.

[2] 季文佳，杨子良，王琪，等. 危险废物填埋处置的地下水环境健康风险评价 [J]. 中国环境科学，2010（04）：548-552.

[3] Chang S H，Kuo C Y，Wang J W，et al. Comparison of RBCA and CalTOX for setting risk-based cleanup levels based on inhalation exposure [J]. Chemosphere，2004，56（4）：359-367.

[4] 谌宏伟，陈鸿汉，刘菲，等. 污染场地健康风险评价的实例研究 [J]. 地学前缘，2006，13（1）：230-235.

[5] 陈鸿汉，谌宏伟，何江涛，等. 污染场地健康风险评价的理论和方法 [J]. 地学前缘，2006，13（1）：216-223.

[6] DAGAN G. Flow and Transport in Porous Formations [M]. New York：Springer Verlag，1989.

第7章

危险废物填埋场渗漏的环境风险评价

　　根据本书上述的描述，将危险废物填埋场渗漏的环境风险分成 3 个层次：第 1 层次是由于防渗层的可能破损导致的渗滤液渗漏；第 2 层次是渗滤液渗漏后对土壤和地下水的污染；第 3 层次是污染土壤和地下水对人体健康构成危害的过程。当第 1 层次的渗漏风险大于风险可接受水平时，则进行后续的第 2 层次风险评价；若第 2 层次风险评价结果显示地下水的污染风险水平很高时，则进行第 3 层次人体健康风险评价，反之则评价终止。通过该流程期望能够全面评价填埋场的渗漏风险、地下水的污染风险以及人体健康风险，为填埋场选址和防护距离的确定提供依据。因此，危险废物填埋场渗漏的环境风险评价的关键是确定不同层次的风险表征方式及其可接受水平[1]，层次化环境风险评价的基本思路和流程如图 7-1 所示。

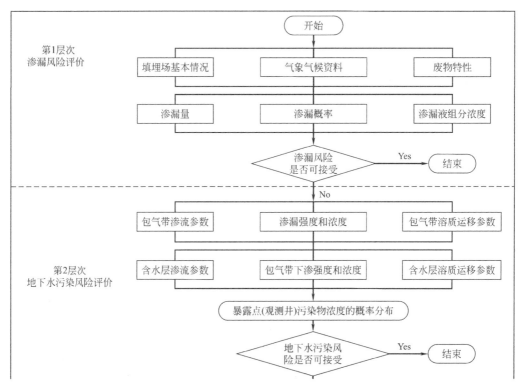

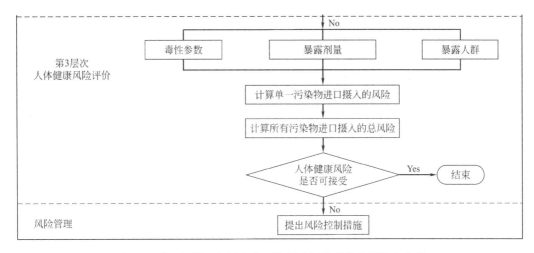

图 7-1 非正规填埋场层次化环境风险评价的基本思路和流程

7.1 渗漏风险评价

渗漏风险评价包括确定性模块和不确定性模块。

① 确定性模块为计算模型,用来计算给定参数条件下渗滤液的产生量和渗滤液中各污染组分浓度。

② 不确定性模块用来刻画确定性模块中各风险变量,如降雨量、蒸发量和漏洞数量等的不确定性对评价结果的影响。

蒙特卡洛分析法(Monte Carlo)是目前使用最广泛的不确定性分析方法,基本原理是将风险变量用概率函数描述,在计算时根据概率函数随机生成风险变量值,结合确定性模型对系统中可能发生的随机事件进行大量反复模拟,最后得到各种事件结果的发生概率。考虑到填埋场渗漏的普遍存在,认为当且仅当渗漏量和污染组分浓度超出某一标准值(可接受值)时才认为是渗漏事故。其中渗漏量的标准值取 $70m^3/(hm^2 \cdot a)$,污染组分浓度的标准值参考《城镇污水处理厂污染物排放标准》(GB 18918—2002)的限值要求。

7.1.1 渗漏风险的表征

假设在参数不确定性影响下,根据模型计算得到的渗漏强度 Q、渗滤液中污染组分的浓度 C 分别服从概率分布 $F(Q)$ 和 $F(C)$,其风险大小 P_C 和 P_Q 根据下式计算:

$$P_Q = P(Q \geqslant QL) = 1 - F(Q) \tag{7-1}$$

$$P_C = P(C \geqslant CL) = 1 - F(C) \tag{7-2}$$

当 P_C 和 P_Q 均大于 50% 时，说明渗漏风险较大，风险不可接受，需要开展第 2 层次风险评价。

7.1.2 渗漏量和组分浓度的计算

渗漏风险评估模型由渗漏量和污染物组分浓度的确定性模型以及用于刻画模型参数不确定性的随机模型构成。确定性模型中，渗漏量的计算包括地表降水、蒸发蒸腾、堆体入渗、导排层侧向排水以及通过黏土、土工膜的渗漏等多个地表和地下水文过程。污染组分的浓度计算采用指数衰减源模型。

7.1.3 渗漏概率计算

模型参数（降雨量、蒸发量等）的不确定性通常用概率密度函数（Probability density function，PDF）描述，而模型参数对渗漏概率的影响则采用 Monte Carlo 算法来估计。Monte Carlo 算法是目前解决风险评价中参数不确定性问题最为有效的方法之一，其核心原理就是采用服从某种概率分布的大量随机抽样来模拟可能出现的结果及其概率分布，假定目标函数 Y 满足

$$Y = f(X); \quad X = (x_1, x_2, \cdots, x_n) \tag{7-3}$$

式中 x_i ——服从某一概率分布的随机变量；

     $f(X)$ ——复杂的函数关系式，用解析法难以求得 Y 的概率分布。

Monte Carlo 模拟就是通过计算机随机抽样生成每一随机变量的一个样本值，然后代入式(7-3)求出函数值 Y，反复地独立模拟计算多次后得到函数 Y 的一组值 Y_1，Y_2，$\cdots$，Y_n。当模拟的次数足够多时，就可由此来确定目标函数 Y 的概率特征。

7.2 地下水污染风险评价

地下水污染风险评价同样包括确定性和不确定性两个模块：确定性模块为多孔介质溶质运移模块，模拟渗滤液及其组分在包气带和含水层中的迁移转化；不确定性模块为 Monte Carlo 模块，用以表征确定性模型中输入参数的不确定性对地下水污染风险的影响。

7.2.1 地下水污染风险的表征

以目标观测井中的污染物浓度 C_i 表征地下水污染程度，假设地下水三级质量标准中污染组分 i 的标准限值是 CL_i，则地下水的污染风险可以定义为观测井中污染组分浓

度超过地下水限值的概率 P。$P>50\%$ 则可认为地下水污染风险较大,需要进行第 3 级人体健康风险评价。假设由二级 PRA 模型计算得到的观测井中污染组分 i 的浓度累计频率分布为 $F(C_i)$,则 P 可以通过下式计算:

$$P = P(C_i \geqslant CL_i) = 1 - F(C_i) \tag{7-4}$$

7.2.2 污染物运移参数及概率分布

一般情况下,渗滤液的渗漏量远小于地下水流量,其对地下水水头和流速的影响可以忽略,因此可以假设包气带和地下水中的水流运动均为一维的稳态水流。分别采用第 6 章所描述的一维瞬态方程和平面二维瞬态方程来刻画污染物在土壤和地下水中的迁移转化。

影响地下水污染风险的参数很多,包括渗滤液渗漏量、渗滤液中组分浓度、包气带厚度、含水层厚度和流速、多孔介质渗流参数和污染物运移参数等。对于具体场地而言,包气带厚度、含水层厚度和流速等均为确定性参数。渗滤液渗漏量和渗滤液中组分浓度为过程风险变量,由一级 PRA 模型计算得到。多孔介质渗流参数如孔隙度、渗透系数,污染物运移参数如弥散系数和降解系数等的不确定性即为其空间变异性,可以通过水文地质勘探数据确定,若没有勘探数据,可参考 EPACMTP 中给出的推荐值。

7.3 人体健康风险评价

人体健康风险评价采用剂量-效应模型,而且需要确定特定土地利用方式下人群对污染场地内关注污染物的暴露情景、主要暴露途径、关注污染物迁移模型和暴露评估模型、模型参数取值,以及敏感人群暴露量的计算等。

7.3.1 暴露情景的确定

暴露情景是指特定土地利用方式下,场地污染物经由不同方式迁移并到达受体人群的情况[2-8]。通过分析特定土地利用方式下的暴露情景,可确定风险评估的主要暴露途径及受体人群。根据不同土地利用方式下人群的活动模式,《污染场地风险评估技术导则》(HJ 25.3—2014)中规定了敏感性用地方式(以住宅用地为代表)和非敏感性用地方式(以工业用地为代表)下的典型暴露情景和暴露途径。

对于一般污染场地而言,土壤中的有毒有害组分可能通过大气、土壤、地表水、浅层地下水和植物 5 种环境介质,经饮用、土壤吞入和接触、洗澡接触、游泳接触、食用动物产品、食用植物产品以及呼吸 7 个途径暴露于人体,并对人体产生危害,具体的暴露过程和暴露途径详见图 7-2。

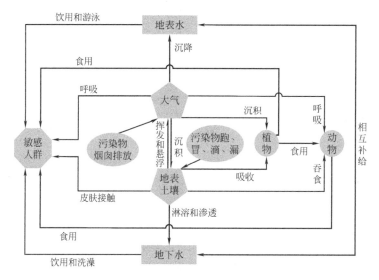

图 7-2 典型污染场地的污染组分-环境介质-人体暴露过程和暴露途径示意

根据《建设用地土壤污染风险评估技术导则》（HJ 25.3—2019）规定，工业等非敏感性用地方式下人群的暴露途径包括以下几种方式。

① 经口摄入土壤途径：非敏感用地方式下，人群可因经口摄入土壤而暴露于污染土壤。

② 皮肤接触土壤途径：非敏感用地方式下，人群可因皮肤直接接触而暴露于污染土壤。

③ 吸入土壤颗粒物途径：非敏感用地方式下，人群可因吸入空气中来自土壤的颗粒物而暴露于污染土壤。

④ 吸入室外空气中来自表层土壤的气态污染物途径：非敏感用地方式下，人群可因吸入室外空气中来自表层土壤的气态污染物而暴露于污染土壤。

⑤ 吸入室外空气中来向下层土壤的气态污染物途径：非敏感用地方式下，人群可因吸入室外空气中来自下层土壤的气态污染物而暴露于污染土壤。

⑥ 吸入室外空气中来自地下水的气态污染物途径：非敏感用地方式下，人群可因吸入室外空气中来自地下水的气态污染物而暴露于污染地下水。

⑦ 吸入室内空气中来自下层土壤的气态污染物途径：非敏感用地方式下，人群可因吸入室内空气中来自下层土壤的气态污染物而暴露于污染土壤。

⑧ 吸入室内空气中来自地下水的气态污染物途径：非敏感用地方式下，人群可因吸入室内空气中来自地下水的气态污染物而暴露于污染地下水。

⑨ 饮用地下水途径：非敏感用地方式下，人群可因饮用地下水而暴露于地下水污染物。

而对于填埋场而言，库底通常采用 HDPE 膜＋黏土防渗，封场则采用 HDPE 膜覆盖。填埋场中的有毒有害组分通过大气、土壤、地表水和植物等环境介质，经饮用、土壤吞入和接触、洗澡接触、游泳接触、食用动物产品、食用植物产品、呼吸 7 个暴露途径已经隔断，只能通过渗滤液渗漏污染地下水的途径对人体产生危害，其危害产生过程如图 7-3 所示。

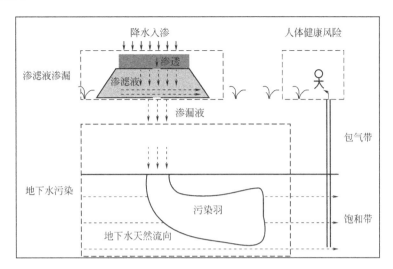

图 7-3　填埋处置（尾渣库、危险废物填埋场）情境下的暴露途径和环境风险

7.3.2　非致癌物质的效应评价

对于非致癌物质，假定其在高浓度条件下都会产生不良的健康效应，然而当剂量非常低时不存在或观察不到典型的不良效应。因此，定性化学物质的非致癌效应时关键参数是阈值剂量。阈值指在此剂量下不良的效应开始出现，低于阈值剂量被认为是安全的，而高于阈值剂量则可能会导致不良的健康效应。

通常根据对动物或/和人的研究得到的毒理学数据推断化学物质的阈值剂量。首先确定在特定的暴露时间内未产生可观测的不良效应的最高剂量（No Observed Adverse Effect Level，NOAEL）和产生可观测到的不良效应的最低剂量（Lowest Observed Adverse Effect Level，LOAEL）。假定阈值剂量位于 NOAEL 和 LOAEL 之间。然而，为了确保人体健康，非致癌风险的评估不是直接建立在阈值暴露水平基础上，而是建立在参考剂量（Reference Dose，RfD）或参考浓度基础上（Reference Concentration，RfC）。参考剂量或参考浓度是未引起包括敏感个体在内的有害效应的估算量。

参考剂量或参考浓度等于 NOAEL（如果没有 NOAEL 值则采用 LOAEL）除以不确定因子：

$$RfD(RfC) = \frac{NOAEL}{UF} \qquad (7-5)$$

$$UF = F_1 F_2 F_3 MF$$

式中　RfD(RfC)——参考剂量（参考浓度）；

　　　NOAEL——未观测到的不良效应的最高剂量；

　　　　　UF——不确定因子；

　　　　　F_1——种间不确定性，$F_1 = 1 \sim 10$，从动物实验外推到人时 $F_1 = 10$；

　　　　　F_2——种内不确定性，$F_2 = 1 \sim 10$，用于补偿人群中的不同敏感性时

$$F_2 = 10;$$

F_3——毒性不确定系数，$F_3 = 1 \sim 10$，如 NOAEL 不是从慢性实验中获得，则 $F_3 = 10$；

MF——资料完整性不确定系数，$MF = 1 \sim 10$，例如只有一种种属动物的实验结果时 $MF = 10$。

NOALE 或 LOAEL 除以不确定因子的目的是确保参考剂量不高于不良效应的阈值水平。因此，小于或等于参考剂量几乎肯定没有不良效应的风险，而高于参考剂量并不意味着一定产生不良效应。

非致癌毒性效应根据时间尺度分为：

① 急性效应（暴露时间≤24h）；

② 短期效应（24h～30d）；

③ 长期效应（30d 至预期寿命的 10%）；

④ 慢性效应（>预期寿命的 10%时间长度）。

通常，参考剂量和参考浓度在没有特殊指明的情况下是指慢性参考剂量和参考浓度。

7.3.3　致癌物质的效应评价

致癌效应的剂量-反应关系是以各种关于剂量和反应的定量研究为基础建立的，如动物实验学实验数据、临床学和流行病学统计资料等。由于人体在实际环境中的暴露水平通常较低，而实验学或流行病学研究中的剂量相对较高，因此，在估计人体实际暴露情形下的剂量-反应关系时，常常利用实验获取的剂量-反应关系数据推测低剂量条件下的剂量-反应关系，称为低剂量外推法。

实验数据的剂量-反应关系的建立常常采用毒性动力学方法或经验模型。如果有充分的证据确定受试物的作用模式，能较准确描述肿瘤出现前各种症候发生的速率和顺序（即毒性效应发生的生物过程）时，可采用毒性动力学方法。经验模型指对各种剂量下的肿瘤发生率或主要症候出现率进行曲线拟合，是一种统计学方法。当建立起了实验数据的剂量-反应关系曲线后，即可确定出发点，采用低剂量外推法推测低剂量条件下的剂量-反应关系。低剂量外推法包括线性和非线性两种模型。模型的选择主要基于污染物的作用模式，当作用模式信息显示低于出发点剂量的剂量-反应曲线可能为线性，则选择线性模型。如污染物为 DNA 作用物或具有直接的诱导突变作用，其剂量-反应曲线常常为线性。当证据不充分、对污染物的作用模式不确定时，线性模型为默认模型。当有充分的证据表明污染物的作用模式为非线性，且证实该物质不具有诱导突变作用时，可采用非线性模型。由于某些物质同时对不同的器官具有致癌作用，则可根据作用模式的不同，分别采用线性和非线性模型。此外，当有证据证实在不同的剂量区间内，污染物对同一器官的作用模式分别为线性和非线性时，可以结合使用线性和非线性模型。

线性模型直观表示为连接原点和出发点的直线，其斜率为斜率因子（Slope factor，

SF)，表示不同剂量水平的风险上限，可用于估计各种剂量下的风险概率。非线性外推可用于计算参考剂量或参考浓度。本书中采用的致癌斜率及参考浓度主要参考《污染场地风险评估技术导则》，部分参数应用美国环保署 IRIS 系统推荐参数。

7.3.4　暴露量计算

本书中涉及的暴露途径为饮用被渗滤液污染的地下水，该途径下摄入量的计算如下。

对于单一污染物的非致癌效应，考虑人群在成人期的暴露危害，饮用地下水途径对应的地下水暴露量，采用式(7-6)计算：

$$CGWER_{nc} = \frac{GWCR_a \cdot EF_a \cdot ED_a}{BW_a \cdot AT_{nc}} \tag{7-6}$$

式中　$CGWER_{nc}$——饮用受影响地下水对应的地下水的暴露量（非致癌效应），L 地下水/(kg 体重·d)；

　　　$GWCR_a$——成人每日饮水量，L 地下水/d；

　　　　ED_a——成人暴露期，a；

　　　　EF_a——成人暴露频率，d/a；

　　　　BW_a——成人体重，kg；

　　　AT_{nc}——非致癌效应平均时间，d。

对于单一污染物的致癌效应，考虑人群在成人期的暴露危害，饮用地下水途径对应的地下水暴露量，采用式(7-7)计算：

$$CGWER_{ca} = \frac{GWCR_a \cdot EF_a \cdot ED_a}{BW_a \cdot AT_{ca}} \tag{7-7}$$

式中　$CGWER_{ca}$——饮用受影响地下水对应的地下水的暴露量（致癌效应），L 地下水/(kg 体重·d)；

　　　AT_{ca}——致癌效应平均时间，d；

其余符号意义同前。

7.3.5　风险表征

饮用地下水途径的非致癌风险采用式(7-8)计算：

$$HQ_{cgw} = \frac{CGWER_{nc} \cdot C_{gw}}{RfDo \cdot WAF} \tag{7-8}$$

式中　HQ_{cgw}——饮用地下水途径的非致癌风险，无量纲；

　　　WAF——暴露于地下水的参考剂量分配比例，无量纲；

　　　RfDo——污染物的参考剂量，mg/(kg·d)；

　　　C_{gw}——地下水中污染物浓度，mg/L；

其余符号意义同前。

饮用地下水途径的致癌风险采用式(7-9)计算：

$$CR_{cgw} = CGWER_{ca} C_{gw} SF_o \tag{7-9}$$

式中　CR_{cgw}——饮用地下水途径的致癌风险，无量纲；

　　　　SF_o——经口摄入致癌斜率因子，mg/(kg·d)；

其余符号意义同前。

对上述计算得到的不同目标污染物的 HQ 和 CR_{cgw}（Risk），分别取其最大值，即为该填埋场渗滤液渗漏的人体健康风险值。而对于某些污染物，如铬、镉等同时具有阈值效应和非阈值效应，此时应当同时计算其非致癌危害商和致癌危害商。因此，根据上述公式计算出非致癌风险值 HQ 和致癌风险值 CR_{cgw}（Risk），并采用表 7-1 中健康风险分级标准来划分健康风险等级。

表 7-1　人体健康风险评价等级划分（确定性评价方法）

风险描述	风险等级	判别依据
无风险	Ⅰ	$HQ<1$，且 $CR_{cgw}<10^{-6}$
低风险	Ⅱ	$1 \leqslant HQ<5$ 且 $CR_{cgw}<5\times10^{-6}$，或 $10^{-6} \leqslant CR_{cgw}<5\times10^{-6}$ 且 $HQ<5$
中风险	Ⅲ	$5 \leqslant HQ<10$ 且 $CR_{cgw}<10^{-5}$，或 $5\times10^{-6} \leqslant CR_{cgw}<10^{-5}$ 且 $HQ<10$
高风险	Ⅳ	$10 \leqslant HQ<50$ 且 $CR_{cgw}<5\times10^{-5}$，或 $10^{-5} \leqslant CR_{cgw}<5\times10^{-5}$ 且 $HQ<50$
极高风险	Ⅴ	$50 \leqslant HQ<100$ 且 $CR_{cgw}<10^{-4}$，或 $5\times10^{-5} \leqslant CR_{cgw}<10^{-4}$ 且 $HQ<100$

7.4　危险填埋场环境风险的影响因素分析

7.4.1　场景和基本参数设定

填埋场结构根据《危险废物填埋污染控制标准》（GB 18598—2019）中的最低要求确定，根据填埋场封场绿化系统、地表水防渗和导排系统、堆体单元、渗滤液防渗和导排系统、天然基础层、包气带和地下水系统的排序，各层基本结构和参数设定如下所述。

7.4.1.1　封场绿化系统

填埋场封场绿化系统主要通过影响地表水入渗来影响地表水至堆体的渗漏量，进而影响渗滤液的产生量。根据《危险废物填埋污染控制标准》（GB 18598—2019）的规定，确定其基本结构如下（从上往下）。

① 植被层：坡度 5%～33%（标准没有规定最小坡度，但规定了最大的坡度不应超

过 33%，从风险角度考虑，坡度越小，径流越小，地表入渗越大，因此坡度最小取 5%，最大值取 33%）。

② 植被土层：厚度取 60cm。

7.4.1.2 地表水防渗和导排系统

地表水防渗和导排系统主要用于收集和导排地表入渗水，控制渗滤液的产生量。一般由导排层、防渗层和底层（兼作导气层）构成，各层厚度、材料特性参数取值如下。

① 导排颗粒：厚度取 30cm；坡度取 2%；渗透系数取 0.1cm/s。

② 防渗膜：由 HDPE 膜构成，厚度取 1mm；渗透系数取 1.0×10^{-12} cm/s。

③ 天然基础层：厚度取 20cm；标准要求底层由透气性好的颗粒物质组成，因此假设底层为细砂，渗透系数取 5×10^{-3} cm/s。

7.4.1.3 堆体单元

① 库底面积：库底面积取 $20000m^2$。

② 堆体高度：10m。

③ 渗滤液浓度：渗滤液浓度根据危险废物允许进入填埋区的控制限值确定，选择总汞、总铅、总镉、总铬、总铜、总镍和总砷作为目标污染物，铍和钡在实际调查中检出较少，不作为目标污染物。

各目标污染物的浓度如表 7-2 所列。

表 7-2　目标污染物浓度

目标污染物	总汞	总铅	总镉	总铬	总铜	总镍	总砷
浓度/(mg/L)	0.25	5	0.5	12	75	15	2.5

7.4.1.4 渗滤液防渗和导排系统

渗滤液防渗和导排系统分别考虑复合衬层和双人工衬层两种情形。

（1）复合衬层的结构参数

① 导排颗粒：厚度取 30cm；坡度取 2%；渗透系数取 0.1cm/s。

② 防渗膜：由 HDPE 膜构成，厚度取 1.5mm；渗透系数取 1.0×10^{-12} cm/s。

③ 人工衬层：由黏土构成，厚度取 0.5m；渗透系数取 1.0×10^{-7} cm/s。

④ 天然基础层：厚度取 3.0m；渗透系数取 1.0×10^{-7} cm/s。

（2）双人工衬层的结构参数

① 主导排层导排颗粒：厚度取 30cm；坡度取 2%；渗透系数取 0.1cm/s。

② 主防渗膜：由 HDPE 膜构成，厚度取 2.0mm；渗透系数取 1.0×10^{-12} cm/s。

③ 次导排层导排材料：厚度取 10cm，饱和渗透系数取 0.1cm/s。

④ 次防渗膜：由 HDPE 膜构成，厚度取 1.0mm；渗透系数取 1.0×10^{-12} cm/s。

⑤ 天然基础层：厚度取 0.5m；渗透系数取 1.0×10^{-7} cm/s。

7.4.1.5 包气带和地下水系统

(1) 包气带厚度

标准规定地下水位应在不透水层 3m 以下，即填埋场库底与含水层之间的包气带厚度最小值应为 3m，但根据实际调查数据，个别填埋场包气带厚度薄至 1.1m，本研究取其 5% 分位值，即 1.25m。

(2) 包气带渗透系数

标准中对包气带渗透系数没有具体要求，根据 37 个填埋场的调查结果，包气带渗透系数一般在 0.001～6m/d 之间，80% 在 0.003～0.05m/d 之间，本研究取其 95% 分位值，即 0.49m/d。

(3) 含水层厚度

标准中对含水层厚度同样没有明确规定，根据实际调查结果含水层厚度一般在 1.3～27m 之间，5～20m 以下的占 73%，本研究中取其 5% 分位值为 2.7m。

(4) 含水层饱和渗透系数

标准中对含水层饱和渗透系数同样没有明确规定，根据实际调查结果含水层渗透系数一般在 0.001～30m/d 之间，0.001～0.5m/d 的占 73%，本研究中取其 95% 分位值为 22.9m/d。

(5) 水动力弥散系数

水动力弥散系数包括机械弥散系数与分子扩散系数。当地下水流速较大以至于可以忽略分子扩散系数，同时假设弥散系数与孔隙平均流速呈线性关系，这样可先求出弥散度再乘以孔隙平均流速得到弥散系数。弥散系数包括纵向弥散系数（D_x 和 D_y）和横向弥散系数（D_z），可近似认为三者之间满足以下关系（Freeze 和 Cherry，1979；Gelhar，1992）：

$$D_x = 0.1D_y = 0.033D_z$$

本章取 $D_x = 36\text{m}^2/\text{a}$，则 $D_y = 3.6\text{m}^2/\text{a}$，$D_z = 0.12\text{m}^2/\text{a}$。

7.4.2 参数敏感性分析

7.4.2.1 导排层参数的敏感性分析

(1) 导排支管间距

分别考虑导排支管间距为 5m、10m、25m、50m、75m、100m 条件下，利用模型计算得到不同距离处的污染物浓度分布如图 7-4 所示；以及监测井中污染物浓度随时间变化的过程如图 7-5 所示。

从图 7-5 中可以看出随着导排管间距增大，监测井中污染物的浓度也随之增大。另外，根据图 7-4，随着导排管间距增大，含水层中其他位置处的污染物浓度也会随之增

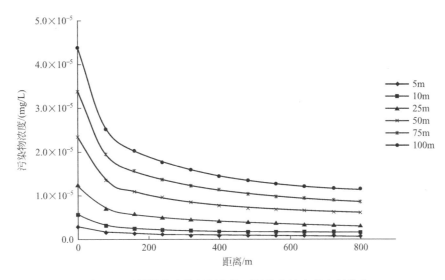

图 7-4   不同导排支管间距条件下污染物浓度的空间分布

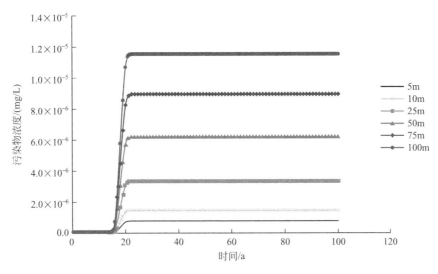

图 7-5   不同导排支管间距条件下污染物浓度随时间变化

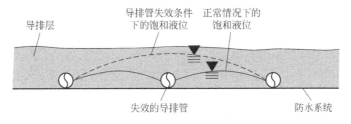

图 7-6   支管间距对渗滤液饱和水位的影响示意

大。这是因为随着导排管间距增大，渗滤液导排层中水分的渗流途径增长（见图 7-6），因此防渗膜上饱和渗滤液水位随之上升。在同样的漏洞数量和漏洞面积条件下，渗滤液饱和水位上升意味着水头压上升，而根据 Darcy 定律，渗透流量与水头压差成正比，因此渗滤液渗漏量也随之增加。

为进一步分析导排支管间距对监测井中污染物浓度的影响，绘制了支管间距与监测井中污染物浓度的关系曲线，并采用线性方程对其进行了拟合，结果见图 7-7。

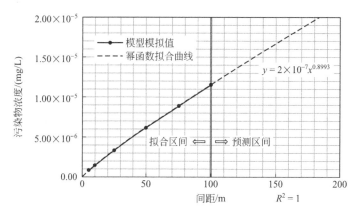

图 7-7　监测井中污染物浓度随导排支管间距的变化

从图 7-7 中可知，污染物浓度与导排支管间距之间存在幂函数关系，拟合曲线为 $y = 2 \times 10^{-7} x^{0.8993}$，$R^2 = 1$，说明拟合结果非常可靠。根据该幂函数模型，导排支管间距每增加 1 倍，监测井中污染物浓度将增加约 87%。

（2）导排层坡度

分别考虑导排层坡度为 0.01、0.02、0.03、0.04、0.06、0.10 和 0.16 的情形，利用模型计算得到不同距离处的污染物浓度分布如图 7-8 所示；以及监测井中污染物浓度随时间变化的过程如图 7-9 所示。

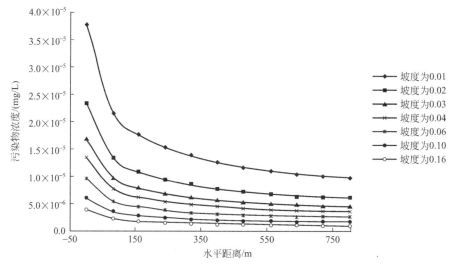

图 7-8　不同导排层坡度条件下污染物浓度的空间分布

从图 7-8 中可以看出随着导排层坡度减小，监测井中污染物的浓度随之增大。另外据图 7-9 可知，随着导排层坡度减小，含水层中其他位置处的污染物浓度也会随之增大。这是因为随着导排层坡度减小，导排层的侧向排水能力减弱，导致防渗膜上饱和渗滤液水

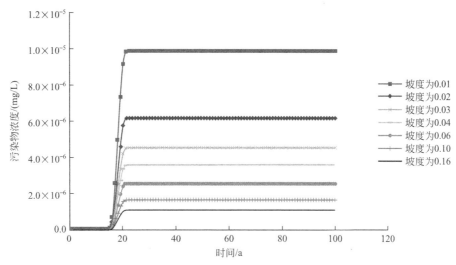

图 7-9　不同导排层坡度条件下污染物浓度随时间变化

位增加。在同样的漏洞数量和漏洞面积条件下，渗滤液饱和水位上升意味着水头压上升，而根据 Darcy 定律，渗透流量与水头压差成正比，因此渗滤液渗漏量也随之增加。

另外，根据模拟结果，导排层坡度每减小 1/2，监测井中污染物浓度将增加 71%。

为进一步分析导排层坡度对监测井中污染物浓度的影响，绘制了导排层坡度与监测井中污染物浓度的关系曲线，并采用幂函数对其进行了拟合，结果见图 7-10。

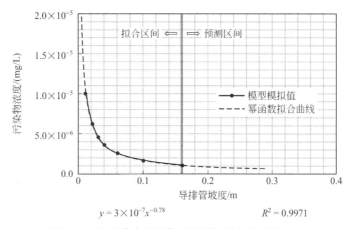

$$y = 3 \times 10^{-7} x^{-0.78} \qquad\qquad R^2 = 0.9971$$

图 7-10　监测井中污染物浓度随导排层坡度的变化

从图 7-10 中可知，污染物浓度与导排支管间距之间存在幂函数关系，拟合曲线为 $y = 3 \times 10^{-7} x^{-0.78}$，$R^2$ 值为 0.9971，说明拟合结果非常可靠。从图中可知当导排层坡度从 0.01 变化至 0.04 时，坡度变化对监测井污染物浓度的影响较大；而当导排层坡度从 0.04 变化至 0.16 时，坡度变化对监测井中污染物浓度影响逐渐减小；而当坡度从 0.16 增大时，其变化对监测井中污染物浓度的影响已经很小了。

(3) 导排层渗透系数

根据上述思路，分析导排层渗透系数变化对监测井中污染物浓度的影响。根据标准规定，导排层渗透系数最小为 0.1cm/s，但根据相关文献以及本项目的实验数据，渗滤液中的 Ca^{2+}、Mg^{2+}、悬浮颗粒、有机质等均可导致导排层发生淤堵，渗透系数减小 1～3 个数量级，为此本研究在模拟渗透系数分别为 0.1cm/s、0.05cm/s、0.001cm/s、0.005cm/s、0.0001cm/s、0.0005cm/s 和 0.00001cm/s 情形下，研究了监测井和地下水含水层中污染物浓度的变化。不同距离处的污染物浓度分布如图 7-11 所示；监测井中污染物浓度随时间变化的过程如图 7-12 所示。图 7-11 和图 7-12 中，K-0.1、K-0.05、K-0.001、K-0.005、K-0.0001、K-0.0005 和 K-0.00001 表示模拟渗透系数分别为 0.1cm/s、0.05cm/s、0.001cm/s、0.005cm/s、0.0001cm/s、0.0005cm/s 和 0.00001cm/s。

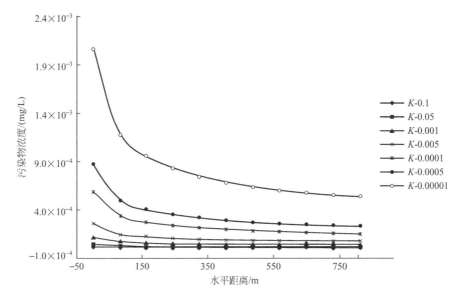

图 7-11　不同导排层渗透系数条件下污染物浓度的空间分布

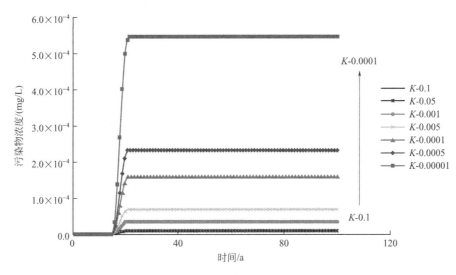

图 7-12　不同导排层渗透系数条件下污染物浓度随时间变化

从图 7-12 中可以看出随着导排层渗透系数减小，监测井中污染物的浓度随之增大。

另外，根据图 7-11，随着导排层渗透系数减小，含水层中其他位置处的污染物浓度也会随之增大。这是因为随着导排层渗透系数减小，导排层的侧向排水能力减弱，导致防渗膜上饱和渗滤液水位增加。在同样的漏洞数量和漏洞面积条件下，渗滤液饱和水位上升意味着水头压上升，而根据 Darcy 定律，渗透流量与水头压差成正比，因此渗滤液渗漏量也随之增加。

为进一步分析导排层渗透系数对监测井中污染物浓度的影响，绘制了导排层渗透系数与监测井中污染物浓度的关系曲线，并采用幂函数对其进行了拟合，结果见图 7-13。

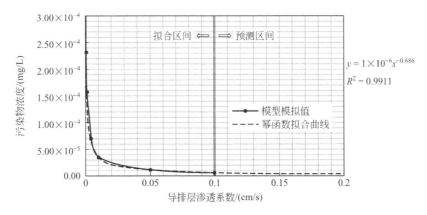

图 7-13   监测井中污染物浓度随导排层渗透系数的变化

从图 7-13 中可知，污染物浓度与导排层渗透系数之间存在着幂函数关系，拟合曲线为 $y = 1 \times 10^{-6} x^{-0.686}$，$R^2$ 值为 0.9911，说明拟合结果非常可靠。从图中可知当导排层坡度从 0.0001 变化至 0.01 时，监测井污染物浓度迅速降低；而当导排层坡度从 0.01 变化至 0.05 时，监测井中污染物浓度对渗透系数变化的敏感性已经较弱了；而当渗透系数大于 0.1cm/s 时，继续增大渗透系数对监测井中污染物浓度的影响已经很微弱了。上述数据表明：《危险废物填埋污染控制标准》中将导排层渗透系数确定为 0.1cm/s 是比较合理的，因为，一方面继续增大渗透系数对于减小渗滤液渗透进而降低其环境风险的效果已经不明显；另一方面，小于该值则会较明显地降低其导排能力进而增加渗漏的环境风险。根据模拟结果，导排层渗透系数每减小 1/2，监测井中污染物浓度将增加 61%。

7.4.2.2   防渗层参数的敏感性分析

(1) 天然衬层渗透系数

同样根据上述思路，分析天然衬层渗透系数变化对监测井中污染物浓度的影响。根据标准规定，天然衬层渗透系数最小为 1.0×10^{-7} cm/s，为此本研究分别模拟渗透系数分别为 5.0×10^{-5} cm/s、1.0×10^{-5} cm/s、1.0×10^{-6} cm/s、5.0×10^{-7} cm/s、1.0×10^{-7} cm/s、5.0×10^{-8} cm/s 和 1.0×10^{-8} cm/s 的情形下，监测井和地下水含水层中污染物浓度的变化。

分别考虑天然衬层渗透系数为 0.1cm/s、0.05cm/s、0.01cm/s、0.005cm/s、

0.001cm/s、0.0005cm/s 和 0.0001cm/s 的情形，利用模型计算得到不同距离处的污染物浓度分布如图 7-14 所示；图 7-14 中，K-5.0×10⁻⁵、K-1.0×10⁻⁵、K-1.0×10⁻⁶、K-5.0×10⁻⁷、K-1.0×10⁻⁷、K-5.0×10⁻⁸ 和 K-1.0×10⁻⁸ 表示模拟渗透系数分别为 $5.0×10^{-5}$ cm/s、$1.0×10^{-5}$ cm/s、$1.0×10^{-6}$ cm/s、$5.0×10^{-7}$ cm/s、$1.0×10^{-7}$ cm/s、$5.0×10^{-8}$ cm/s 和 $1.0×10^{-8}$ cm/s。

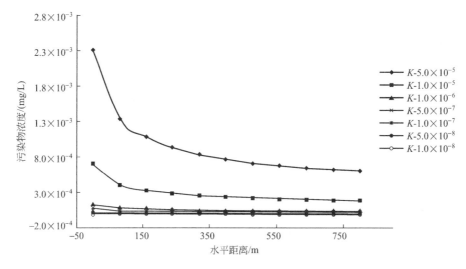

图 7-14　污染物浓度的空间分布（不同天然衬层渗透系数）

由图 7-14 可知，随着天然衬层渗透系数增加，含水层中其他位置处的污染物浓度也会随之增大。这是因为根据 Darcy 定律，水分在多孔介质中的渗透速率和流量与多孔介质的渗透系数成正比，因此天然衬层的渗透系数越大，从防渗膜上漏洞渗漏的渗滤液能以更大的流量和流速到达包气带和地下水中。

为进一步分析天然衬层渗透系数对监测井中污染物浓度的影响，绘制了其渗透系数与监测井中污染物浓度的关系曲线，并采用幂函数对其进行了拟合，结果见图 7-15。

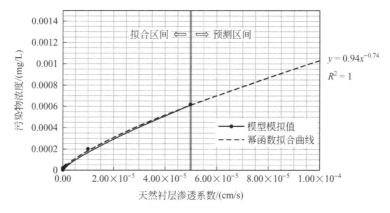

图 7-15　测井中污染物浓度随天然衬层渗透系数的变化

从图 7-15 中可知，污染物浓度与天然衬层渗透系数之间存在着幂函数关系，拟合曲线为$y=0.94x^{-0.74}$，R^2值为1，说明拟合结果非常可靠。从图中可知，在整个定义域内天然衬层渗透系数变化都对监测井中污染物的浓度有着显著的影响。根据模拟结果，天然衬层渗透系数每增加1倍，监测井中污染物浓度将增加1.67倍。因此天然衬层渗透系数应尽可能小，但同时应该考虑工程成本因素。

（2）漏洞直径（相同数量条件下）

假设漏洞数量为100个，对其直径为0.0005m、0.001m、0.005m、0.01m、0.05m、0.1m和0.2m情形下，监测井和地下水含水层中污染物浓度进行模拟。模拟得到不同距离处的污染物浓度分布如图7-16所示；监测井中污染物浓度随时间变化的过程如图7-17所示。图7-16和图7-17中，d-0.0005、d-0.001、d-0.005、d-0.01、d-0.05、d-0.1和d-0.2表示漏洞直径分别为0.0005m、0.001m、0.005m、0.01m、0.05m、0.1m和0.2m。

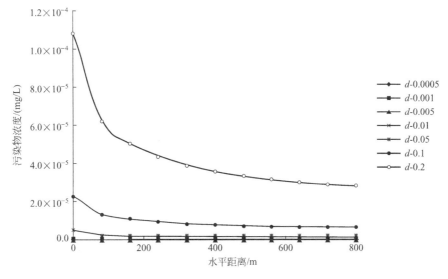

图7-16　不同漏洞直径条件下浓度的空间分布

从7-17图中可以看出漏洞直径对监测井中污染物浓度有着显著影响，随着漏洞面积增大，监测井中污染物的浓度随之增大。另外，根据图7-16，随着天然衬层渗透系数增加，含水层中其他位置处的污染物浓度也会随之增大。这是因为根据Darcy定律，水分在多孔介质中的渗透速率和流量与多孔介质的渗透系数成正比，因此天然衬层的渗透系数越大，从防渗膜上漏洞渗漏的渗滤液能以更大的流量和流速到达包气带和地下水中。

为进一步分析漏洞直径对监测井中污染物浓度的影响，绘制了漏洞直径与监测井中污染物浓度的关系曲线，并采用幂函数对其进行了拟合，结果见图7-18。

从图7-18中可知，污染物浓度与漏洞直径之间存在着幂函数关系，拟合曲线为$y=0.001x^{2.1997}$，R^2值为1，说明拟合结果非常可靠。从图7-18中可知在整个定义域内漏洞直径的变化都将引起监测井中污染物浓度的显著升高。根据拟合曲线，漏洞直径每增加1倍，监测井中污染物浓度将增加3.59倍。

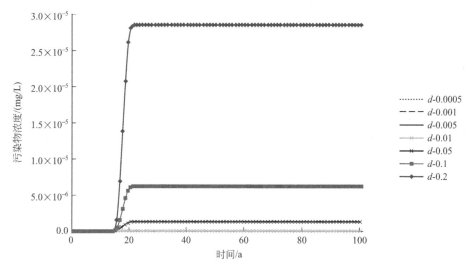

图 7-17 不同漏洞直径条件下浓度随时间变化

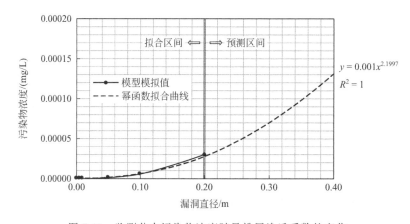

图 7-18 监测井中污染物浓度随导排层渗透系数的变化

（3）漏洞数量

假设漏洞直径和其他参数不变，分析漏洞密度为 2 个/hm²、4 个/hm²、8 个/hm²、16 个/hm²、32 个/hm²、64 个/hm² 和 100 个/hm² 的情形下，监测井和地下水含水层中污染物浓度的变化。模拟得到不同距离处的污染物浓度分布如图 7-19 所示；监测井中污染物浓度随时间变化的过程如图 7-20 所示。图 7-19 和图 7-20 中 N-2、N-4、N-8、N-16、N-32、N-64 和 N-100 表示漏洞密度分别为 2 个/hm²、4 个/hm²、8 个/hm²、16 个/hm²、32 个/hm²、64 个/hm² 和 100 个/hm²。

从图 7-20 中可以看出漏洞数量对监测井中污染物浓度有着显著影响，随着漏洞数量增加，监测井中污染物的浓度随之增大。另外，根据图 7-19 可知，漏洞数量增加还将导致含水层中其他位置处的污染物浓度增大。这可以理解为：漏洞数量越多，渗漏量也越大，单位时间进入含水层中的污染物质的量也越多，地下水含水层及监测井中的污染物浓度也越大。

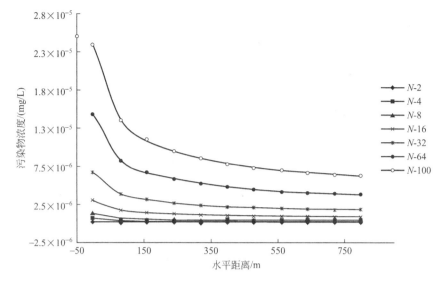

图 7-19　不同距离处的污染物浓度分布

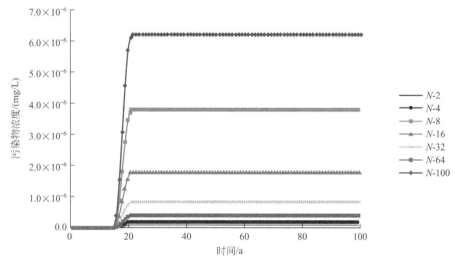

图 7-20　监测井中污染物浓度随时间变化

为进一步分析漏洞数量对监测井中污染物浓度的影响，绘制了漏洞直径与监测井中污染物浓度的关系曲线，并采用幂函数对其进行了拟合，结果见图 7-21。

从图 7-21 中可知，污染物浓度与漏洞直径之间存在着幂函数关系，拟合曲线为 $y = 4 \times 10^{-8} x^{1.1}$，$R^2$ 值为 1，说明拟合结果非常可靠。从图 7-21 中可知在整个定义域内漏洞数量的变化都将引起监测井中污染物浓度的显著升高。根据拟合曲线，可以预测漏洞数量每增加 1 倍，监测井中污染物浓度将增加 1.14 倍。

7.4.2.3　水文地质参数的敏感性分析

(1) 含水层厚度

1）横向水动力弥散系数 $D_z = 0.012 \mathrm{m}^2/\mathrm{a}$

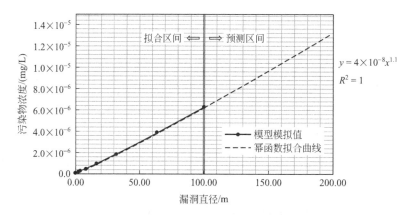

图 7-21 监测井中污染物浓度随漏洞直径的变化

同样假设其他参数不变，改变含水层厚度（2.7m、5.4m、10.8m、21.6m 和 43.2m）观察监测井和地下水含水层中污染物浓度的变化。得到不同距离处的污染物浓度分布如图 7-22 所示；监测井中污染物浓度随时间变化的过程如图 7-23 所示。图 7-22 和图 7-23 中，Daquifer-2.7、Daquifer-5.4、Daquifer-10.8、Daquifer-21.6 和 Daquifer-43.2 表示含水层厚度分别为 2.7m、5.4m、10.8m、21.6m 和 43.2m。

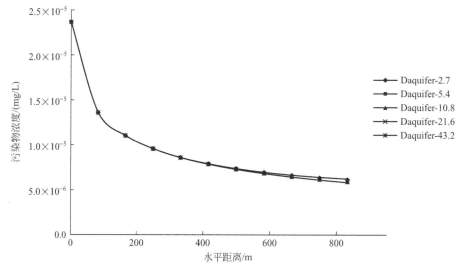

图 7-22 不同含水层厚度时不同距离处浓度的空间分布

从图 7-23 中可以看出在本案例条件下，含水层厚度对监测井中污染物浓度几乎没有影响：含水层厚度为 5.4m、10.8m、21.6m 和 43.2m 时，监测井中污染物浓度几乎一样；只有当含水层厚度减小至 2.7m 时，其浓度才有约 7%（4×10^{-7} mg/L）的增加。同样的在图 7-24 中，不同含水层厚度条件下含水层中其他位置处的污染物浓度也没有明显差异。

这与以下 2 个因素有关。

① 概念模型的设定：本案例的概念模型设定中，监测井的滤管设置在含水层顶部，

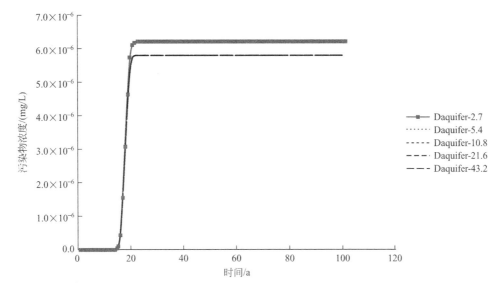

图 7-23　不同含水层厚度时监测井中污染物浓度随时间变化

也就是说监测井中浓度反映的是含水层顶部的浓度。

②垂向弥散度的取值：本案例设定垂向弥散度为 $0.012\text{m}^2/\text{a}$，这意味着污染物在含水层中以水平运动为主，基本不考虑垂向扩散，因此不管含水层厚度多大，其对污染物浓度的稀释作用都非常小。

同样绘制了该参数设定情形下，含水层厚度与监测井中污染物浓度的关系曲线，并采用幂函数对其进行了拟合，结果见图 7-24。

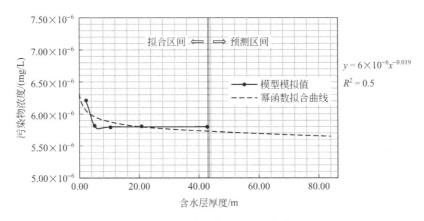

图 7-24　监测井中污染物浓度随含水层厚度的变化（$D_z=0.012\text{m}^2/\text{a}$）

从图 7-24 中可知，污染物浓度与漏洞数量之间存在着幂函数关系，拟合曲线为 $y=6\times10^{-6}x^{-0.019}$，$R^2$ 值为 0.5，说明拟合结果不是很理想。从图 7-24 中也可看出当含水层厚度大于 2.7m 以后，其变化对监测井中污染物浓度的影响很小。

2）横向水动力弥散系数 $D_z=12\text{m}^2/\text{a}$

为进一步分析不同条件下含水层厚度变化对监测井中污染物浓度的影响，将横向水动力弥散系数 D_z 设置为 $12\text{m}^2/\text{a}$，改变含水层厚度（2.7m、5.4m、10.8m、21.6m 和

43.2m）观察监测井和地下水含水层中污染物浓度的变化。得到不同距离处的污染物浓度分布如图 7-25 所示；监测井中污染物浓度随时间变化的过程如图 7-26 所示。图 7-25 和图 7-26 中，Daquifer-2.7、Daquifer-5.4、Daquifer-10.8、Daquifer-21.6 和 Daquifer-43.2 表示含水层厚度分别为 2.7m、5.4m、10.8m、21.6m 和 43.2m。

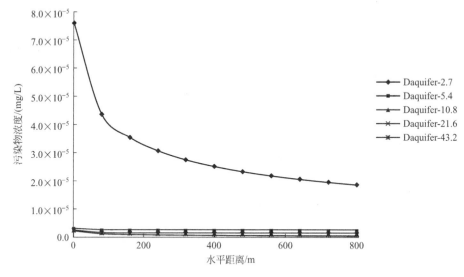

图 7-25　不同含水层厚度时不同距离处污染物浓度的分布

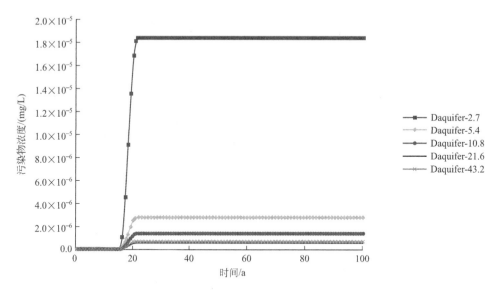

图 7-26　不同含水层厚度时监测井中污染物浓度随时间的变化

从图 7-26 中可以看出当横向水动力弥散系数增大以后，监测井中污染物浓度对含水层厚度的影响变得敏感：当含水层厚度由 5.4m 减小至 2.7m 时，监测井中污染物浓度几乎减小了 6 倍；而当含水层厚度在 5.4～43.2m 之间变化时，监测井中污染物浓度也有较为明显增加。同样在图 7-25 中也可观察到，随着含水层厚度增加，含水层中其他位置处的污染物浓度也有逐渐减小的趋势。这是因为横向弥散系数增大以后，污染物在垂向上的扩散增强，含水层越厚，其稀释和自净能力越强，污染物浓度越低。

为定量分析该参数设定情形下含水层厚度和监测井中污染物浓度之间的关系，绘制了两者的关系曲线，并采用幂函数对其进行了拟合，结果见图7-27。

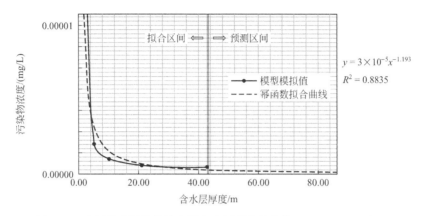

图7-27　监测井中污染物浓度随含水层厚度的变化（$D_z = 0.012\mathrm{m}^2/\mathrm{a}$）

从图7-27中可知，污染物浓度与漏洞数量之间存在着幂函数关系，拟合曲线为$y = 3\times10^{-5}x^{-1.193}$，$R^2$值为0.8835，说明拟合结果较为可靠。从图7-27中可以看出含水层厚度小于5.4m时，监测井中污染物浓度对其厚度变化的反应较为敏感；而当含水层厚度大于21.6m时，监测井中污染物浓度基本上不再随含水层厚度的增加而减小。根据拟合曲线，可以预测含水层厚度每减小1倍，监测井中污染物浓度将增加1.29倍。

（2）流速

在其他参数不变的条件下，改变地下水流速（10m/a、20m/a、50m/a、100m/a和150m/a），观察监测井和含水层中污染物浓度的变化。得到不同距离处的污染物浓度分布如图7-28所示；监测井中污染物浓度随水平距离变化的过程如图7-29所示。

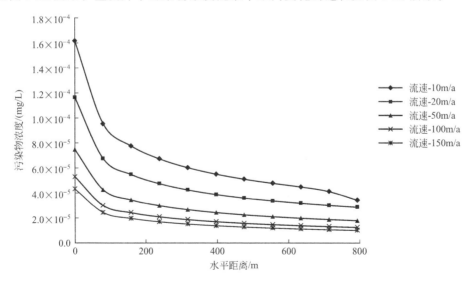

图7-28　监测井中污染物浓度随水平距离变化的过程

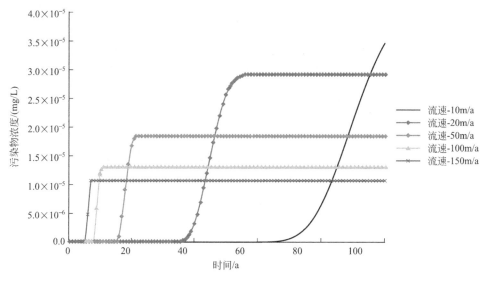

图 7-29　不同地下水流速度时污染物浓度随时间变化

从图 7-29 中可以看出不同流速条件下，当流速为 5m/a 时，在模拟时段内地下水监测井中污染物浓度为零。这是因为，流速过小，监测井中污染物浓度随时间变化的规律呈现出明显差异。

① 最大值不同：流速越快监测井中污染物浓度的最大值越小。例如流速为 10m/a、20m/a、50m/a、100m/a 和 150m/a 时，监测井中污染物浓度分别为 3.44×10^{-5} mg/L、2.90×10^{-5} mg/L、1.83×10^{-5} mg/L、1.30×10^{-5} mg/L 和 1.06×10^{-5} mg/L。这是因为，流速越大，含水层的自净和稀释能力越强，污染物浓度越低。

② 到达最大值的时间不同：流速越大，到达最大值的时间越短。例如流速为 10m/a、20m/a、50m/a、100m/a 和 150m/a 时，监测井中污染物浓度达到最大值的时间分别为 100、58a、22a、12a 和 7a。这是因为流速越大，污染物迁移扩散越快，因此也越快达到最大浓度。

③ 流速越小，污染越严重：从图 7-28 可以看出流速越小，含水层中的其他位置处的污染物浓度也越高，污染越严重。

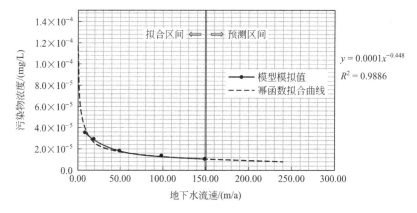

图 7-30　监测井中污染物浓度随地下水流速的变化（$D_z = 0.012 \mathrm{m}^2/\mathrm{a}$）

为定量分析该参数设定情形下含水层地下水流速和监测井中污染物浓度之间的关系，绘制了两者的关系曲线，并采用幂函数对其进行了拟合，结果见图7-30。

从图7-30中可知，污染物浓度与地下水流速之间存在着幂函数关系，拟合曲线为 $y=1\times10^{-5}x^{-0.448}$，$R^2$值为0.9886，说明拟合结果较为可靠。根据拟合曲线可以看出地下水流速小于5.4m/a时，监测井中污染物浓度对其厚度变化的反应较为敏感；而当地下水流速大于150m/a时，监测井中污染物浓度基本上不再随含水层厚度的增加而减小。根据拟合曲线，可以预测地下水流速每减小1/2，监测井中污染物浓度将增加36%。

参 考 文 献

[1] 徐亚，刘玉强，刘景财，等. 填埋场渗漏风险评估的三级PRA模型及案例研究 [J]. 环境科学研究，2014，27（04）：447-454.

[2] JONKMAN S N, GELDER V, VRIJLING J K. An overview of quantitative risk measures for loss of life and economic damage [J]. Journal of Hazardous，2003，99 (1)：1-30.

[3] 季文佳，杨子良，王琪，等. 危险废物填埋处置的地下水环境健康风险评价 [J]. 中国环境科学，2010，30 (4)：548-552.

[4] 袁英，席北斗，何小松，等. 基于3MRA模型的填埋场安全填埋废物污染物阈值评估方法与应用研究 [J]. 环境科学，2012，33 (4)：1383-1388.

[5] 谌宏伟，陈鸿汉，刘菲，等. 污染场地健康风险评价的实例研究 [J]. 地学前缘，2006，13 (1)：230-235.

[6] 陈鸿汉，谌宏伟，何江涛，等. 污染场地健康风险评价的理论和方法 [J]. 地学前缘，2006，13 (1)：216-223.

[7] 郑德凤，史延光，崔帅. 饮用水源地水污染物的健康风险评价 [J]. 水电能源科学，2008，26 (6)：48-50，57.

[8] JIANBING L, GORDON H, HUANGB, et al. An integrated fuzzy-stochastic modeling approach for risk assessment of groundwater contamination [J]. Environ Manage，2007，82：173-188.

第8章

案例分析

8.1 中部地区某危险废物填埋场的安全防护距离评估

8.1.1 填埋场概况

案例中的危险废物填埋场位于中部某内陆省份，填埋场设计库容为 $27.4 \times 10^4 \, m^3$，库底面积约 $2.5 hm^2$，填埋高度约 $11m$（地面以下 $6m$ ＋地面以上 $5m$）。根据该填埋场设计规划，拟处理的危险废物主要为含锌废物、无机氟化物和含铬废物，因此将 Zn、F 和 Cr 作为安全防护的目标污染物，以其健康危害作为填埋场安全防护距离的确定依据。

根据该填埋场的水文地质勘测报告，场区地质稳定性好，无活动断裂，地质条件较为简单。填埋场库底下方依次为 $13m$ 左右的非饱和土层、$15m$ 左右的潜水含水层以及隔水层。潜水含水层为附近居民的供水水源，因此以其作为地下水污染浓度和健康危害程度评估的对象。

8.1.2 模型参数

模型计算所需参数及其来源如表 8-1 所列，来源一栏中："实测"表示通过现场实测得到的数据；"设计资料"表示根据该填埋场的工程设计报告确定；"地勘数据"表示根据填埋场的水文地质勘测报告确定；"参考文献"表明缺少实测数据，通过参考文献确定，其中渗滤液中污染物浓度取 HWL 入场浸出浓度限值。

8.1.3 SPD 计算结果

防渗层事故性破损条件下渗滤液渗漏污染地下水导致的人体健康危害计算结果见书后彩图 6。从书后彩图 6 中可以看出，考虑不同防护对象条件下的安全防护距离不同。如

表 8-1　模型计算所需的参数及来源

参数			取值	来源
地表入渗参数	净降雨量/(mm/a)		300	实测
	地表坡度/%		4	实测
	最大坡长/m		200	实测
填埋场结构及渗滤液特性参数	库底面积/hm²		2.5	实测
	最终填埋高度/m		11	设计资料
	渗滤液中污染物浓度①/(mg/L)	锌	75	参考文献[1]
		无机氟化物	100	参考文献[1]
		铬	2.5	文献
	主导排管坡度/%		5	设计资料
	主导排层厚度/m		0.3	设计资料
	主导排层初始渗透系数/(cm/s)		0.1	设计资料
	次导排管坡度/%		5	设计资料
	次导排层厚度/mm		6.3	设计资料
	次导排层渗透系数/(cm/s)		0.1	设计资料
	防渗层结构②		双人工衬层	设计资料
	防渗膜渗透系数/(cm/s)		1.0×10^{-13}	设计资料
	天然基础层厚度/m		0.6	设计资料
	天然基础层渗透系数/(cm/s)		1.0×10^{-7}	设计资料
多孔介质水流和溶质运移参数	包气带厚度/m		13	地勘数据
	包气带渗透系数/(cm/s)		5.79×10^{-4}	地勘数据
	包气带纵向弥散度/m			地勘数据
	含水层厚度/m		15	地勘数据
	含水层渗透系数/(cm/s)		2.6×10^{-2}	地勘数据
	水力梯度/%		0.1	地勘数据
	含水层孔隙度		0.52	地勘数据
	纵向弥散度/m		30	参考文献[2]
	横向弥散度/m		0.3	参考文献[2]

① 渗滤液中污染物浓度取《危险废物填埋污染控制标准》中入场废物的控制限值浓度。

② 次防渗层和主防渗层采用同样的 HDPE 膜，其渗透参数和老化参数与主防渗层一致。

彩图 6(a) 所示，以 Cr 及其致癌危害为防护对象 SPD 值为 620m；以 Cr 的非致癌危害为防护对象 SPD 值为 355m；以 Zn 的非致癌危害为防护对象，SPD 值为 448m；而若只考虑无机氟化物的健康危害那么可以不设置防护距离（及防护距离等于 0）。如需全面考虑所有污染物的危害及防护效果应该选择最大值，即以 620m 作为安全防护距离。

8.1.4 分析和讨论

8.1.4.1 不确定性分析——SPD值校正

为分析降雨量、水文地质参数等不确定性对安全防护距离计算的影响，采用 Monte Carlo 方法对不确定条件下的 SPD 进行计算。主要考虑的参数包括降雨量、包气带厚度和渗透系数、含水层厚度和渗透系数，其取值见表 8-2，计算得到的 SPD 的频率分布见图 8-1。从图中可知 P95＝990m，即 CSPD＝990m。

表 8-2　模型不确定性参数及取值

参数		均值	标准差	分布类型
降雨量/mm		300	100	正态分布
渗透系数/(cm/s)	包气带	13	4	正态分布
	含水层	15	5	正态分布
包气带厚度/m	包气带	5.79×10^{-4}	2.0×10^{-4}	正态分布
	含水层	2.66×10^{-2}	6.0×10^{-3}	正态分布

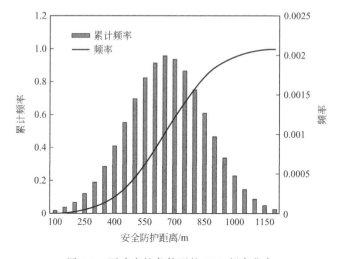

图 8-1　不确定性条件下的 SPD 频率分布

需要说明，采用 P95 值对 SPD 进行校正是考虑较不利情形下的安全防护要求，即场区连年出现丰雨年份、包气带存在局部渗透系数偏大、厚度较薄等有利于渗滤液产生、渗漏和扩散的气象和水文地质条件。当认为 CSPD 值较大、难以满足选址要求时，可以对场区降雨和水文地质条件进行进一步调查分析，若调查结果表明场区不会出现上述不利情形，则可直接取 SPD 值作为实际的安全防护距离。

8.1.4.2 GB 18598—2001 中防护距离的探讨

环境保护部（现生态环境部）2001 年颁布的《危险废物填埋场污染控制标准》中

对 HWL 的 SPD 值做了明确规定，即"填埋场场界应位于居民区 800m 以外"。然而根据本书的案例可知，该填埋场厂界与最近居民点（或地下水取水点）距离只要大于 620m 即可满足防渗层事故性破损情况下周边居民安全用水的要求，即 SPD＝620m。另外，根据上文计算，当主要防护污染物为无机氟化物时，SPD＝448m 即可满足要求；而当污染物为 Zn 时，甚至无需设置 SPD。因此可以推断对于主要接纳废物为含 Zn 或含无机氟化物的 HWL，其 SPD 值可以大幅度减小。进一步可以推断，即使对于主要接纳废物为含 Cr 废物的 HWL，当其实行更严格的防渗要求、所选厂址的包气带具有更强的截污能力、含水层具有更强的自净能力时，其 SPD 值也可以适当减小。

上述分析说明，HWL 的 SPD 受场区降雨和蒸发条件、水文地质条件、填埋场接纳和填埋废物类型及其防渗系统配置等诸多因素影响，因此应该根据不同填埋场特征确定其安全防护距离。这与环境保护部 2013 年颁布的第 36 号公告[3]内容也是一致的，该公告中明确规定"不再统一划定危险废物填埋场的安全防护距离，而应根据环境影响评价结论确定 HWL 场址的位置及与周围人群的距离"。

8.1.5 小结

① 考虑不同防护对象（污染物）情形下，计算得到的 SPD 值有所差异：以 Cr 的致癌危害以及 Cr、无机氟化物和 Zn 的非致癌危害为防护对象时，SPD 值分别等于 620m、448m、355m 和 0m。

② 不确定性分析表明受降雨量、水文地质参数不确定性的影响，SPD 值存在较大的不确定性，经过 P95 校正的 SPD（CSPD）为 990m，大于 GB 18598—2001 中规定的 800m 的防护距离。

③ 安全防护距离的确定受场区降雨和蒸发条件、水文地质条件、填埋场接纳和填埋废物类型及其防渗系统配置等诸多因素影响，因此应该针对不同填埋场及其特征划定其 SPD 值，不宜采用一刀切的方法，统一规定 HWL 的安全防护距离。

8.2 西南内陆地区某危险废物填埋场的渗漏风险评估

8.2.1 填埋场概况

选择西南地区某危险废物填埋场进行案例分析。该填埋场设计库容为 $66 \times 10^4 m^3$，库底面积为 $2hm^2$，主要填埋物为固化飞灰和水处理污泥，库底防渗层距地下水水位线约 4m，含水层动态稳定，可近似处理为稳定流。在填埋场下游，距填埋区边界约 800m 有一口地下水监测井，假设此处为暴露点。模型模拟过程中，时间步长为年，步长数为 70，总计模拟 70 年。

8.2.2 模型参数

第一级 PRA 模型参数：气象参数由 HELP 模型自动生成，HELP 为位点基础模型，程序数据库默认集成了全球多个地区的气象数据资料，只需输入研究区地理坐标，就可自动生成该地区的气象数据集；通过渗滤液采样和分析，确定目标污染物为 Cr、Ni 和 Pb，其浓度分别为 0.05mg/L、0.289mg/L 和 0.113mg/L；漏洞密度参数根据 FTA 方法计算，根据事故统计资料和 Delphi 确定的事故树各底层事件概率如表 8-3 所列，计算得到防渗层破损概率为 12 次/hm²；填埋场主要设计和结构参数见表 8-4。

表 8-3　防渗层破损事故树底层事件概率

基础事件	X_1	X_2	X_3	X_4	X_5	X_6	X_7	X_8	X_9	X_{10}	X_{11}	X_{12}
概率(次/hm²)	1.8	2.4	15	2.4	1.5	0.2	1.8	0.6	3	0.3	6	3

表 8-4　填埋场主要设计和结构参数

层次类型	材料类型	厚度/cm	渗透系数/(cm/s)			分布
			最小值（或均值）	最可能值（或均方差）	最大值	
覆盖层和垃圾层	植被土	75		2.1×10^{-2}		S
	碎石导排层	30		3		S
	HDPE 膜	0.1		1.0×10^{-11}		S
	压实土层	50		1.0×10^{-5}		S
	固体废弃物	1000	2.0×10^{-7}		8.3×10^{-6}	T
导排和防渗层	土工布	0.2		1.0×10^{-8}		S
	2～10mm 粒径卵石层	15	3.3×10^{-4}	2.5×10^{-1}	1.0×10^{-2}	LT
	20～50mm 粒径卵石层	30	3.3×10^{-2}	1.0×10^{-1}	2.5×10^{-1}	LT
	HDPE 膜	0.2		1.0×10^{-11}		S
	复合土工排水网	0.4		1.0×10		S
	HDPE 膜	0.15		1.0×10^{-11}		S
	土工布	0.2		1.0×10^{-8}		S
地基层	回填黏土	50	1.0×10^{-9}		1.0×10^{-7}	T

注：S、T、LT 分别表示 Single、Triangle、Log Triangle 分布。

第二级 PRA 模型中渗漏强度和渗滤液浓度由第一级 PRA 模型计算得到；其他参数见表 8-5，第三级 PRA 模型参数见表 8-6。

表 8-5　水流和溶质运移参数

	参数	最小值（均值）	最可能值（均方差）	最大值	分布类型
包气带	厚度/m		5		S
	渗透系数/(cm/s)	1.0×10^{-7}	1.0×10^{-6}	1.0×10^{-5}	LT
	纵向弥散度/m	0.55		0.65	LU
含水层	厚度/m	25		35	U
	水力梯度	0.03	0.04	0.045	T
	纵向弥散度/m	2.5		3.5	LU
	横向弥散度/m		1.0×10^{-30}		S
	渗透系数/(cm/s)	1.0×10^{-5}	1.0×10^{-4}	5.0×10^{-4}	N

注：S、T、U、N、LT 和 LU 分别表示 Single、Triangle、Uniform、Normal、Log Triangle 和 Log Uniform 分布。

表 8-6　第三级 PRA 模型参数

参数名称		取值
饮用水摄入速率/(L/d)		2
暴露频率/(d/a)		365
持续暴露时间/a		24
体质量/kg		60
致癌效应平均时间/d		26280
RfD/[mg/(kg·d)]	Cr	3
	Ni	2×10^{-2}
	Pb	3.5×10^{-3}

8.2.3　模拟结果

8.2.3.1　模型基本精度验证

为验证模型的精度，将模型模拟结果与实测数据进行了比较，结果见表 8-7。

表 8-7　第 1 年模拟结果与实测值的比较

项目	实测值	模拟值				
		5%分位值	10%分位值	50%分位值	90%分位值	95%分位值
次级导排管导排流量/(L/d)	190.0	180.3	184.0	197.1	211.8	214.9
渗滤液中 ρ_{Cr}/($\times10^{-3}$ mg/L)	10	0	0	0	12	16
渗滤液中 ρ_{Ni}/($\times10^{-3}$ mg/L)	400	386	390	417	447	453
渗滤液中 ρ_{Pb}/($\times10^{-3}$ mg/L)	270	254	258	269	282	285

从表 8-7 中可知，导排流量实测值为模型模拟的 $10\%\sim50\%$ 分位值之间。渗滤液中各污染物浓度的实测值：ρ_{Cr}、ρ_{Ni} 和 ρ_{Pb} 分别在模拟值的 $50\%\sim90\%$、$10\%\sim50\%$ 以及 $50\%\sim90\%$ 分位值之间，表明构建的三级 PRA 模型对渗滤液产生量及浓度的预测基本可靠，可用于填埋场渗滤液渗漏的环境风险评价计算。

8.2.3.2 结果分析

图 8-2 为渗漏强度年均值的累计频率分布，取其累计频率曲线的 5%、50% 和 95% 分位值分别表征较乐观情况下、正常情况下和较不利情况下的渗漏强度。3 种情况下渗滤液的渗漏强度年均值分别为 $100\mathrm{m^3/a}$、$196\mathrm{m^3/a}$ 和 $279\mathrm{m^3/a}$，均大于可接受的年渗漏强度（$140\mathrm{m^3/a}$）。同时根据计算得到该填埋场的渗漏风险为 0.85，大于 0.50。

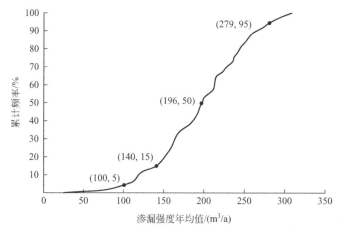

图 8-2　渗漏强度年均值的累计频率分布

图 8-3 为渗漏液中 3 种目标污染物浓度的历时曲线。以 Ni 为例进行说明：在模拟时段内（70 年）其浓度（ρ）随时间逐渐减小，然而即使在较乐观情境下，第 70 年的 ρ_{Ni} 也高达 0.05mg/L，等于《地下水质量标准》（GB/T 14848—2007）**❶** 中三类水质的 ρ_{Ni} 限值。综上，该填埋场渗漏概率较大，并且渗漏液中污染物浓度较高，因此需要开展第 2 级概率风险评价。

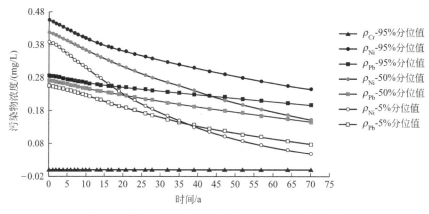

图 8-3　渗滤液中 3 种目标污染物浓度历时曲线变化

第三级 PRA 模型计算得到目标观测井中 3 种污染物浓度的变化见图 8-4。

从图 8-4 可知，在 1～28 年内，观测井中各污染物浓度均为 0，这是因为防渗膜下

---

❶ 现行标准为 GB/T 14848—2017。

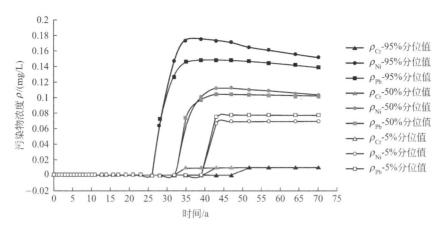

图 8-4　观测井中 3 种污染物浓度值变化

方的压实黏土渗透系数极小，污染物需经历较长时间才能穿透包气带进入地下水。在第 28 年以后，观测井中污染物浓度逐渐升高，并在第 47 年达到峰值，随后逐渐降低。这是因为随着垃圾堆体中污染组分的不断溶出，作为源强的渗滤液，其浓度也随之降低。

图 8-5 为第 28、47 和 70 年，第三级 PRA 模型模拟的观测井中污染物浓度的累计频率分布，并计算地下水中污染物的超标概率，其中：第 28 年观测井中 ρ_{Cr}、ρ_{Ni} 和 ρ_{Pb} 超过《地下水质量标准》（GB/T 14848—2007）中三类水质限值的概率分别为 0、0.7 和 0.4；第 47 年三者的超标概率分别为 0、1 和 1；第 70 年，三者的超标概率分别为 0、1 和 1。这表明在整个模拟时段内（1～70 年），地下水都不存在 Cr 污染风险；在第 28 年，地下水存在较高的 Ni 污染风险和一定的 Pb 污染风险；在 47～70 年，渗滤液中的 Ni 和 Pb 必然对地下水造成污染。综上，渗滤液中的 Ni 和 Pb 将在第 28 年开始逐渐污染地下水，并在第 47 年污染风险达到最大；地下水不存在 Cr 污染的可能，因此在下一步的健康风险评价中只需考虑 Ni 和 Pb。

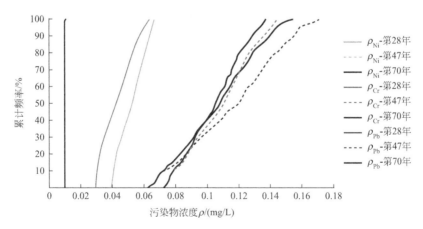

图 8-5　第 28、47 和 70 年观测井中污染物浓度的累计频率分布

由图 8-5 可知，观测井中的污染物浓度在第 47 年达到最大值，假定该年的污染物浓度为人群的长期摄入浓度，并假设污染物对人体的毒性呈累加效应，进行人体健康风险评价计算。取第 47 年观测井中 ρ_{Ni} 和 ρ_{Pb} 的 5%、50% 和 95% 分位值，分别表征乐观

情况下、正常情况下和不利情况下的地下水污染水平，计算风险指数，结果见图 8-6。

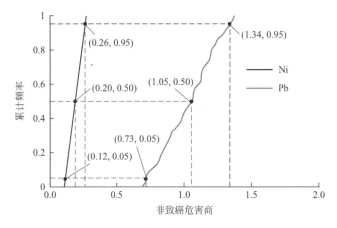

图 8-6　人体健康风险评价结果

从图 8-6 中可知，Ni 的风险指数大于 1 的概率为 0；Pb 的风险指数大于 1 的概率为 0.56，说明 Pb 对人体构成危害的可能性较大。

采用相同参数（不确定性参数采用其样本均值），利用 EPACMTP 模型对该填埋场的地下水环境健康风险进行了评价，结果见表 8-8。由表 8-8 可知，EPACMTP 模拟的风险值位于三级 PRA 模型模拟的 95%～99%分位值之间，两个模型模拟结果基本相符。

表 8-8　三级 PRA 模型与 EPACMTP 模型评价结果的比较

项目		HI(非致癌危害商)	
		Ni	Pb
三级 PRA 模型	5%分位值	0.12	0.73
	50%分位值	0.20	1.05
	95%分位值	0.26	1.34
	99%分位值	0.28	1.38
EPACMTP 模型		0.27	1.37

8.2.4　分析和讨论

从风险评估结果的角度考虑，三级 PRA 模型模拟结果和 EPACMTP 模拟结果基本相符，即渗滤液渗漏的环境风险主要体现为 Pb 通过饮用水暴露途径对人体构成的非致癌危害，Ni 的健康风险可以接受。EPACMTP 计算的风险值在三级 PRA 模型的95%～99%分位值之间，说明 EPACMTP 的模拟结果较为保守，主要原因是 EPACMTP 模型没有考虑防渗膜破损的数量和严重程度对渗漏源强的影响，直接将渗漏量等同于净降雨量，从而导致对源强的估计和整体健康风险的估计偏大。

从时间成本和经济成本考虑，采用层次化的三级 PRA 评价模型有助于降低风险评价的时间成本和经济成本。这是因为对渗滤液渗漏进行风险评价时涉及诸多参数，包括填埋场设计和废物特性参数、气候气象参数、水文地质参数和暴露人群相关参数。因此采用 EPACMTP 模型进评价时，需要准备好上述所有参数才能进行评价，而水文地质参数和暴露人群相关参数的调查往往耗时耗力，尤其水文地质勘探的工程成本更是高昂。而采用三级 PRA 评价模型时，只需要基本的填埋场设计和危险废物特性参数就可以进行初级的渗漏概率风险评价，同时当初级的概率风险评价小于可接受风险水平时，可以不进行后续的地下水污染风险评价和人体健康风险评价。因此对于渗漏风险较小的填埋场，层次化的三级概率风险评价将免去水文地质勘探和暴露人群等社会因素调查的时间成本和经济成本。

第一级 PRA 评价的结果表明该填埋场目前存在较大的渗漏风险，需要采取工程措施减少渗滤液渗漏，主要手段包括：

① 加强封场覆盖，同时布设雨水导排沟，以减少堆体的入渗，进而减少渗滤液的形成；

② 采用水泵对防渗层上方的渗滤液进行抽提，以降低膜上饱和水位从而减小渗漏量。

第二级 PRA 评价的结果表明由于渗滤液的可能渗漏，填埋场下方的地下水含水层将面临较大的污染风险，主要污染物为 Ni 和 Pb，并且其污染可能逐渐增大并在第 47 年达到最大（污染概率等于 1）。同时三级 PRA 评价表明由于地下水的污染，周围居民将面临极大的人体健康风险，主要危害物质为 Pb，正常情况下其非致癌危害商为 1.05，在不利条件下（降水量大、漏洞多、水文地质条件利于污染物扩散），非致癌危害商为 1.34。为降低地下水污染风险，可对入场废物，尤其是含 Pb 和 Ni 的废物进行固化、稳定化处理。为降低周边居民的身体健康风险，除进行上述渗漏风险和地下水污染风险的工程措施之外，还可为周边居民提供其他饮用水源，或者直接劝其搬迁。

8.2.5 小结

1）通过与实测数据和 EPACMTP 模型的模拟结果比较，验证了文中模型模拟结果的可靠性和合理性；同时基于 Monte Carlo 和 FTA 方法构建的三级 PRA 能更好地表征参数不确定性和破损事故后果不确定性对整体风险的影响。

2）案例研究结果

① 该填埋场渗漏量超过可接受渗漏量的概率为 85%，渗漏风险较大；

② 渗滤液的渗漏将在第 28 年逐渐污染地下水，在第 48 年污染概率达到最大（为 1），主要污染物为 Ni 和 Pb；

③ 该填埋场的存在将对周围居民的健康构成危害，主要危害物为 Pb，正常情况下其非致癌危害商为 1.05，在不利条件下（降雨量大、漏洞多、水文地质条件利于污染物扩散），非致癌危害商为 1.34。

3）相较于其他填埋场风险评价模型，基于层次化思想构建的三级 PRA 模型有助于风险评价时间成本和经济成本的控制，尤其对于渗漏风险较小的填埋场，可以避免地下水污染风险中水文地质勘探所需的人力、时间和工程成本。

8.3　东南沿海地区某危险废物填埋场长期
渗滤污染风险评价

8.3.1　填埋场概况

以东南沿海地区某危险废物填埋场为例。填埋场设计库容为 $6.6 \times 10^5 \, m^3$，填埋库区库底防渗结构采用复合衬层设计。水文地质勘测资料显示，填埋场下伏承压含水层，含水层水位动态较稳定，可近似处理为稳定流。以填埋场中心为坐标原点建立坐标系，水流方向为 x 轴方向，水流法线方向为 y 轴方向；目标观测井位于填埋场下游 800m 处；模型时间步长为年，步长数为 1200，总计模拟 1200 年。

该填埋场主要处理废物为电镀污泥和水处理污泥。对填埋样品取样进行分析后发现样品中铬、镍和铅（浓度分别为 0.01mg/L、0.68mg/L 和 0.46mg/L）超出了《地下水质量标准》（GB/T 14848）中Ⅲ类水标准限值，因此取其作为风险评价的目标污染物。

8.3.2　模型参数

Landsim 所需的输入参数大致包括入渗参数、填埋场及废物特性参数、防渗系统参数以及多孔介质水流和溶质运移参数几类，如表 8-9 所列。

表 8-9　模型计算所需的主要参数

参数		取值	来源
入渗参数	自然入渗/(mm/a)	N(379±114)	2
	封场后入渗/(mm/a)	N(77.9±6.9)	2
	顶盖开始老化时间/a	100	3
	完全失效的时间/a	500	3
填埋场及废物特性参数	库底面积/m²	15000	1
	最终填埋高度/m	9	1
	垃圾孔隙度/%	0.4	1
	垃圾干密度/(kg/m³)	0.65	1
	垃圾田间持水率/%	0.3	1
	导排管坡度/%	5	1
	导排层厚度/m	0.3	1
	导排层渗透系数/(m/s)	3.3×10^{-1}	1

参数		取值	来源
防渗系统参数	防渗层结构	双人工衬层	1
	漏洞密度/(个/hm²)	11	1
	防渗膜老化时间/a	100	3
	防渗膜渗透系数/(m/s)	1.0×10^{-14}	3
	漏洞翻倍所用时间/a	100	3
多孔介质水流和溶质运移参数	包气带厚度/m	5	1
	包气带密度/(g/cm³)	Lt(1.1,1.28,1.6)	3
	包气带渗透系数/(m/s)	Lu(3×10^{-4},3×10^{-2})	3
	包气带纵向弥散度/m	Lu(2.5,3.5)	3
	含水层厚度/m	U(25,35)	1
	含水层渗透系数/m	Lt(1×10^{-5},1×10^{-4},5×10^{-4})	3
	水力梯度/%	Lt(3,4,4.5)	1
	含水层孔隙度	U(0.01,0.03)	3
	纵向弥散度/m	Lu(2.5,3.5)	3
	横向弥散度	1×10^{-30}	3

注：1. N、Lt、Lu、U 分别代表 Normal、Log-triangle、Log-uniform 和 Uniform 分布。

2. "来源"一栏，代号 1 的参数通过现场测定或者来自设计值，代号 2 通过计算得到，代号 3 的参数参考 Landsim 给定的缺省值。

3. 1hm² = 10000m²。

堆体入渗量是渗滤液的直接来源，影响渗漏量和渗滤液浓度并最终影响渗滤液的地下水污染风险。本章采用填埋场渗滤液水文特性评价模型（Hydrologic evaluation of landfill performance，HELP）进行计算。Field 和 Nangunoori[5] 基于 HELP 对多个填埋场的水文过程进行了演算其结果表明 HELP 模型能较好地模拟堆体长期（如几年）的入渗规律可用于填埋场长期渗漏的污染风险评价。

本章利用 HELP 计算得到的自然入渗强度为（379±114）mm/a；封场后的入渗强度为（77.9±6.9）mm/a。

8.3.3 分析和讨论

8.3.3.1 模型基本精度验证

为验证模型基本精度，比较了观测井中实测浓度值（第 2 年）与模型模拟值（见图 8-7）。其中铬的模拟浓度值接近 0，与实测结果（未检出）的结论一致；实测的 Pb 和 Ni 都在模拟的浓度区间之内，且分别等于模拟的 99% 和 96% 分位值，这说明模拟结果基本满足要求。

图 8-8 为膜上饱和液位（以 50% 分位值表示）随时间的变化规律。膜上水位随时间逐渐增加，至 1000 年（设定的顶盖完全失效时间）达到最大值后不再变化。导致膜上

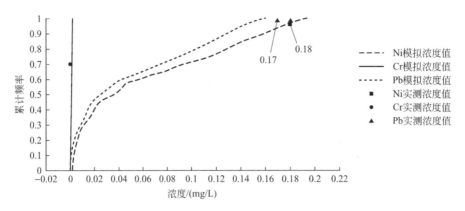

图 8-7　第 2 年观测井中污染组分浓度的实测值与模拟值

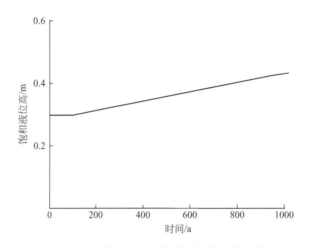

图 8-8　膜上饱和液位随时间的变化规律

水位随时间增加的原因有 2 个：a. 顶盖层老化，渗透系数增大导致堆体入渗量增加；b. 导排管失效，导致侧向导排量减少，从而使膜上水位逐渐抬升。

图 8-9 为渗滤液通过防渗系统的渗漏量（以 50％分位值表示）。同样的，渗漏量随着时间增加，一方面这是因为膜上漏洞逐渐增加；另一方面随着膜上饱和液位升高，膜

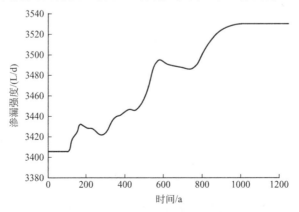

图 8-9　渗滤液渗漏强度随时间的变化

上水力梯度增加，根据 Darcy 渗流定理，渗流速度等于渗透系数乘以水力梯度。在渗透系数不变的条件下，水力梯度的增加会导致渗滤液渗漏速度的增加。

8.3.3.2 污染组分随时间的变化规律

图 8-10 和图 8-11 分别为观测井中 Pb 和 Ni 浓度随时间的变化趋势。模拟初期，Pb 和 Ni 的浓度都较低，之后随时间逐渐增大。分别以 10%、50% 和 95% 分位值表示乐观情况、正常情况和最不利情况下观测井中污染物的浓度值。以 Pb 为例，乐观情况下，其浓度值在第 4.5 年达到地下水质量标准中 3 类水的 Pb 浓度限值（0.050mg/L），在第 7 年达到最大值（0.451mg/L）；正常情况下，观测井中的 Pb 浓度在第 3.5 年达到 3 类水限值，在第 7 年达到最大值（0.453mg/L）；最不利情况下，观测井中的 Pb 浓度在第 2.5 年达到地下水 3 类水标准限值，在第 7 年达到最大值（0.455mg/L）。

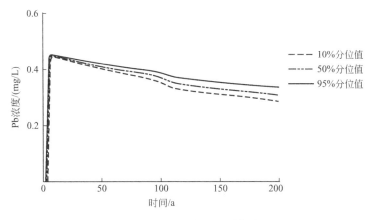

图 8-10 Pb 浓度的历时曲线

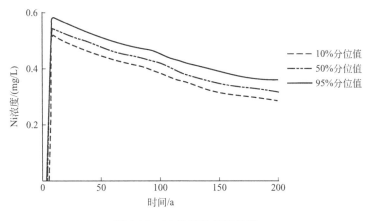

图 8-11 Ni 浓度的历时曲线

8.3.3.3 地下水污染风险

如上所述，地下水的污染风险表现为其被污染的程度及对应概率。若认为观测井中污染物浓度超过 3 类水限值为地下水污染，那么根据其浓度值的累计概率分布，可求出地下水被污染的概率。以地下水被 Ni 污染为例，地下水在不同时期被污染的概率如图 8-12 所示。在第 1 年、2 年、3 年、4 年、5 年、6 年、7 年和 10 年，地下水被污染的概率分别为 0、0、0.33、0.68、0.84、0.98、0.99 和 1。

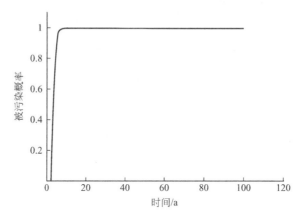

图 8-12　不同时间内地下水被污染的概率

可见在填埋场运行初期（1～3 年），由于防渗层黏土和包气带的阻隔作用，渗滤液中污染组分进入地下水中的量较少，地下水被污染的概率较小。在填埋场运行后期（4 年以后），渗滤液穿透黏土层和包气带，进入地下水中，此时地下水污染概率逐渐增大，在第 10 年后达到最大值；第 10 年以后，尤其是 250～1000 年，顶盖和防渗系统的老化，以及导排管失效等事件导致渗漏量增加，同时渗滤液中污染组分的浓度也逐渐降低，两个因素同时作用下地下水污染的风险呈现缓慢减小的趋势。

8.3.4　小结

① 基于 Landsim 和 HELP 的填埋场渗漏风险评价模型比较合理地刻画了填埋场长期性能参数的变化，能较为准确地评价性能变化条件下填埋场的渗漏量及其对应概率。

② 仅就本填埋场而言，在短期内（1～3 年）导致地下水被污染的风险较小；而在长期内（≥4 年）地下水被污染的风险逐渐增加，至第 10 年达到最大值。

③ 填埋场的设计和运行标准需考虑其防渗膜、导排管等重要单元长期性能的变化，从而减小其长期渗漏的风险。

8.4　西北内陆地区某非正规填埋场渗漏的层次化环境风险评价

非正规垃圾填埋场（ISWL）是我国特殊的历史遗留产物，其中不仅堆存生活垃圾，还堆存有危险废物。而针对这类"含危险废物"的填埋场，也可以采用本书所介绍的方法对其环境风险进行评价。

8.4.1 填埋场概况

选择西北地区某非正规填埋场进行案例分析。

该填埋场采用黏土加单层 HDPE 膜防渗，但未建设渗滤液导排系统，不符合工业固体废物填埋标准对设计填埋场的要求，且在建设前没有进行详细的水文地质勘探，属于非正规填埋场。

该填埋场主要用于经湿法解毒＋固化工艺解毒后的铬渣，总计填埋场量为 8.92×10^4 t。填埋场所在区域属暖温带大陆性气候，多年平均气温为 10.5℃，多年平均降水量为 522.5mm。

填埋场渗滤液渗漏后进入地下水，并顺着地下水流方向迁移，进入填埋场南侧 1600m 处的河流中，因此假设暴露距离为 1600m，人群通过饮用此处地下水产生健康风险。

8.4.2 模型参数

第一层次风险评价所需参数中降雨量服从参数为 (456.6±83.5)mm 的正态分布，总铬浓度和六价铬浓度分别服从参数为 (2.74±3.29)mg/L 和 (2.07±2.89)mg/L 的对数正态分布，防渗膜上漏洞密度取 24 个/hm² 。填埋场结构相关参数及其概率分布如表 8-10 所列。

表 8-10　第一层次风险评价所需参数

填埋场结构		厚度 /cm	孔隙度 /%	饱和渗透系数 /(cm/s)	田间含水率 /%
覆盖层	表层黄土	50	N(46±2)	C 6.4×10⁻⁵	C 31
	煤矸石	2000	C 39.7	C(0.2±0.1)	C 3.2
	压实黄土	150	N(43.7±1.6)	C 3.6×10⁻⁶	C 37.3
	HDPE	0.05	—	C 1.0×10⁻¹³	—
	土工布	0.2	—	C 1.0×10⁻⁸	—
	压实黏土	100	N(47.5±1.6)	N(1.7±0.6)×10⁻⁷	N(37.8±1.2)
填埋层	解毒铬渣	300	N(0.63±0.6)	C 2.0×10⁻⁶	N(23.4±5.4)
防渗层	压实黏土	100	N(47.5±1.6)	N (1.7±0.6)×10⁻⁷	N(37.8±1.2)
	土工布	0.2	—	C 1.0×10⁻⁸	—
	HDPE	0.05	—	C 1.0×10⁻¹³	—
	土工布	0.2	—	C 1.0×10⁻⁸	—
	压实黄土	100	N(43.7±1.6)	C 3.6×10⁻⁶	C 37.3

注：C 表示常量（Constant）；N 表示正态分布（Normal）；下同。

第二层次风险评价所需参数主要为渗流和污染物运移相关的多孔介质参数，其取值见表 8-11。

表 8-11　第二层次风险评价所需参数

参数		取值
包气带	厚度/m	C 5
	渗透系数/(cm/s)	$\lg N(1.9\pm1.6)\times10^{-5}$
	纵向弥散度/m	
含水层	厚度/m	C 10
	水力梯度	C 0.05
	纵向弥散度/m	
	横向弥散度/m	
	渗透系数/(cm/s)	$N(40\pm2.6)\times10^{-5}$

第三层次风险评价所需参数主要为人体暴露参数，其取值见表 8-12。

表 8-12　第三层次风险评价所需参数

参数名称		单位	取值
饮用水摄入速率(CR)		L/d	2
暴露频率(FE)		d/a	365
持续暴露时间(DE)		a	24
人体质量(BW)		kg	60
致癌效应平均时间(AT)		d	26280
RfD	总铬	mg/(kg·d)	3
	六价铬		2×10^{-2}

8.4.3　模拟结果

随机模拟 1001 次后得到第一层次风险评价模型的年平均渗漏强度的历时曲线如图 8-13(a) 所示。渗漏量的 90% 和 95% 分位值在 300 年左右达到峰值，5%、10% 和 50% 分位值在 1000 年左右达到峰值。因此，分别绘制第 30 年、300 年和 1000 年年渗漏强度的累计频率曲线如图 8-13(b) 所示。该填埋场可接受的渗漏强度为 233L/d，并结合图 8-13(b) 计算得到第 30 年、300 年和 1000 年，其渗漏强度的超标概率均为 0。

由第二层次风险评价模型计算得到目标点处污染物浓度的历时曲线如图 8-14 所示。

从图 8-14 中可知观测井中污染物浓度在第 9 年达到峰值。因此取 9 年的污染物浓度的概率分布作为地下水污染风险评价的依据，从图 8-14 中可知观测井中总铬浓度和六价铬浓度超过地下水 3 级质量标准限值（1.5mg/L 和 0.05mg/L）的概率均为 0。

假设 1600m 污染物的峰值浓度为人群的暴露浓度，计算得到总铬和六价铬的非致癌危害商，见图 8-15。从图 8-15 中可以看出总铬和六价铬的非致癌危害商均在 $10^{-3}\sim10^{-2}$ 数量级，明显小于可接受风险水平。

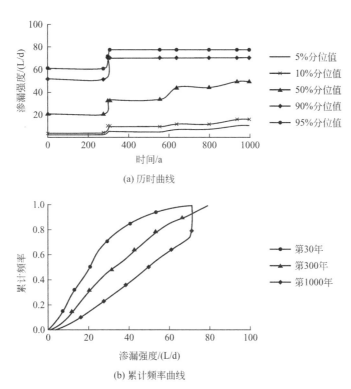

(a) 历时曲线

(b) 累计频率曲线

图 8-13　渗漏强度的历时曲线和累计频率曲线

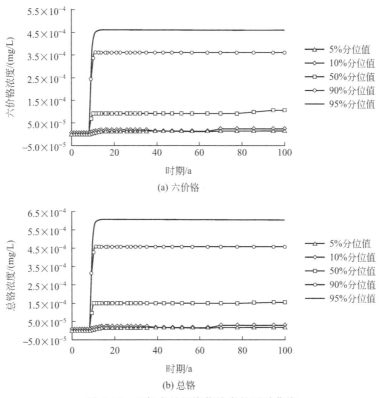

(a) 六价铬

(b) 总铬

图 8-14　目标点处污染物浓度的历时曲线

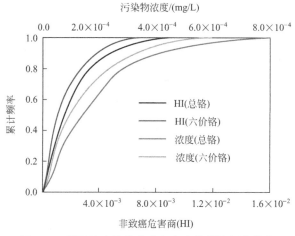

图 8-15　暴露浓度及非致癌危害商的累计频率分布

8.4.4　分析和讨论

8.4.4.1　模型验证

采用美国环保署开发的渗滤液迁移转化复合模型（EPA's Composite Model for Leachate Migration with Transformation Products，EPACMLMTP）模拟渗滤液渗漏条件下的地下水污染，采用美国环保署推荐的健康风险评价模型计算地下水污染情况下的人体健康风险（不确定性参数采用其95％分位值，其他参数保持一致），计算结果与本模型模拟结果的比较见表8-13。从表8-13中可以看出EPACMTP健康风险评价模型的计算结果略小于本模型计算结果（95％分位值），相对差值基本保持在18％以内，说明本模型计算结果基本可靠。

表 8-13　层次化风险评价模型与 EPACMTP 健康风险评价模型比较

项目		污染物峰值浓度/(mg/L)		非致癌危害商(HI)	
		六价铬	总铬	六价铬	总铬
三级概率风险评价模型	5％分位值	0.2	0.1	1.1×10^{-4}	2.0×10^{-4}
	50％分位值	0.8	1.3	1.0×10^{-3}	1.6×10^{-3}
	95％分位值	4.0	5.8	4.1×10^{-3}	6.0×10^{-3}
EPACMTP 健康风险评价模型		3.2	5.1	3.3×10^{-3}	5.3×10^{-3}
相对差值（与本模型的95％分位值比较）/％		10.0	12.1	17.1	11.7

8.4.4.2　结果讨论

根据第一层次风险评估结果，渗滤液年平均渗漏强度超过可接受渗漏强度的概率为0；渗滤液中污染组分浓度超过相应的污染物排放限值的概率为1，判断渗滤风险很小，可以接受。根据第二层次风险评估结果，地下水中污染组分（六价铬和总铬）的峰值浓度分别位于（$9.0 \times 10^{-6} \sim 6.0 \times 10^{-4}$）mg/L 区间和（$7.7 \times 10^{-6} \sim 8.2 \times 10^{-4}$）mg/L 区间，超过相应的地下水 3 级质量标准限值的概率为 0 因此判断地下水污染风险很小可以接受。最后根据第三层次风险评估结果六价铬和总铬的非致癌危害商分别位于（$1.0 \times 10^{-4} \sim 6.7 \times 10^{-3}$）区间和（$8.5 \times 10^{-6} \sim 9.2 \times 10^{-3}$）区间可判断其健康风险处于可接受水平。

本案例中，第一、第二和第三层次的风险可接受情况如表 8-14 所列。显然，当第一层次的渗漏风险水平可以接受时，第二层次的地下水污染风险和第三层次的人体健康风险均处于可接受水平，这表明在对非正规填埋场进行风险评价时，可以采用层次化风险评价的思路，先进行初级的风险评估，当初级的风险评价结果不可接受时才继续进行进一步的风险评价。

第一层次评价模型所需的参数主要为工程设计参数，均可通过设计资料获取，所需要的时间成本和工程成本极小；第二层次评价模型所需的参数主要为水文地质参数，需要通过水文地质勘探获取，时间成本和工程成本极高；第三层次评价模型除第一、第二层次所需的参数外，对填埋场周边进行社会经济条件调查也将产生一定的时间和工程成本。

本案例中，各层次风险评价所耗的时间成本和工程成本列于表 8-14 中。

表 8-14　各层次风险评价结果及其时间成本、工程成本

险评价模型		是否可接受	时间成本/d	工程成本/万元	累计成本/万元
本模型	第一层次	是	3	0.5	0.5
	第二层次	是	60	11.5	12
	第三层次	是	80	2	14
EPACMTP 模型		是	80	14	14

根据层次化风险评价的理论，因为第一层次的渗漏风险很小，本案例可无需进行后续的风险评价，从而节省第二层次和第三层次风险评价时水文地质勘探和社会条件调查所需的大量时间成本（95%）和工程成本（96%）。

8.4.5　小结

1）从评价效果考虑，第一层次的风险评估结果能较好地表征第二层次和第三层次风险的大小，因此可作为是否进行后续风险评价的判断依据。

2）从时间成本和经济成本考虑，采用层次化的风险评价模型有助于大幅降低风险评价的时间成本和经济成本。考虑到 ISWL 的特殊性（数量多且基本水文地质资料不详），层次化风险评价模型的实践意义和经济意义更是非同一般。仅就本填埋场而言，若采用层次化风险评价模型，可节省 95% 的时间（57d）和 96.5% 的工程成本（13.5 万元）。

3）案例研究结果

① 该填埋场渗漏量超过可接受渗漏量的概率为 0，渗漏风险极小；

② 渗滤液的渗漏对地下水影响很小，污染风险为 0；

③ 该填埋场渗滤液中存在的六价铬和总铬的非致癌危害商在（$1.0×10^{-4}$～$6.7×10^{-3}$）区间和（$8.5×10^{-6}$～$9.2×10^{-3}$）区间，健康风险水平很小；

④ 该 ISWL 的环境风险较小，无需采取工程措施对其进行治理或搬迁。

参 考 文 献

［1］ GB 18598—2001.

［2］ DRURY D，HALL D H，DOWLE J. The Development of LandSim 2.5. NGCLC Report GW/03/09. Environment Agency，Solihull. 2003.

［3］ 环境保护部. 关于发布《一般固体废物贮存、处置场污染控制标准》（GB 18598—2001）等 3 项国家污染物控制标准修改单的公告［Z］. 北京：环境保护部，2013.

［4］ 冯亚斌，陈全. 关于我国垃圾填埋场目前存在问题的探讨［J］. 环境保护，2000，10：14-16.

［5］ SINGH R K，MANOJ D，ARVIND，et al. A new system for groundwater contamination hazard rating of landfills［J］. Journal of Environmental Management，2009，91：344-357.

附录 《危险废物填埋污染控制标准》
(GB 18598—2019 代替 GB 18598—2001)

1 适用范围

本标准规定了危险废物填埋的入场条件，填埋场的选址、设计、施工、运行、封场及监测的环境保护要求。

本标准适用于新建危险废物填埋场的建设、运行、封场及封场后环境管理过程的污染控制。现有危险废物填埋场的入场要求、运行要求、污染物排放要求、封场及封场后环境管理要求、监测要求按照本标准执行。本标准适用于生态环境主管部门对危险废物填埋场环境污染防治的监督管理。

本标准不适用于放射性废物的处置及突发事故产生危险废物的临时处置。

2 规范性引用文件

本标准内容引用了下列文件中的条款。凡是不注明日期的引用文件，其有效版本适用于本标准。

GB 5085.3	危险废物鉴别标准　浸出毒性鉴别
GB 6920	水质　pH 值的测定　玻璃电极法
GB 7466	水质　总铬的测定（第一篇）
GB 7467	水质　六价铬的测定　二苯碳酰二肼分光光度法
GB 7470	水质　铅的测定　双硫腙分光光度法
GB 7471	水质　镉的测定　双硫腙分光光度法
GB 7472	水质　锌的测定　双硫腙分光光度法
GB 7475	水质　铜、锌、铅、镉的测定　原子吸收分光光度法
GB 7484	水质　氟化物的测定　离子选择电极法
GB 7485	水质　总砷的测定　二乙基二硫代氨基甲酸银分光光度法
GB 8978	污水综合排放标准
GB 11893	水质　总磷的测定　钼酸铵分光光度法
GB 11895	水质　苯并［α］芘的测定　乙酰化滤纸层析荧光分光光度法
GB 11901	水质　悬浮物的测定　重量法
GB 11907	水质　银的测定　火焰原子吸收分光光度法
GB 16297	大气污染物综合排放标准
GB 37822	挥发性有机物无组织排放控制标准
GB 50010	混凝土结构设计规范
GB 50108	地下工程防水技术规范

GB/T 14204	水质　烷基汞的测定　气相色谱法
GB/T 14671	水质　钡的测定　电位滴定法
GB/T 14848	地下水质量标准
GB/T 15555.1	固体废物　总汞的测定　冷原子吸收分光光度法
GB/T 15555.3	固体废物　砷的测定　二乙基二硫代氨基甲酸银分光光度法
GB/T 15555.4	固体废物　六价铬的测定　二苯碳酰二肼分光光度法
GB/T 15555.5	固体废物　总铬的测定　二苯碳酰二肼分光光度法
GB/T 15555.7	固体废物　六价铬的测定　硫酸亚铁铵滴定法
GB/T 15555.10	固体废物　镍的测定　丁二酮肟分光光度法
GB/T 15555.11	固体废物　氟化物的测定　离子选择性电极法
GB/T 15555.12	固体废物　腐蚀性测定　玻璃电极法
HJ 84	水质　无机阴离子（F^-、Cl^-、NO_2^-、Br^-、NO_3^-、PO_4^{3-}、SO_3^{2-}、SO_4^{2-}）的测定　离子色谱法
HJ 478	水质　多环芳烃的测定　液液萃取和固相萃取高效液相色谱法
HJ 484	水质　氰化物的测定　容量法和分光光度法
HJ 485	水质　铜的测定　二乙基二硫代氨基甲酸钠分光光度法
HJ 486	水质　铜的测定　2,9-二甲基-1,10-菲啰啉分光光度法
HJ 487	水质　氟化物的测定　茜素磺酸锆目视比色法
HJ 488	水质　氟化物的测定　氟试剂分光光度法
HJ 489	水质　银的测定　3,5-Br_2-PADAP 分光光度法
HJ 490	水质　银的测定　镉试剂 2B 分光光度法
HJ 501	水质　总有机碳的测定　燃烧氧化-非分散红外吸收法
HJ 505	水质　五日生化需氧量（BOD_5）的测定　稀释与接种法
HJ 535	水质　氨氮的测定　纳氏试剂分光光度法
HJ 536	水质　氨氮的测定　水杨酸分光光度法
HJ 537	水质　氨氮的测定　蒸馏-中和滴定法
HJ 597	水质　总汞的测定　冷原子吸收分光光度法
HJ 602	水质　钡的测定　石墨炉原子吸收分光光度法
HJ 636	水质　总氮的测定　碱性过硫酸钾消解紫外分光光度法
HJ 659	水质　氰化物等的测定　真空检测管-电子比色法
HJ 665	水质　氨氮的测定　连续流动-水杨酸分光光度法
HJ 666	水质　氨氮的测定　流动注射-水杨酸分光光度法
HJ 667	水质　总氮的测定　连续流动-盐酸萘乙二胺分光光度法
HJ 668	水质　总氮的测定　流动注射-盐酸萘乙二胺分光光度法
HJ 670	水质　磷酸盐和总磷的测定　连续流动-钼酸铵分光光度法
HJ 671	水质　总磷的测定　流动注射-钼酸铵分光光度法
HJ 687	固体废物　六价铬的测定　碱消解/火焰原子吸收分光光度法
HJ 694	水质　汞、砷、硒、铋和锑的测定　原子荧光法

HJ 700	水质　65 种元素的测定　电感耦合等离子体质谱法
HJ 702	固体废物　汞、砷、硒、铋、锑的测定　微波消解/原子荧光法
HJ 749	固体废物　总铬的测定　火焰原子吸收分光光度法
HJ 750	固体废物　总铬的测定　石墨炉原子吸收分光光度法
HJ 751	固体废物　镍和铜的测定　火焰原子吸收分光光度法
HJ 752	固体废物　铍镍铜和钼的测定　石墨炉原子吸收分光光度法
HJ 761	固体废物　有机质的测定　灼烧减量法
HJ 766	固体废物　金属元素的测定　电感耦合等离子体质谱法
HJ 767	固体废物　钡的测定　石墨炉原子吸收分光光度法
HJ 776	水质　32 种元素的测定　电感耦合等离子体发射光谱法
HJ 781	固体废物　22 种金属元素的测定　电感耦合等离子体发射光谱法
HJ 786	固体废物　铅、锌和镉的测定　火焰原子吸收分光光度法
HJ 787	固体废物　铅和镉的测定　石墨炉原子吸收分光光度法
HJ 823	水质　氰化物的测定　流动注射-分光光度法
HJ 828	水质　化学需氧量的测定　重铬酸盐法
HJ 999	固体废物　氟的测定　碱熔-离子选择电极法
HJ/T 59	水质　铍的测定　石墨炉原子吸收分光光度法
HJ/T 91	地表水和污水监测技术规范
HJ/T 195	水质　氨氮的测定　气相分子吸收光谱法
HJ/T 199	水质　总氮的测定　气相分子吸收光谱法
HJ/T 299	固体废物　浸出毒性浸出方法　硫酸硝酸法
HJ/T 399	水质　化学需氧量的测定　快速消解分光光度法
CJ/T 234	垃圾填埋场用高密度聚乙烯土工膜
CJJ 113	生活垃圾卫生填埋场防渗系统工程技术规范
CJJ 176	生活垃圾卫生填埋场岩土工程技术规范
NY/T 1121.16	土壤检测　第 16 部分：土壤水溶性盐总量的测定

《污染源自动监控管理办法》(国家环境保护总局令　第 28 号)

3　术语和定义

3.1　危险废物 hazardous waste

列入国家危险废物名录或者根据国家规定的危险废物鉴别标准和鉴别方法认定的具有危险特性的固体废物。

3.2　危险废物填埋场 hazardous waste landfill

处置危险废物的一种陆地处置设施,它由若干个处置单元和构筑物组成,主要包括接收与贮存设施、分析与鉴别系统、预处理设施、填埋处置设施(其中包括防渗系统、渗滤液收集和导排系统)、封场覆盖系统、渗滤液和废水处理系统、环境监测系统、应急设施及其他公用工程和配套设施。本标准所指的填埋场均指危险废物填埋场。

3.3 相容性 compatibility

某种危险废物同其他危险废物或填埋场中其他物质接触时不产生气体、热量、有害物质，不会燃烧或爆炸，不发生其他可能对填埋场产生不利影响的反应和变化。

3.4 柔性填埋场 flexible landfill

采用双人工复合衬层作为防渗层的填埋处置设施。

3.5 刚性填埋场 concrete landfill

采用钢筋混凝土作为防渗阻隔结构的填埋处置设施。其构成见附录 A 图 A.1。

3.6 天然基础层 nature foundation layer

位于防渗衬层下部，由未经扰动的土壤构成的基础层。

3.7 防渗衬层 landfill liner

设置于危险废物填埋场底部及边坡的由黏土衬层和人工合成材料衬层组成的防止渗滤液进入地下水的阻隔层。

3.8 双人工复合衬层 double artificial composite liner

由两层人工合成材料衬层与黏土衬层组成的防渗衬层。其构成见附录 A 图 A.2。

3.9 渗漏检测层 leak detection layer

位于双人工复合衬层之间，收集、排出并检测液体通过主防渗层的渗漏液体。

3.10 可接受渗漏速率 acceptable leakage rate

渗漏检测层中检测出的可接受的最大渗漏速率，具体计算方式见附录 B。

3.11 水溶性盐 water-soluble salt

固体废物中氯化物、硫酸盐、碳酸盐以及其他可溶性物质。

3.12 防渗层完整性检测 liner leakage detection

采用电法以及其他方法对人工合成材料衬层（如高密度聚乙烯膜）是否发生破损及其破损位置进行检测。防渗层完整性检测包括填埋场施工验收检测以及运行期和封场后的检测。

3.13 填埋场稳定性 landfill stability

填埋场建设、运行、封场期间地基、填埋堆体及封场覆盖系统的有关不均匀沉降、滑坡、塌陷等现象的力学性能。

3.14 公共污水处理系统 public wastewater treatment system

通过纳污管道等方式收集废水，为两家及以上排污单位提供废水处理服务并且排水能够达到相关排放标准要求的企业或机构，包括各种规模和类型的城镇污水处理厂、区域（包括各类工业园区、开发区、工业聚集地等）废水处理厂等，其废水处理程度应达到二级或二级以上。

3.15 直接排放 direct discharge

排污单位直接向环境排放污染物的行为。

3.16 间接排放 indirect discharge

排污单位向公共污水处理系统排放污染物的行为。

3.17 现有危险废物填埋场 existing hazardous waste landfill

本标准实施之日前，已建成投产或环境影响评价文件已通过审批的危险废物填埋场。

3.18　新建危险废物填埋场 new-built hazardous waste landfill

本标准实施之日后，环境影响评价文件通过审批的新建、改建或扩建的危险废物填埋场。

3.19　设计寿命期 designed expect lifetime

进行填埋场设计时，在充分考虑填埋场施工、运行维护等情况下确定的丧失填埋场具有的阻隔废物与环境介质联系功能的预期时间。实现阻隔功能需要通过填埋场的合理选址、规范建设及安全运行等有效措施完成。

4　填埋场场址选择要求

4.1　填埋场选址应符合环境保护法律法规及相关法定规划要求。

4.2　填埋场场址的位置及与周围人群的距离应依据环境影响评价结论确定。

在对危险废物填埋场场址进行环境影响评价时，应重点考虑危险废物填埋场渗滤液可能产生的风险、填埋场结构及防渗层长期安全性及其由此造成的渗漏风险等因素，根据其所在地区的环境功能区类别，结合该地区的长期发展规划和填埋场设计寿命期，重点评价其对周围地下水环境、居住人群的身体健康、日常生活和生产活动的长期影响，确定其与常住居民居住场所、农用地、地表水体以及其他敏感对象之间合理的位置关系。

4.3　填埋场场址不应选在国务院和国务院有关主管部门及省、自治区、直辖市人民政府划定的生态保护红线区域、永久基本农田和其他需要特别保护的区域内。

4.4　填埋场场址不得选在以下区域：破坏性地震及活动构造区，海啸及涌浪影响区；湿地；地应力高度集中，地面抬升或沉降速率快的地区；石灰溶洞发育带；废弃矿区、塌陷区；崩塌、岩堆、滑坡区；山洪、泥石流影响地区；活动沙丘区；尚未稳定的冲积扇、冲沟地区及其他可能危及填埋场安全的区域。

4.5　填埋场选址的标高应位于重现期不小于100年一遇的洪水位之上，并在长远规划中的水库等人工蓄水设施淹没和保护区之外。

4.6　填埋场场址地质条件应符合下列要求，刚性填埋场除外：

a. 场区的区域稳定性和岩土体稳定性良好，渗透性低，没有泉水出露；

b. 填埋场防渗结构底部应与地下水有记录以来的最高水位保持3m以上的距离。

4.7　填埋场场址不应选在高压缩性淤泥、泥炭及软土区域，刚性填埋场选址除外。

4.8　填埋场场址天然基础层的饱和渗透系数不应大于 1.0×10^{-5} cm/s，且其厚度不应小于2m，刚性填埋场除外。

4.9　填埋场场址不能满足4.6条、4.7条及4.8条的要求时，必须按照刚性填埋场要求建设。

5　设计、施工与质量保证

5.1　填埋场应包括以下设施：接收与贮存设施、分析与鉴别系统、预处理设施、填埋处置设施（其中包括防渗系统、渗滤液收集和导排系统、填埋气体控制设施）、环境监测系统（其中包括人工合成材料衬层渗漏检测、地下水监测、稳定性监测和大气与地表水等的环境检测)、封场覆盖系统（填埋封场阶段）、应急设施及其他公用工程和配套设施。同时，应根据具体情况选择设置渗滤液和废水处理系统、地下水导排系统。

5.2　填埋场应建设封闭性的围墙或栅栏等隔离设施，专人管理的大门，安全防护和监控设施，并且在入口处标识填埋场的主要建设内容和环境管理制度。

5.3　填埋场处置不相容的废物应设置不同的填埋区，分区设计要有利于以后可能的废物回取操作。

5.4　柔性填埋场应设置渗滤液收集和导排系统，包括渗滤液导排层、导排管道和集水井。渗滤液导排层的坡度不宜小于 2%。渗滤液导排系统的导排效果要保证人工衬层之上的渗滤液深度不大于 30cm，并应满足下列条件：

　　a. 渗滤液导排层采用石料时应采用卵石，初始渗透系数应不小于 0.1cm/s，碳酸钙含量应不大于 5%；

　　b. 渗滤液导排层与填埋废物之间应设置反滤层，防止导排层淤堵；

　　c. 渗滤液导排管出口应设置端头井等反冲洗装置，定期冲洗管道，维持管道通畅；

　　d. 渗滤液收集与导排设施应分区设置。

5.5　柔性填埋场应采用双人工复合衬层作为防渗层。双人工复合衬层中的人工合成材料采用高密度聚乙烯膜时应满足 CJ/T 234 规定的技术指标要求，并且厚度不小于 2.0mm。双人工复合衬层中的黏土衬层应满足下列条件：

　　a. 主衬层应具有厚度不小于 0.3m，且其被压实、人工改性等措施后的饱和渗透系数小于 1.0×10^{-7} cm/s 的黏土衬层；

　　b. 次衬层应具有厚度不小于 0.5m，且其被压实、人工改性等措施后的饱和渗透系数小于 1.0×10^{-7} cm/s 的黏土衬层。

5.6　黏土衬层施工过程应充分考虑压实度与含水率对其饱和渗透系数的影响，并满足下列条件：

　　a. 每平方米黏土层高度差不得大于 2cm；

　　b. 黏土的细粒含量（粒径小于 0.075mm）应大于 20%，塑性指数应大于 10%，不应含有粒径大于 5mm 的尖锐颗粒物；

　　c. 黏土衬层的施工不应对渗滤液收集和导排系统、人工合成材料衬层、渗漏检测层造成破坏。

5.7　柔性填埋场应设置两层人工复合衬层之间的渗漏检测层，它包括双人工复合衬层之间的导排介质、集排水管道和集水井，并应分区设置。检测层渗透系数应大于 0.1cm/s。

5.8　刚性填埋场设计应符合以下规定：

　　a. 刚性填埋场钢筋混凝土的设计应符合 GB 50010 的相关规定，防水等级应符合 GB 50108 一级防水标准；

　　b. 钢筋混凝土与废物接触的面上应覆有防渗、防腐材料；

　　c. 钢筋混凝土抗压强度不低于 25N/mm²，厚度不小于 35cm；

　　d. 应设计成若干独立对称的填埋单元，每个填埋单元面积不得超过 50m² 且容积不得超过 250m³；

e. 填埋结构应设置雨棚，杜绝雨水进入；

f. 在人工目视条件下能观察到填埋单元的破损和渗漏情况，并能及时进行修补。

5.9 填埋场应合理设置集排气系统。

5.10 高密度聚乙烯防渗膜在铺设过程中要对膜下介质进行目视检测，确保平整性，确保没有遗留尖锐物质与材料。对高密度聚乙烯防渗膜进行目视检测，确保没有质量瑕疵。高密度聚乙烯防渗膜焊接过程中，应满足 CJJ 113 相关技术要求。在填埋区施工完毕后，需要对高密度聚乙烯防渗膜进行完整性检测。

5.11 填埋场施工方案中应包括施工质量保证和施工质量控制内容，明确环保条款和责任，作为项目竣工环境保护验收的依据，同时可作为填埋场建设环境监理的主要内容。

5.12 填埋场施工完毕后应向当地生态环境主管部门提交施工报告、全套竣工图、所有材料的现场和试验室检测报告，采用高密度聚乙烯膜作为人工合成材料衬层的填埋场还应提交防渗层完整性检测报告。

5.13 填埋场应制定到达设计寿命期后的填埋废物的处置方案，并依据 7.10 条的评估结果确定是否启动处置方案。

6 填埋废物的入场要求

6.1 下列废物不得填埋：

a. 医疗废物；

b. 与衬层具有不相容性反应的废物；

c. 液态废物。

6.2 除 6.1 条所列废物，满足下列条件或经预处理满足下列条件的废物，可进入柔性填埋场：

a. 根据 HJ/T 299 制备的浸出液中有害成分浓度不超过表 1 中允许填埋控制限值的废物；

b. 根据 GB/T 15555.12 测得浸出液 pH 值在 7.0~12.0 之间的废物；

c. 含水率低于 60% 的废物；

d. 水溶性盐总量小于 10% 的废物，测定方法按照 NY/T 1121.16 执行，待国家发布固体废物中水溶性盐总量的测定方法后执行新的监测方法标准；

e. 有机质含量小于 5% 的废物，测定方法按照 HJ 761 执行；

f. 不再具有反应性、易燃性的废物。

6.3 除 6.1 条所列废物，不具有反应性、易燃性或经预处理不再具有反应性、易燃性的废物，可进入刚性填埋场。

6.4 砷含量大于 5% 的废物，应进入刚性填埋场处置，测定方法按照表 1 执行。

表 1 危险废物允许填埋的控制限值

序号	项目	稳定化控制限值 /(mg/L)	检测方法
1	烷基汞	不得检出	GB/T 14204

序号	项目	稳定化控制限值 /(mg/L)	检测方法
2	汞(以总汞计)	0.12	GB/T 15555.1、HJ 702
3	铅(以总铅计)	1.2	HJ 766、HJ 781、HJ 786、HJ 787
4	镉(以总镉计)	0.6	HJ 766、HJ 781、HJ 786、HJ 787
5	总铬	15	GB/T 15555.5、HJ 749、HJ 750
6	六价铬	6	GB/T 15555.4、GB/T 15555.7、HJ 687
7	铜(以总铜计)	120	HJ 751、HJ 752、HJ 766、HJ 781
8	锌(以总锌计)	120	HJ 766、HJ 781、HJ 786
9	铍(以总铍计)	0.2	HJ 752、HJ 766、HJ 781
10	钡(以总钡计)	85	HJ 766、HJ 767、HJ 781
11	镍(以总镍计)	2	GB/T 15555.10、HJ 751、HJ 752、HJ 766、HJ 781
12	砷(以总砷计)	1.2	GB/T 15555.3、HJ 702、HJ 766
13	无机氟化物(不包括氟化钙)	120	GB/T 15555.11、HJ 999
14	氰化物(以 CN⁻计)	6	暂时按照 GB 5085.3 附录 G 方法执行,待国家固体废物氰化物监测方法标准发布实施后,应采用国家监测方法标准

7 填埋场运行管理要求

7.1 在填埋场投入运行之前,企业应制订运行计划和突发环境事件应急预案。突发环境事件应急预案应说明各种可能发生的突发环境事件情景及应急处置措施。

7.2 填埋场运行管理人员,应参加企业的岗位培训,合格后上岗。

7.3 柔性填埋场应根据分区填埋原则进行日常填埋操作,填埋工作面应尽可能小,方便及时得到覆盖。填埋堆体的边坡坡度应符合堆体稳定性验算的要求。

7.4 填埋场应根据废物的力学性质合理选择填埋单元,防止局部应力集中对填埋结构造成破坏。

7.5 柔性填埋场应根据填埋场边坡稳定性要求对填埋废物的含水量、力学参数进行控制,避免出现连通的滑动面。

7.6 柔性填埋场日常运行要采取措施保障填埋场稳定性,并根据 CJJ 176 的要求对填埋堆体和边坡的稳定性进行分析。

7.7 柔性填埋场运行过程中,应严格禁止外部雨水的进入。每日工作结束时,以及填埋完毕后的区域必须采用人工材料覆盖。除非设有完备的雨棚,雨天不宜开展填埋作业。

7.8 填埋场运行记录应包括设备工艺控制参数,入场废物来源、种类、数量、废物填埋位置等信息,柔性填埋场还应当记录渗滤液产生量和渗漏检测层流出量等。

7.9 企业应建立有关填埋场的全部档案,包括入场废物特性、填埋区域、场址选择、勘察、征地、设计、施工、验收、运行管理、封场及封场后管理、监测以及应急处置等全过程所形成的一切文件资料;必须按国家档案管理等法律法规进行整理与归档,并永久保存。

7.10 填埋场应根据渗滤液水位、渗滤液产生量、渗滤液组分和浓度、渗漏检测层渗漏量、地下水监测结果等数据，定期对填埋场环境安全性能进行评估，并根据评估结果确定是否对填埋场后续运行计划进行修订以及采取必要的应急处置措施。填埋场运行期间，评估频次不得低于两年一次；封场至设计寿命期，评估频次不得低于三年一次；设计寿命期后，评估频次不得低于一年一次。

8 填埋场污染物排放控制要求

8.1 废水污染物排放控制要求

8.1.1 填埋场产生的渗滤液（调节池废水）等污水必须经过处理，并符合本标准规定的污染物排放控制要求后方可排放，禁止渗滤液回灌。

8.1.2 2020 年 8 月 31 日前，现有危险废物填埋场废水进行处理，达到 GB 8978 中第一类污染物最高允许排放浓度标准要求及第二类污染物最高允许排放浓度标准要求后方可排放。第二类污染物排放控制项目包括 pH 值、悬浮物（SS）、五日生化需氧量（BOD_5）、化学需氧量（COD_{Cr}）、氨氮（NH_3-N）、磷酸盐（以 P 计）。

8.1.3 自 2020 年 9 月 1 日起，现有危险废物填埋场废水污染物排放执行表 2 规定的限值。

表 2 危险废物填埋场废水污染物排放限值 （单位：mg/L，pH 值除外）

序号	污染物项目	直接排放	间接排放[①]	污染物排放监控位置
1	pH 值	6～9	6～9	危险废物填埋场废水总排放口
2	生化需氧量（BOD_5）	4	50	
3	化学需氧量（COD_{Cr}）	20	200	
4	总有机碳（TOC）	8	30	
5	悬浮物（SS）	10	100	
6	氨氮	1	30	
7	总氮	1	50	
8	总铜	0.5	0.5	
9	总锌	1	1	
10	总钡	1	1	
11	氰化物(以 CN^- 计)	0.2	0.2	
12	总磷(TP,以 P 计)	0.3	3	
13	氟化物(以 F^- 计)	1	1	
14	总汞	0.001		渗滤液调节池废水排放口
15	烷基汞	不得检出		
16	总砷	0.05		
17	总镉	0.01		
18	总铬	0.1		
19	六价铬	0.05		
20	总铅	0.05		

序号	污染物项目	直接排放	间接排放①	污染物排放监控位置
21	总铍	0.002		渗滤液调节池废水排放口
22	总镍	0.05		
23	总银	0.5		
24	苯并[a]芘	0.00003		

① 工业园区和危险废物集中处置设施内的危险废物填埋场向污水处理系统排放废水时执行间接排放限值。

8.2 填埋场有组织气体和无组织气体排放应满足 GB 16297 和 GB 37822 的规定。监测因子由企业根据填埋废物特性从上述两个标准的污染物控制项目中提出，并征得当地生态环境主管部门同意。

8.3 危险废物填埋场不应对地下水造成污染。地下水监测因子和地下水监测层位由企业根据填埋废物特性和填埋场所处区域水文地质条件提出，必须具有代表性且能表示废物特性的参数，并征得当地生态环境主管部门同意。常规测定项目包括：浑浊度、pH 值、溶解性总固体、氯化物、硝酸盐（以 N 计）、亚硝酸盐（以 N 计）。填埋场地下水质量评价按照 GB/T 14848 执行。

9 封场要求

9.1 当柔性填埋场填埋作业达到设计容量后，应及时进行封场覆盖。

9.2 柔性填埋场封场结构自下而上为：

——导气层：由砂砾组成，渗透系数应大于 0.01cm/s，厚度不小于 30cm。

——防渗层：厚度 1.5mm 以上的糙面高密度聚乙烯防渗膜或线性低密度聚乙烯防渗膜；采用黏土时，厚度不小于 30cm，饱和渗透系数小于 1.0×10^{-7}cm/s。

——排水层：渗透系数不应小于 0.1cm/s，边坡应采用土工复合排水网；排水层应与填埋库区四周的排水沟相连。

——植被层：由营养植被层和覆盖支持土层组成；营养植被层厚度应大于 15cm。覆盖支持土层由压实土层构成，厚度应大于 45cm。

9.3 刚性填埋单元填满后应及时对该单元进行封场，封场结构应包括 1.5mm 以上高密度聚乙烯防渗膜及抗渗混凝土。

9.4 当发现渗漏事故及发生不可预见的自然灾害使得填埋场不能继续运行时，填埋场应启动应急预案，实行应急封场。应急封场应包括相应的防渗衬层破损修补、渗漏控制、防止污染扩散，以及必要时的废物挖掘后异位处置等措施。

9.5 填埋场封场后，除绿化和场区开挖回取废物进行利用外，禁止在原场地进行开发用作其他用途。

9.6 填埋场在封场后到达设计寿命期的期间内必须进行长期维护，包括：

a. 维护最终覆盖层的完整性和有效性；

b. 继续进行渗滤液的收集和处理；

c. 继续监测地下水水质的变化。

10 监测要求

10.1 污染物监测的一般要求

10.1.1 企业应按照有关法律和排污单位自行监测技术指南等规定，建立企业监测制度，制定监测方案，对污染物排放状况及其对周边环境质量的影响开展自行监测，保存原始监测记录，并公布监测结果。

10.1.2 企业安装污染物排放自动监控设备的要求，按有关法律和《污染源自动监控管理办法》的规定执行。

10.1.3 企业应按照环境监测管理规定和技术规范的要求，设计、建设、维护永久性采样口、采样测试平台和排污口标志。

10.2 柔性填埋场渗漏检测层监测

10.2.1 渗漏检测层集水池可通过自流或设置排水泵将渗出液排出，排水泵的运行水位需保证集水池不会因为水位过高而回流至检测层。

10.2.2 运行期间，企业应对渗漏检测层每天产生的液体进行收集和计量，监测通过主防渗层的渗滤液渗漏速率（根据附录 B 公式 B.1 计算），频率至少一星期一次。

10.2.3 封场后，应继续对渗漏检测层每天产生的液体进行收集和计量，监测通过主防渗层的渗滤液渗漏速率（根据附录 B 公式 B.1 计算），频率至少一月一次；发现渗漏检测层集水池水位高于排水泵的运行水位时，监测频率需提高至一星期一次；当到达设计寿命期后，监测频率需提高至一星期一次。

10.2.4 当监测到的渗滤液渗漏速率大于可接受渗漏速率限值时（根据附录 B 公式 B.2 计算），企业应当按照 9.4 条的相关要求执行。

10.2.5 分区设置的填埋场，应分别监测各分区的渗滤液渗漏速率，并与各分区的可接受渗漏速率进行比较。

10.3 柔性填埋场运行期间，应定期对防渗层的有效性进行评估。

10.4 根据填埋运行的情况，企业应对柔性填埋场稳定性进行监测，监测方法和频率按照 CJJ 176 要求执行。

10.5 企业应对柔性填埋场内的渗滤液水位进行长期监测，监测频率至少为每月一次。对渗滤液导排管道要进行定期检测和清淤，频率至少为每半年一次。

10.6 水污染物监测要求

10.6.1 采样点的设置与采样方法，按 HJ/T 91 的规定执行。

10.6.2 企业对排放废水污染物进行监测的频次，应根据填埋废物特性、覆盖层和降水等条件加以确定，至少每月一次。

10.6.3 填埋场排放废水污染物浓度测定方法采用表 3 所列的方法标准。如国家发布新的监测方法标准且适用性满足要求，同样适用于表 3 所列污染物的测定。

表 3 废水污染物浓度测定方法标准

序号	污染物项目	方法标准名称	方法标准编号
1	pH 值	水质 pH 值的测定 玻璃电极法	GB 6920
2	化学需氧量(COD_{Cr})	水质 化学需氧量的测定 重铬酸盐法	HJ 828
		水质 化学需氧量的测定 快速消解分光光度法	HJ/T 399

序号	污染物项目	方法标准名称		方法标准编号
3	生化需氧量(BOD₅)	水质	五日生化需氧量(BOD₅)的测定 稀释与接种法	HJ 505
4	总有机碳(TOC)	水质	总有机碳的测定 燃烧氧化-非分散红外吸收法	HJ 501
5	悬浮物(SS)	水质	悬浮物的测定 重量法	GB 11901
6	氨氮	水质	氨氮的测定 气相分子吸收光谱法	HJ/T 195
		水质	氨氮的测定 纳氏试剂分光光度法	HJ 535
		水质	氨氮的测定 水杨酸分光光度法	HJ 536
		水质	氨氮的测定 蒸馏-中和滴定法	HJ 537
		水质	氨氮的测定 连续流动-水杨酸分光光度法	HJ 665
		水质	氨氮的测定 流动注射-水杨酸分光光度法	HJ 666
7	总氮	水质	总氮的测定 碱性过硫酸钾消解紫外分光光度法	HJ 636
		水质	总氮的测定 连续流动-盐酸萘乙二胺分光光度法	HJ 667
		水质	总氮的测定 流动注射-盐酸萘乙二胺分光光度法	HJ 668
		水质	总氮的测定 气相分子吸收光谱法	HJ/T 199
8	总铜	水质	铜的测定 二乙基二硫代氨基甲酸钠分光光度法	HJ 485
		水质	铜的测定 2,9-二甲基-1,10-非啰啉分光光度法	HJ 486
		水质	65种元素的测定 电感耦合等离子体质谱法	HJ 700
		水质	32种元素的测定 电感耦合等离子体发射光谱法	HJ 776
		水质	铜、锌、铅、镉的测定 原子吸收分光光度法	GB 7475
9	总锌	水质	锌的测定 双硫腙分光光度法	GB 7472
		水质	铜、锌、铅、镉的测定 原子吸收分光光度法	GB 7475
		水质	65种元素的测定 电感耦合等离子体质谱法	HJ 700
		水质	32种元素的测定 电感耦合等离子体发射光谱法	HJ 776
10	总钡	水质	钡的测定 电位滴定法	GB/T 14671
		水质	钡的测定 石墨炉原子吸收分光光度法	HJ 602
		水质	65种元素的测定 电感耦合等离子体质谱法	HJ 700
		水质	32种元素的测定 电感耦合等离子体发射光谱法	HJ 776
11	氰化物(以CN⁻计)	水质	氰化物的测定 容量法和分光光度法	HJ 484
		水质	氰化物等的测定 真空检测管-电子比色法	HJ 659
		水质	氰化物的测定 流动注射-分光光度法	HJ 823
12	总磷	水质	总磷的测定 钼酸铵分光光度法	GB 11893
		水质	磷酸盐和总磷的测定 连续流动-钼酸铵分光光度法	HJ 670
		水质	总磷的测定 流动注射-钼酸铵分光光度法	HJ 671
13	无机氧化物 (以F⁻计)	水质	氟化物的测定 离子选择电极法	GB 7484
		水质	无机阴离子(F^-、Cl^-、NO_2^-、Br^-、NO_3^-、PO_4^{3-}、SO_3^{2-}、SO_4^{2-})的测定 离子色谱法	HJ 84
		水质	氟化物的测定 茜素磺酸锆目视比色法	HJ 487
		水质	氟化物的测定 氟试剂分光光度法	HJ 488

序号	污染物项目	方法标准名称	方法标准编号
14	总汞	水质　总汞的测定　冷原子吸收分光光度法	HJ 597
		水质　汞、砷、硒、铋和锑的测定　原子荧光法	HJ 694
15	烷基汞	水质　烷基汞的测定　气相色谱法	GB/T 14204
16	总砷	水质　总砷的测定　二乙基二硫代氨基甲酸银分光光度法	GB 7485
		水质　汞、砷、硒、铋和锑的测定　原子荧光法	HJ 694
		水质　65 种元素的测定　电感耦合等离子体质谱法	HJ 700
17	总镉	水质　镉的测定　双硫腙分光光度法	GB 7471
		水质　65 种元素的测定　电感耦合等离子体质谱法	HJ 700
18	总铬	水质　总铬的测定　（第一篇）	GB 7466
		水质　65 种元素的测定　电感耦合等离子体质谱法	HJ 700
19	六价铬	水质　六价铬的测定　二苯碳酰二肼分光光度法	GB 7467
20	总铅	水质　铅的测定　双硫腙分光光度法	GB 7470
		水质　65 种元素的测定　电感耦合等离子体质谱法	HJ 700
21	总铍	水质　65 种元素的测定　电感耦合等离子体质谱法	HJ 700
		水质　铍的测定　石墨炉原子吸收分光光度法	HJ/T 59
22	总镍	水质　65 种元素的测定　电感耦合等离子体质谱法	HJ 700
		水质　32 种元素的测定　电感耦合等离子体发射光谱法	HJ 776
23	总银	水质　银的测定　火焰原子吸收分光光度法	GB 11907
		水质　银的测定　3,5-Br$_2$-PADAP 分光光度法	HJ 489
		水质　银的测定　镉试剂 2B 分光光度法	HJ 490
		水质　65 种元素的测定　电感耦合等离子体质谱法	HJ 700
		水质　32 种元素的测定　电感耦合等离子体发射光谱法	HJ 776
24	苯并[α]芘	水质　苯并[α]芘的测定　乙酰化滤纸层析荧光分光光度法	GB 11895
		水质　多环芳烃的测定　液液萃取和固相萃取高效液相色谱法	HJ 478

10.7　地下水监测

10.7.1　填埋场投入使用之前，企业应监测地下水本底水平。

10.7.2　地下水监测井的布置要求：

a. 在填埋场上游应设置 1 个监测井，在填埋场两侧各布置不少于 1 个的监测井，在填埋场下游至少设置 3 个监测井；

b. 填埋场设置有地下水收集导排系统的，应在填埋场地下水主管出口处至少设置取样井一眼，用以监测地下水收集导排系统的水质；

c. 监测井应设置在地下水上下游相同水力坡度上；

d. 监测井深度应足以采取具有代表性的样品。

10.7.3　地下水监测频率：

a. 填埋场运行期间，企业自行监测频率为每个月至少一次；如周边有环境敏感区应加大监测频次；

b. 封场后，应继续监测地下水，频率至少一季度一次；如监测结果出现异常，应及时进行重新监测，并根据实际情况增加监测项目，间隔时间不得超过 3 天。

10.8 大气监测

10.8.1 采样点布设、采样及监测方法按照 GB 16297 的规定执行，污染源下风方向应为主要监测范围。

10.8.2 填埋场运行期间，企业自行监测频率为每个季度至少一次。如监测结果出现异常，应及时进行重新监测，间隔时间不得超过一星期。

11 实施与监督

11.1 本标准由县级以上生态环境主管部门负责监督实施。

11.2 在任何情况下，企业均应遵守本标准的污染物排放控制要求，采取必要措施保证污染防治设施正常运行。各级生态环境主管部门在对其进行监督性检查时，可以现场即时采样，将监测的结果作为判定排污行为是否符合排放标准以及实施相关环境保护管理措施的依据。

附录 A
（资料性附录）
刚性填埋场及双人工复合衬层示意图

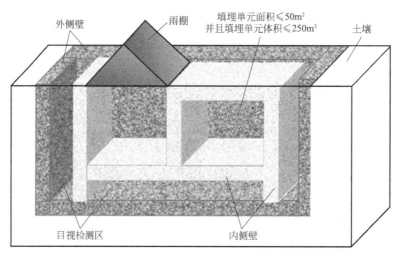

图 A.1 刚性填埋场示意图（地下）

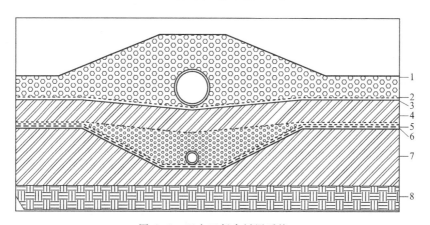

图 A.2 双人工复合衬层系统

1—渗滤液导排层；2—保护层；3—主人工衬层（HDPE）；4—压实黏土衬层；
5—渗漏检测层；6—次人工衬层（HDPE）；7—压实黏土衬层；8—基础层

附录 B

(规范性附录)

主防渗层渗漏速率与可接受渗漏速率计算方法

主防渗层的渗漏速率根据公式(B.1) 确定:

$$LR = \frac{\sum_{i=1}^{7} Q_i}{7} \tag{B.1}$$

式中　LR——主防渗层渗漏速率,L/d;

　　　Q_i——第 i 天的渗漏检测层液体产生量,L。

主防渗层的可接受渗漏速率根据公式(B.2) 计算:

$$ALR = 100 A_u \tag{B.2}$$

式中　ALR——可接受渗漏速率,L/d;

　　　100——每 $10^4 \mathrm{m}^2$ 库底面积可接受渗漏速率,$\mathrm{L/(d \cdot 10^4\, m^2)}$;

　　　A_u——填埋场的库底面积,$10^4\,\mathrm{m}^2$。

上式中,当填埋场分区设计时,ALR 指不同分区的可接受渗漏速率,对应的 A_u 为不同分区的库底面积。

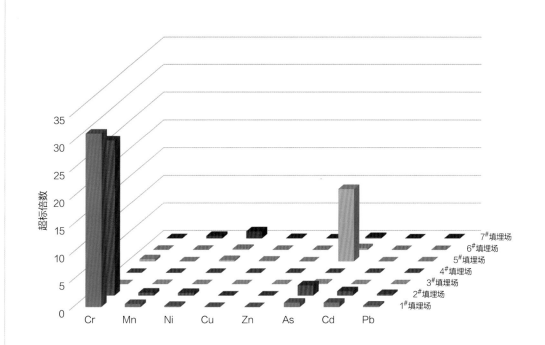

彩图 1 危险废物填埋场渗滤液样品中各污染物的超标倍数（根据标准1计算）

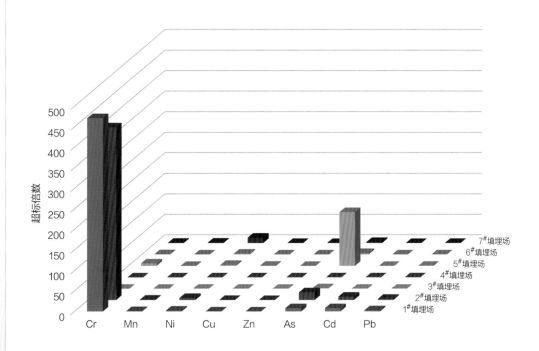

彩图 2 危险废物填埋场渗滤液样品中各污染物的超标倍数（根据标准2计算）

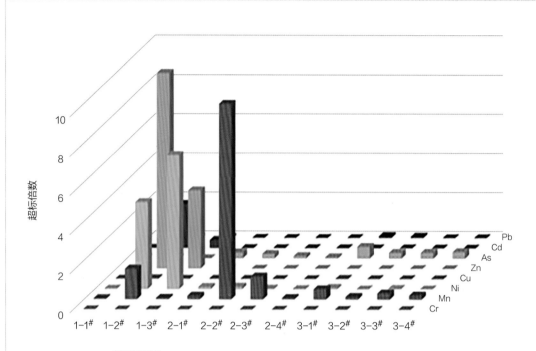

彩图 3 填埋场周边各地下水样本污染物的超标情况

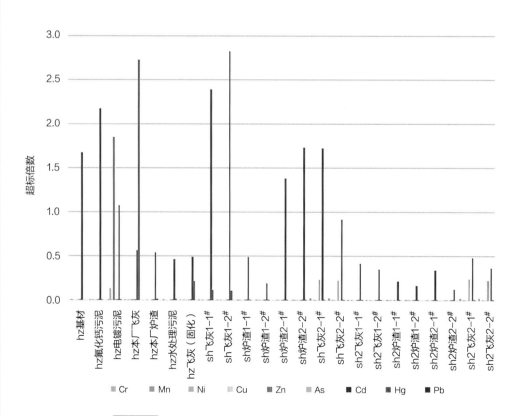

彩图 4 危险废物样品中各组分浸出浓度的超标倍数

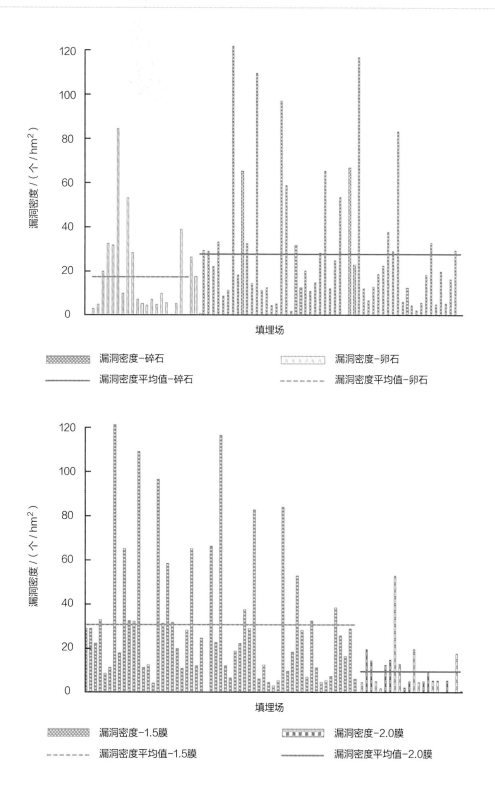

彩图 5 防渗系统结构因素对漏洞密度的影响

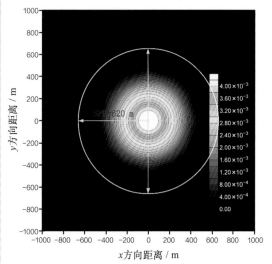

（a）Cr的致癌危害等值线

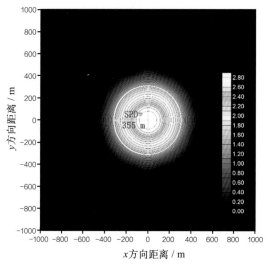

（b）Cr 的非致癌危害等值线

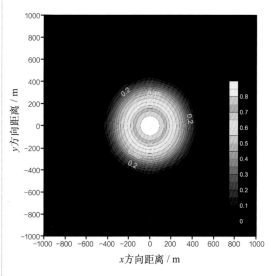

（c）无机氟化物的非致癌危害等值线

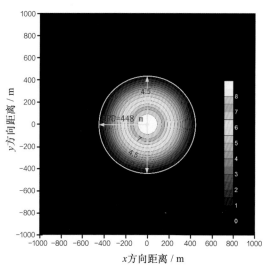

（d）Zn 的非致癌危害等值线

彩图6　健康危害等值线